Regierungen, die gentechnisch erzeugte Nahrungsmittel zulassen, verletzen die Menschenrechte

Gentechnik vor dem UN-Ausschuss für wirtschaftliche, soziale und kulturelle Menschenrechte

Inhalt

An Stelle eines

Vorwort

Agrar-Info Oktober 2008:

UN-Menschenrechtsauschuss rügt Einsatz von Gentechnik in der Landwirtschaft

"Aber Frau Lüst, hier sind Sie falsch, das ist kein Menschenrechts-, sondern ein Umweltthema!" - war die spontane Reaktion der Mitglieder des Menschenrechtsausschusses der Vereinten Nationen, als die Gautingerin Christiane Lüst, Gründerin der internationalen Organisation Aktion GEN Klage, 2005 ihren ersten Bericht zum Thema Agro-Gentechnik und Menschenrechts-verletzungen vorgelegt hat.

Nach Österreich und Kanada hat sie im Mai 2008 gemeinsam mit der Inderin Vandana Shiva, Trägerin des alternativen Nobelpreises, ihren dritten Bericht vorgelegt - diesmal über dramatische Menschenrechtsverletzungen aufgrund der Nutzung der Agrogentechnik in Indien – mehr als 200.000 Bauern haben sich dort schon das Leben genommen, weil sie nach dem Einsatz von Gentechnik in der Landwirtschaft keine Wahl mehr hatten aus zunehmenden Hunger und Schulden herauszukommen. Geklagt wurde gegen die indische Regierung auf sofortigen Stopp der Nutzung der Gentechnik zum Schutz der Bauern, Konsumenten - und der Menschenrechte.

Diesmal war die Reaktion der Ausschussmitglieder schon eine ganz andere:

„Frau Lüst, das ist ein gigantisches Problem! Im Herbst ist Mittelamerika dran – da kommt es auch durch die Gentechnik zu drastischen Menschenrechtsverletzungen – können Sie da nicht auch drüber berichten?" ... und Christiane Lüst hatte Erfolg!

„Das ist ein internationaler Durchbruch - erstmals wurde der Einsatz der Gentechnik in der Landwirtschaft von den Vereinten Nationen als Menschenrechtsverletzung gerügt und ein Staat aufgefordert seine Bauern vor multinationalen Konzernen zu schützen und den Zugang zum alten wieder verwendbaren Saatgut sicherzustellen!", so Lüst.

Warum ist die UNO zuständig?

Grundlage der Befassung des UN-Menschenrechtsausschusses mit der Agro-Gentechnik ist der *Internationale Pakt für wirtschaftliche, soziale und kulturelle Rechte,* der u. a. das Recht auf Selbstbestimmung als auch das Recht auf Gesundheit, das Recht auf Nahrung und damit auch auf unbelastete, gesundheitlich unbedenkliche und sichere Nahrungsmittel aus nachhaltiger, Ressourcen schonender Produktion beinhaltet.

Über 140 Länder weltweit haben diesen Pakt ratifiziert. Das heißt, die Regierungen haben sich damit verpflichtet, der Bevölkerung freien Zugang zu Nahrungsmitteln sowie die Verfügbarkeit und Nutzung vorhandener Ressourcen zu gewährleisten.

Das Recht auf Nahrung:

Die Bürger sollen Zugang zu Nahrungsmitteln haben, ohne in Abhängigkeiten zu geraten. Das beinhaltet auch, dass die Staaten "für einen angemessenen Schutz der Verbraucher vor betrügerischen Marktpraktiken, Desinformation und gesundheitlich bedenkliche Nahrungsmitteln" sorgen und eine Kontamination von Nahrungsmitteln sowie den Rückgang von pflanzengenetischen Ressourcen verhindern müssen.

Der Staat ist verpflichtet, ein Umfeld zu schaffen, in dem der Einzelne sich selbst und seine Familie in Freiheit und Würde ernähren kann. Um dieses Umfeld zu garantieren, ist jede Abhängigkeit vom Konzern mit Abnahmeverpflichtungen von Pestiziden, Saatgut usw.– und damit die Einführung der Gentechnik in der Landwirtschaft - zu verhindern.

Die als Recht festgeschriebene „nachhaltige Verbesserung des Lebensunterhalts“ ist mit der Einführung der Gentechnik nicht mehr gegeben.

Das Recht auf angemessene Ernährung legt den Vertragsstaaten ... Pflichten auf:

- dass die Vertragsstaaten keine Maßnahmen ergreifen, welche die Verhinderung dieses Zugangs zur Folge haben.

  (Das bedeutet, dass der Staat Gentechnik in Landwirtschaft und Lebensmittelproduktion nicht einführen darf, weil dies den Zugang durch die Patentierung und damit verbundene Lizenzabnahme, die Abhängigkeit vom Konzern durch Monopolisierung des Saatgutes sowie der Kontamination der Nachbarn – und damit Zerstörung seiner Ernte als Folge – zu angemessener Ernährung verwehrt)

- Maßnahmen des Staates, durch die sichergestellt wird, dass Unternehmen oder Einzelpersonen Menschen nicht den Zugang zu angemessener Ernährung vorenthalten.

- dass der Staat aktiv darauf hinwirken muss, den Menschen den Zugang zu und die Nutzung von Ressourcen und Mitteln zur Sicherung ihres Lebensunterhalts, namentlich der Ernährungssicherheit, zu erleichtern.

Durch Einführung der GVO ist die Bewahrung und nachhaltige Bewirtschaftung der natürlichen Ressourcen gefährdet. Die Staaten sollen aber den Rückgang von pflanzengenetischen Ressourcen“ verhindern und „den Schutz des entsprechenden traditionellen Wissens und der gerechten Teilhabe an Gewinnen, die sich aus der Nutzung dieser Ressourcen ergeben, sicherstellen, sowie Maßnahmen zum Schutz der ökologischen Nachhaltigkeit und der Tragfähig keit der Ökosysteme erwägen, um die Möglichkeit einer erhöhten, nachhaltigen Nahrungsmittelerzeugung für jetzige und zukünftige

Generationen zu sichern, Wasserverschmutzung zu verhindern, die Fruchtbarkeit des Bodens zu schützen und die LandwirtInnen bei der Anwendung bewährter landwirtschaftlicher Verfahren unterstützen.

Um Erzeugungsmethoden zu verbessern, Nahrungsmittel besser zu verteilen oder die Nutzung natürlicher Hilfsquellen wirksam zu erschließen und langfristig zu gewährleisten muss auf Gentechnik in Landwirtschaft und Nahrungsmittelproduktion verzichtet und eine gerechte Verteilung der vorhandenen Lebensmittel forciert werden.

Diese Rechte sind einklagbar. Alle 5 Jahre sind die Regierungen verpflichtet dem UN-Menschenrechtsausschuss über die Lage der Menschenrechte in ihrem Land zu berichten. NGOs haben dabei die Möglichkeit mit einem eigenen Bericht die Regierungsberichte zu korrigieren und eine Sicht der Situation „von der Basis" darzulegen.

Der UN-Ausschuss hört beide Seiten persönlich an und prüft die Berichte. Anschließend werden – nach einer drei-wöchigen Sitzung und Beratung – die „concluding observations" an die Regierungen erlassen, die Aufforderungen der UN an die Regierung, was sie die nächsten 5 Jahre – bis zur nächsten Berichterstattung bei den UN – in Sachen Menschenrechte zu verbessern hat.

In zahlreichen Staaten hat die Einführung der Gentechnik in der Landwirtschaft verheerende Auswirkungen mit sich gebracht. Ein paar Beispiele:

Rumänien:

Tests ergaben, dass 90 % der Sojapflanzen ohne Wissen der Behörden und meisten Farmer gentechnisch verändert, also kontaminiert wurden. Mangels Kontrollen und Wissen vor Ort versuchen die Gentechnikkonzerne illegal eine Situation zu schaffen, die nicht mehr rückgängig zu machen ist – einmal kontaminiert, immer kontaminiert.

Mexiko:

Weitflächige transgene Verunreinigung der uralten vielfältigen Maisbestände treten trotz offiziellen Anbauverbotes vermehrt in allen Regionen Mexikos auf.

Argentinien:

Schon 2004 nahm der Sojabohnenanbau 48 % des gesamten Ackerlandes ein. Hunderttausende wurden von ihrem Land vertrieben, Armut und Mangelernährung nahmen rapide zu. Die Unterernährung – in Argentinien früher nicht bekannt – stieg mit Einführung der Gentechnik auf 17 %, der Anteil der Menschen unter der Armutsgrenze - 1970 bei 5 % - lag 2004 schon bei 51 %. Das Besprühen der Sojabohnenplantagen aus der Luft zerstörte die Ernten der Kleinbauern, ihre Hühner starben, andere Tiere erlitten Schäden und es gab Missbildungen bei Neugeborenen. Bei den Menschen führten die gesprühten Unkrautvernichtungsmittel zu schwerer Übelkeit, Durchfall, Erbrechen und Hautverletzungen. Gemüse war missgebildet, Seen plötzlich voll von toten Fischen.

Irak:

Seit der Besetzung des Iraks durch die Amerikaner gibt es die Order 81, die den Irakern vorschreibt, nur noch - natürlich genmodifiziertes - Saatgut bei transnationalen Konzernen zu kaufen. Die Verwendung des eigenen gezüchteten und immer wieder verwendeten Saatgutes ist seitdem illegal.

Es ist dringend an der Zeit, diese Entwicklung zu stoppen, bevor sie auch in Europa verstärkt zum Einsatz kommt. Globalisierung heißt auch von den schlechten Erfahrungen anderer Länder zu lernen, um nicht alle Erfahrungen selbst machen zu müssen. Unser Beitrag muss sein, diese Erfahrungen zu veröffentlichen und immer wieder darauf hinzuweisen, bzw. die verschiedensten Möglichkeiten des Widerstandes zu unterstützen.

Denn, wer kämpft kann verlieren, wer nicht mehr kämpft hat schon verloren.

Christiane Lüst
Berengariastr. 5
82131 Gauting
Tel.: 089 / 893 11 054
Aktion GENKLAGE : www.stopptgennahrungsmittel.de

Regierungen, die gentechnisch erzeugte Nahrung zulassen, verletzen die Menschrechte

In Ländern wie Argentinien oder Indien, aber auch in Deutschland wird die gentechnische Erzeugung von Lebensmitteln staatlich gefördert. Damit verstoßen die Regierungen gegen international vereinbarte Normen. Deshalb hat ihre Initiative Deutschland und andere Staaten vor dem UN-Menschenrechtsausschuss verklagt, sagt Christiane Lüst von der Aktion Gen-Klage.

Frau Lüst, Sie haben die Bundesrepublik Deutschland vor dem UN-Menschenrechtsausschuss in Genf verklagt. Warum?

Weil die Nutzung von Gentechnik zur Erzeugung von Nahrungsmitteln die Menschenrechte von Konsumenten, Imkern und Landwirten in Deutschland verletzt. Deutschland hat mit rund 150 anderen Ländern den Internationalen Pakt über wirtschaftliche, soziale und kulturelle Rechte ratifiziert. Speziell geht es um die Rechte auf Nahrung, auf Selbstbestimmung der Völker, auf Gesundheit und auf Freiheit der Wissenschaft und Forschung. Das beinhaltet auch die Pflicht der Staaten, eine nachhaltige Bewirtschaftung der Ressourcen zu fördern und die Verbraucher vor Desinformation und gesundheitlich bedenklichen Nahrungsmitteln zu schützen.

In Deutschland werden kaum noch Genpflanzen angebaut. Ist Ihre Klage damit nicht überflüssig?

Im Gegenteil: Langsam aber sicher öffnen wir der Gentechnik Tür und Tor. Nehmen wir die Freilandforschung: Auf wie viel Hektar jedes Jahr neue Gentech- Pollen in Umlauf kommen, die nie wieder rückholbar sind! Bienen haben einen Einzugsradius von rund sechs

Kilometern, damit sind alle Sicherheitsabstände eine Farce. Gegen den Imker Karl-Heinz Bablok wurde ein Grundsatzurteil gefällt, das klarmacht, wo es langgehen soll: Ein Freilandversuch des Freistaats Bayern kontaminierte seinen Honig. Den sollte er auf eigene Kosten als Sondermüll entsorgen. Er klagte auf Schadenersatz, doch das Gericht war der Ansicht, er müsse seine Bienen woanders hinbringen oder wegziehen. Schon heuer sind sieben Prozent des Maissaatguts kontaminiert, obwohl MON 810 seit zwei Jahren verboten ist und wir – bisher noch – die Nulltoleranz bei Saatgut haben. MON 810 soll außerdem EU-weit wieder zugelassen werden. Das Thema ist nicht vom Tisch. Immer mehr Gen-Zulassungen werden auf EU-Ebene erteilt. Deutschland ist in der EU einer der stärksten Befürworter der Gentechnik! Oder nehmen wir die Genkartoffel Amflora, die immer noch erlaubt ist, obwohl ihre Antibiotikaresistenzen sogar gegen EU-Recht verstoßen. Oder das Genfutter, das wir aus Südamerika für unsere Tiere importieren. Damit ist Gentechnik in fast allen Nahrungsmitteln enthalten.

Haben Sie denn auch Nachweise für die Gefahren durch Gentechnikpflanzen?

Dazu gibt es mittlerweile viele Studien und – noch wichtiger – Praxiserfahrungen aus Ländern wie Indien und Argentinien. Dort werden die Menschen krank, bekommen Krebs, Frauen werden unfruchtbar, Neugeborene sind missgebildet. Auch Haustiere verenden, die Böden sind unfruchtbar, das Trinkwasser verseucht. In Argentinien ist die Armutsrate seit Einführung von Gensoja drastisch gestiegen. Auch die wissenschaftlichen Studien zeigen, dass Genfood zu Zelltod, Krebs, Missbildungen und Tod führen kann, immer häufiger auch beim Menschen. Entgegen allen Aussagen von Industrie und Politik ist bewiesen, dass sich durch Genfood gefährliche Rückstände im Körper anreichern. Die neueste Studie aus Kanada fand bereits Giftstoffe aus der Gentech-Landwirtschaft im Blut von Schwangeren und Embryonen.

Ihre Initiative hat vor dem Ausschuss auch gegen andere Staaten geklagt. Was kam dort heraus?

In Indien hatten wir den ersten großen Erfolg: Die UNO hat anerkannt, dass die Einführung von Gen- Saatgut die Armut verschlimmert hat. Die Regierung wurde aufgefordert, die Bauern zu unterstützen, damit sie vermehrungsfähiges Saatgut kaufen und ihre Abhängigkeit von den Konzernen beseitigen können. In Brasilien erhielt die Regierung eine Aufforderung zum Stopp der Urwaldabholzung – die in der Regel für Gensoja-Plantagen erfolgt und die Lebensgrundlagen der indigenen Völker und Kleinbauern zerstört. Letztes Jahr in Kolumbien forderte der UN-Ausschuss, dass die Regierung die Nahrungsproduktion für den Eigenbedarf an die oberste Stelle stellt – und nicht für den Export. Darunter fällt auch Anbau von Genmais, der sich dort immer mehr ausbreitet und die alten Maissorten zerstört.

Die Regierungen haben jeweils fünf Jahre Zeit, um Maßnahmen zu ergreifen. Glauben Sie, dass sich an der derzeitigen Politik etwas ändert?

Das wird sehr schwierig. Solche Staaten arbeiten mit Großgrundbesitzern zusammen, die am Export verdienen – was die ganze Misere mit Landlosigkeit, Vertreibungen und Urwaldabholzung mit sich bringt. Da gibt es viele rechtsfreie Räume. Oder die Staaten müssen sogar auf Druck von Ländern wie Deutschland für ihre wachsenden Auslandsverschuldungen Devisen erwirtschaften. Oftmals sind es leider auch unsere Exportsubventionen, die dort die Märkte mit billigem Fleisch oder Getreide zerstören. Ebenso unsere Forschungsgelder. Aus Mexiko berichten Insider, dass die dortige Saatgutforschung, die von Deutschland mitfinanziert wird, vor allem die „positiven" Seiten von Genmais herausfinden soll.

Aber Deutschland wird doch reagieren müssen?

Nicht ohne Druck von uns als Konsumenten und Wähler. Zuerst müssen wir die Ausschussdokumente auf Deutsch einfordern. Die Bundesregierung ist verpflichtet, die Entscheide zu verbreiten. Bisher ist das mangels Interesse und Nachfrage kaum passiert. Erst 2001 haben wir die Regierung das erste Mal dazu gezwungen. Erst wenn ihr auf jeder Veranstaltung entgegengehalten wird, dass sie ja dem Pakt verpflichtet ist, wird sie etwas tun. Politik reagiert nur auf Druck.

Was wünschen Sie sich von der Öffentlichkeit?

Unterstützung! Die Bundesrepublik fordert gern von anderen Ländern die Menschenrechte ein. Es hilft uns sehr, wenn jetzt öffentlich diskutiert wird, dass auch die deutsche Regierung den Menschenrechten nicht gerecht wird. Helfen würde auch, wenn die 80 Prozent der Verbraucher, die gegen Gentechnik sind, keine mit Gen-Futter hergestellten tierischen Produkte mehr kaufen. Dann würde die Politik von selbst nachziehen.

[Interview: Matthias Bauer]

Christiane Lüst leitet in Gauting bei München ein Umweltzentrum. Sie hat die Aktion Gen-Klage gegründet, um EU-Neuzulassungen von Genpflanzen auf juristischem Weg zu stoppen.

Kontakt: Tel. +49 (0)89 / 89311054,
E-Mail: christiane. luest@t-online.de,
www.stopptgennahrungsmittel.de

Internationaler Pakt über wirtschaftliche, soziale und kulturelle Rechte

Artikel 1

1. Alle Völker haben das **Recht auf Selbstbestimmung**. Kraft dieses Rechts entscheiden sie frei über ihren politischen Status und gestalten in Freiheit ihre wirtschaftliche, soziale und kulturelle Entwicklung.

2. Alle Völker können für ihre eigenen Zwecke frei über ihre natürlichen Reichtümer und Mittel verfügen, unbeschadet aller Verpflichtungen, die aus der internationalen wirtschaftlichen Zusammenarbeit auf der Grundlage des gegenseitigen Wohles sowie aus dem Völkerrecht erwachsen. In keinem Fall darf ein Volk seiner eigenen Existenzmittel beraubt werden.

3. Die Vertragsstaaten, einschließlich der Staaten, die für die Verwaltung von Gebieten ohne Selbstregierung und von Treuhandgebieten verantwortlich sind, haben entsprechend der Charta der Vereinten Nationen die Verwirklichung des Rechts auf Selbstbestimmung zu fördern und dieses Recht zu achten.

Artikel 11

1. Die Vertragsstaaten erkennen das **Recht** eines jeden **auf** einen angemessenen Lebensstandard für sich und seine Familie an, einschließlich **ausreichender Ernährung**, Bekleidung und Unterbringung, sowie auf eine stetige Verbesserung der Lebensbedingungen. Die Vertragsstaaten

unternehmen geeignete Schritte, um die Verwirklichung dieses Rechts zu gewährleisten, und erkennen zu diesem Zweck die entscheidende Bedeutung einer internationalen, auf freier Zustimmung beruhenden Zusammenarbeit an.

2. In Anerkennung des grundlegenden Rechts eines jeden, vor Hunger geschützt zu sein, werden die Vertragsstaaten einzeln und im Wege internationaler Zusammenarbeit die erforderlichen Maßnahmen, einschließlich besonderer Programme, durchführen

   a. zur Verbesserung der Methoden der Erzeugung, Haltbarmachung und Verteilung von Nahrungsmitteln durch volle Nutzung der technischen und wissenschaftlichen Erkenntnisse, durch Verbreitung der ernährungswissenschaftlichen Grundsätze sowie durch die Entwicklung oder Reform landwirtschaftlicher Systeme mit dem Ziel einer möglichst wirksamen Erschließung und Nutzung der natürlichen Hilfsquellen;

   b. zur Sicherung einer dem Bedarf entsprechenden gerechten Verteilung der Nahrungsmittelvorräte der Welt unter Berücksichtigung der Probleme der Nahrungsmittel einführenden und ausführenden Länder.

Artikel 12

- Die Vertragsstaaten erkennen das **Recht** eines jeden **auf** das für ihn erreichbare Höchstmaß an körperlicher und geistiger **Gesundheit** an.

- Die von den Vertragsstaaten zu unternehmenden Schritte zur vollen Verwirklichung dieses Rechts umfassen die erforderlichen Maßnahmen zur Senkung der Zahl der Totgeburten und der Kindersterblichkeit sowie zur gesunden Entwicklung des Kindes; zur Verbesserung aller Aspekte der Umwelt- und der Arbeitshygiene; zur Vorbeugung, Behandlung und Bekämpfung epidemischer, endemischer, Berufs- und sonstiger Krankheiten; zur Schaffung der Voraussetzungen, die für jedermann im Krankheitsfall den Genuss medizinischer Einrichtungen und ärztlicher Betreuung sicherstellen.

Artikel 15

Die Vertragsstaaten erkennen das Recht eines jeden an,

1. am kulturellen Leben teilzunehmen;

2. an den Errungenschaften des wissenschaftlichen Fortschritts und seiner Anwendung teilzuhaben;

3. den Schutz der geistigen und materiellen Interessen zu genießen, die ihm als Urheber von Werken der Wissenschaft, Literatur oder Kunst erwachsen.

4. (3) Die Vertragsstaaten verpflichten sich, die zu wissenschaftlicher Forschung und schöpferischer Tätigkeit unerlässliche Freiheit zu achten.

5. (4) Die Vertragsstaaten erkennen die Vorteile an, die sich aus der Förderung und Entwicklung internationaler Kontakte und Zusammenarbeit auf wissenschaftlichem und kulturellem Gebiet ergeben.

Die von den Vertragsstaaten zu unternehmenden Schritte zur vollen Verwirklichung dieses **Rechts** umfassen die zur Erhaltung, Entwick lung und Verbreitung von Wissenschaft und Kultur erforderlichen Maßnahmen.

Die Vertragsstaaten verpflichten sich, **die zu wissenschaftlicher Forschung und schöpferischer Tätigkeit unerlässliche Freiheit zu achten**.

Die Vertragsstaaten erkennen die Vorteile an, die sich aus der Förderung und Entwicklung internationaler Kontakte und Zusammenarbeit auf wissenschaftlichem und kulturellem Gebiet ergeben.

Auslegung des Rechts auf Nahrung – Umsetzungs-Leitlinien für die beteiligten Staaten

http://www.bmelv.de/cln_044/nn_752468/SharedDocs/downloads/10-Internationales/Leitlinien-RechtaufNahrung,templateId=raw,property=publicationFile.pdf/Leitlinien-RechtaufNahrung.pdf

In der Erklärung von Rom zur Welternährungssicherheit 1996 "bekräftig[t]en die Staats- und Regierungschefs das Recht jedes Menschen auf Zugang zu gesundheitlich unbedenklichen und nährstoffreichen Nahrungsmitteln in Einklang mit dem Recht auf angemessene Ernährung. Nahrungsmittel sollten nicht als Instrument zur Ausübung politischen und wirtschaftlichen Druckes eingesetzt werden.

Ernährungssicherheit besteht, wenn alle Menschen zu jeder Zeit physischen und wirtschaftlichen Zugang zu angemessener, gesundheitlich unbedenklicher und nährstoffreicher Nahrung haben, um so ihre Ernährungsbedürfnisse und Nahrungsmittelpräferenzen zugunsten eines aktiven und gesunden Lebens befriedigen zu können. Die vier Säulen der Ernährungssicherheit sind Verfügbarkeit, Versorgungsstabilität, Zugang und Nutzung.

Die schrittweise Verwirklichung des Rechtes auf angemessene Nahrung macht es erforderlich, dass die Staaten ihre Menschenrechtsverpflichtungen nach dem Völkerrecht erfüllen. Die vorliegenden Freiwilligen Leitlinien zielen darauf ab, die Verfügbarkeit von Nahrungsmitteln in einer Menge und Qualität zu garantieren, die ausreicht, um die Ernährungsbedürfnisse des

Einzelnen zu befriedigen, sowie physischen und wirtschaftlichen Zugang für jeden, einschließlich der gefährdeten Gruppen der Bevölkerung, zu angemessener Ernährung ohne gesundheitsbedenkliche Stoffe und für die jeweilige Kultur akzeptabel oder die Mittel für ihren Erwerb zu garantieren

Die Vertragsstaaten sollten den bestehenden Zugang zu angemessener Ernährung achten, indem sie keine Maßnahmen ergreifen, die zur Verhinderung dieses Zugangs führen, und sollten das Recht eines jeden auf angemessene Nahrung durch Schritte schützen, mit denen Unternehmen und Einzelne davon abgehalten werden, dem Einzelnen den Zugang zu angemessener Ernährung zu verwehren. Die Vertragsstaaten sollten Maßnahmen fördern, die darauf abzielen, zur schrittweisen Verwirklichung des Rechtes auf angemessene Nahrung aller Menschen beizutragen, indem sie sich sehr stark aktiv bei Maßnahmen engagieren, die den Zugang zu und die Nutzung der Ressourcen und Mittel zur Absicherung ihres Lebensunterhalts einschließlich der Ernährungssicherheit stärken.

Die Staaten sollten ein Umfeld zu schaffen, in dem der Einzelne sich selbst und seine Familie in Freiheit und Würde ernähren kann.

Die Staaten sollten durch eine Kombination von inländischer Erzeugung, Handel, Lagerung und Verteilung eine angemessene und stabile Versorgung mit gesundheitlich unbedenklichen Nahrungsmitteln fördern.

Diese Strategie umfasst unter anderem Maßnahmen zur Gewährleistung des Zugangs zu angemessener Ernährung, eine nachhaltige Verbesserung des Lebensunterhalts und die Förderung, Bewahrung und nachhaltige Bewirtschaftung der natürlichen Ressourcen, die den Zugang zu Land und Wasser und zu geeigneter und erschwinglicher Technik, Produktiv- und Finanzmitteln verbessern, die Produktivität steigern, den Nutzen der Produktivitätsgewinne verteilen, natürliche Ressourcen bewahren und schützen. Insbesondere sollten die Staaten Maßnahmen ergreifen, die eine stabile Beschäftigung unterstützen und die Verfügbarkeit vorhandener Ressourcen schützen einschließlich der Erzeugung, Verarbeitung, Verteilung, Vermarktung und des Verbrauchs gesundheitlich unbedenklicher Nahrungsmittel berücksichtigen.

Die Staaten sollten für einen angemessenen Schutz der Verbraucher vor betrügerischen Marktpraktiken, Desinformation und gesundheitlich bedenklichen Nahrungsmitteln sorgen und nachhaltige Nutzung für Ernährung und Landwirtschaft, einschließlich, wo dies geboten erscheint, für den Schutz des entsprechenden traditionellen Wissens und der gerechten Teilhabe an Gewinnen, die sich aus der Nutzung dieser Ressourcen ergeben, sicherzustellen, und sie sollten lokale und indigene Gemeinschaften und Landwirte gegebenenfalls ermutigen, an den nationalen Entscheidungen über Angelegenheiten, die mit der Erhaltung und nachhaltigen Nutzung pflanzengenetischer Ressourcen für Ernährung und Landwirtschaft zusammenhängen, zu partizipieren.

Die Staaten sollten spezielle nationale Maßnahmen, rechtliche Instrumente und Unterstützungsmechanismen zum Schutz der ökologischen Nachhaltigkeit und der Tragfähigkeit der Ökosysteme erwägen, um die Möglichkeit einer erhöhten, nachhaltigen Nahrungsmittelerzeugung für jetzige und zukünftige Generationen zu sichern, Wasserverschmutzung zu verhindern, die Fruchtbarkeit des Bodens zu schützen und die nachhaltige Bewirtschaftung von Fischerei und Forstwirtschaft zu fördern, so dass alle lokal erzeugten oder eingeführten Nahrungsmittel, die frei verfügbar sind oder auf Märkten verkauft werden, sicher sind.

Die Staaten sollten umfassende und zweckdienliche Nahrungsmittelkontrollsysteme einrichten, die das Risiko von lebensmittelbedingten Krankheiten reduzieren und Mechanismen der Risikoanalyse und Überwachung nutzen, um die Lebensmittelsicherheit in der gesamten Nahrungskette, einschließlich des Tierfutters, sicherzustellen.

Die Staaten sollten Schritte unternehmen, um die Kontaminierung durch industrielle oder andere Schadstoffe bei der Erzeugung, Verarbeitung, Lagerung, dem Transport, der Verteilung, Handhabung und dem Verkauf von Nahrungsmitteln zu verhindern.

Die Staaten sollten sicherstellen, dass die Betreiber von Lebensmittelunternehmen über sichere Verfahren unterrichtet werden, damit ihre Aktivitäten weder zu gefährlichen Rückständen in Nahrungsmitteln führen noch umweltschädlich sind. Die Staaten sollten auch Maßnahmen zur Unterrichtung der Verbraucher über die sichere Lagerung, Behandlung und Verwendung von Nahrungsmitteln im Haushalt ergreifen. Die Staaten sollten Informationen in Bezug auf lebensmittelbedingte Krankheiten und Belange der Lebensmittelsicherheit sammeln und in der Öffentlichkeit verbreiten, und sie sollten mit regionalen und internationalen Organisationen, die sich mit Problemen der Lebensmittelsicherheit befassen, zusammenarbeiten.

Die Staaten sollten Maßnahmen zum Schutz der Verbraucher vor Irreführung und Fehlinterpretation in Verbindung mit der Verpackung, Etikettierung, Bewerbung und dem Verkauf von Nahrungsmitteln verabschieden und den Verbrauchern die Auswahl erleichtern, indem sie angemessene Informationen auf vermarkteten Nahrungsmitteln sicherstellen und Regresswege bei allen Schäden vorsehen, die durch unsichere oder verfälschte Nahrungsmittel, einschließlich von durch Straßenverkäufer angebotenen Nahrungsmitteln, verursacht werden.

Falls erforderlich, sollten die Staaten Maßnahmen zur Erhaltung, Anpassung oder Stärkung der Ernährungsvielfalt und gesunder Essgewohnheiten und Nahrungsmittelzubereitung wie auch Fütterungsmethoden, einschließlich Stillen, ergreifen und gleichzeitig sicherstellen, dass Änderungen in der Verfügbarkeit von Nahrungsmitteln und dem Zugang zur Nahrungsmittelversorgung Zusammensetzung und Verzehr der Nahrungsmittel nicht negativ beeinflussen.

Österreich September 2005:

Der erste Bericht wird eingereicht:

Parallelbericht zum 3. und 4. Staatenbericht der Republik Österreich über die Umsetzung des Internationalen Paktes über wirtschaftliche, soziale und kulturelle Rechte

Soziale Menschenrechte in Österreich

Menschenrechtsverletzungen in der Landwirtschaft und bei den VerbraucherInnen

Vorgelegt durch:
PRO LEBEN - AntiGENtechnik – Plattform Österreich

Kontakt:
Richard L. Tomasch, Dolintschitschach 23, 9143 St. Michael, Austria
Dipl. Ing. Volker Helldorff, Schloss Thalenstein 1, 9111 Haimburg, Austria
Karl Raab, Thon 14, 9131 Grafenstein, Austria

Die in diesem Bereich vorgelegte Information konzentriert sich auf die Folgen einer sehr bedenklichen globalen Entwicklung, die ohne Rücksicht auf wissenschaftliche Erkenntnisse und erste Praxiserfahrungen in vielen Ländern die wirtschaftlichen, sozialen und kulturellen Menschenrechte von LandwirtInnen und KonsumentInnen massivst verletzt: Die Einführung der Gentechnik in Lebensmittelproduktion und Landwirtschaft.

Auch das Land Österreich ist schon betroffen. Durch den großen Widerstand von Organisationen wie die Plattform PRO LEBEN – AntiGENtechnik Österreich; Greenpeace, FIAN Österreich, LandwirtInnen und VerbraucherInnen gelang es aber bisher, Österreich noch weitestgehend gentechnikfrei zu halten.

Doch dies wird auf Dauer nicht haltbar sein – zu groß ist die Macht der Genkonzerne. Verlierer sind erst die LandwirtInnen – und dann die VerbraucherInnen. Die LandwirtInnen, weil sie abhängig und ihrer wirtschaftlichen Existenzfähigkeit beraubt werden können – was in einigen Ländern aufgrund der Ausweglosigkeit der Situation und der Schuldenfalle bereits bis zum kollektiven Selbstmord geführt hat – und die VerbraucherInnen, weil sie gezwungen sind mit immer weniger Wahlmöglichkeiten Lebensmittel zu kaufen, vor deren gesundheitlichen Risiken jetzt schon gewarnt wird – erste immense Schäden sind bereits nachweisbar.

PRO LEBEN – AntiGENtechnik – Plattform Österreich ist eine österreichische parteiunabhängige Antigentechnikplattform und wurde im Jahr 2000 von Biobauern, Ernährungsberatern u. a. gegründet. Ihr Ziel ist es, die Bevölkerung auf die Gefahrenpotentiale der Gentechnik in Lebensmittelproduktion und Landwirtschaft aufmerksam zu machen und die Einführung der Gentechnik in Lebensmittelproduktion und Landwirtschaft in Österreich, vor allem die Verwendung genveränderter Produkte bei der Herstellung von Nahrungsmitteln, zu verhindern. Sie organisiert Informationsveranstaltungen, Vorträge, Demonstrationen, berät Gemeinden, Bauern, Konsumenten, Schulen und Politiker bis hin zur EU-Ebene, macht großflächige Öffentlichkeitsarbeit und hilft mit die Antigentechnikbewegung in Österreich und auf EU-Ebene zu vernetzen.

PRO LEBEN - AntiGENtechnik – Plattform Österreich

fordert die österreichische Regierung auf:

- Die Einführung der Gentechnik in Lebensmittelproduktion und Landwirtschaft in Österreich gesetzlich zu verbieten

- Die Kennzeichnungspflicht für alle genmanipulierten Veränderungen in Lebensmitteln und auch für Tierfutter und tierische Produkte einzuführen, bis dieses generelle Verbot Gültigkeit hat.

- Die Einführung einer Haftung der Konzerne und damit der Hersteller für alle Folgen auf Boden und Gesundheit, für die unwiderrufliche Kontamination des Landes und die unwiderrufliche Zerstörung aller damit verbundenen Existenzen (Biobauern und -Bäuerinnen, LandwirtInnen, usw. ...)

- Patente auf lebende Organismen, Teile davon und deren Eigenschaften nicht zuzulassen bzw. das österr. Patentgesetz zu ändern, sowie für eine Überarbeitung der ratifizierten EU-Biopatentrichtlinie auf EU-Ebene zu sorgen.

PRO LEBEN - AntiGENtechnik – Plattform Österreich

bittet das Komitee über wirtschaftliche, soziale und kulturelle Rechte seine Besorgnis über die Einführung der Gentechnik in Österreich auszudrücken und Empfehlungen an die Bundesrepublik auszusprechen, wie sie mit dieser Situation umgehen soll.

PRO LEBEN - AntiGENtechnik – Plattform Österreich

September 2005

Richard Leopold Tomasch
Dipl. Ing. Volker Helldorff
Karl Raab

Inhaltsverzeichnis

1. Einleitung

Österreich hat über 8 Millionen EinwohnerInnen, die in insgesamt 9 Bundesländern leben. Davon sind momentan 4 Bundesländer aufgrund von erbittertem Widerstand von VerbraucherInnen, LandwirtInnen und Umweltschutzorganisationen zu gentechnikfreien Zonen erklärt worden, d. h. sie wollen keine Freisetzung genveränderter

Organismen (GVOs) in ihrem Bundesland zulassen. Gründe sind dafür u. a. die Veröffentlichung erster Studien und Erfahrungen in anderen Ländern über die unabsehbaren Folgen und Risiken von gentechnisch veränderten Lebensmitteln, über die Auswirkungen des GVO-Anbaus auf die Gesundheit und die Umwelt, die nicht mehr rückgängig zu machende Verunreinigung traditioneller Nutzpflanzen, die Zerstörung der natürlichen Lebensgrundlagen für die kommenden Generationen und damit auch den Zugang zu Nahrung und Ernährungssicherheit, sowie die damit verbundenen wirtschaftlichen Auswirkungen für Land- und Lebens-mittelwirtschaft.

Dieser Status „gentechnikfrei" lässt sich aber langfristig voraussichtlich nicht halten, denn er ist nicht gesetzlich geregelt, sondern beruht auf einer freiwilligen Selbstverpflichtung von LandwirtInnen, Handel und VerbraucherInnen und widerspricht den gängigen Gentechnik-Gesetzen der EU und Österreichs, die den Anbau von Gentech-Pflanzen grundsätzlich vorsehen.

Situation in der EU:
Mit dem Fall des EU-Moratoriums für Neuzulassungen hat der Einzug der Gentechnik in Europa begonnen. Die gegenwärtige europäische Gesetzgebung schützt Gemeinden und regionale Regierungen in keinster Weise ausreichend – im Gegenteil: Organisationen wie Greenpeace sprechen von einer Konzern- und Gentechnikfreundlichen Politik, die sämtliche Risiken und Bedenken ignoriert.

Darüber hinaus wächst der Druck von außen, der Europäischen Union gentechnisch veränderte Pflanzen aufzuzwingen, besonders über eine von den USA angestrengte Klage bei der Welthandelsorganisation.

Die EU-Richtlinie vom 12.3.2001 genehmigt erstmals grundsätzlich die Freisetzung von GVO und regelt das Inverkehrbringen. Entsprechend vorgeschriebene Kontrollen und Überprüf-mechanismen sollen die Gesundheit und die Umwelt schützen.

Mit den Empfehlungen der Koexistenzleitlinien vom 23.7.2003 informiert die EU die Mitgliedsländer über mögliche Strategien und Verfahren zur .

Situation in Österreich:

Das Land Österreich ist – wie alle EU-Mitglieder – verpflichtet, die Umsetzung der entsprechenden EU-Richtlinien vorzunehmen. Bisher gab es noch keine Freisetzung von Gentech-Pflanzen auf Österreichs Feldern. Im Lebensmittelbereich gibt es aufgrund der Position des österreichischen Lebensmittelhandels bisher keine Gentech-Lebensmittel (die mittlerweile kennzeichnungspflichtig sind) zu kaufen – dies ist aber nicht gesetzlich geregelt, sondern eine freie Entscheidung des Handels, der damit auf den Druck der VerbraucherInnen reagiert hat. Kennzeichnungspflichtig sind lt. EU-Recht seit April 2004 alle Lebensmittel, die aus gentechnisch veränderten Organismen (GVO) bestehen oder daraus hergestellt wurden.

Wohl aber gelangt Gentechnik über den nicht kennzeichnungspflichtigen Einsatz von Gentech-Soja im Tierfutter doch und unerkannt auf dem Teller der VerbraucherInnen, denn Produkte, die von Tieren kommen, sind bisher von der Kennzeichnungspflicht ausgenommen (z. B. Fleisch, Butter, Käse, Eier, Milch, Joghurt, usw.). Lt. Greenpeace sind 80 % der VerbraucherInnen gegen Gentechnik, was auf die Gesetzgebung bisher jedoch nur wenig Einfluss hat – zu groß ist der Einfluss einiger weniger Konzerne darauf.

Das neue Gentechnikgesetz in Österreich sieht den Anbau von GVO grundsätzlich vor und ist ein Versuch den Anbau zu regeln.

Über Bestimmungen des Saatgutgesetzes als auch Verordnungen zum GTG hat Österreich bis jetzt das Inverkehrbringen von bereits auf dem europäischen Markt erlaubtem gentechnisch verändertem Saatgut verbieten können.

Die Saatgut-Gentechnik-Verordnung regelt zudem, dass keine GVO-Verunreinigungen im Saatgut in Österreich zulässig sind.

Somit sind das Inverkehrbringen als auch die Anwendung von Saatgut gentechnisch veränderter Sorten in Österreich noch verboten. (*„Wichtiges für den Maissaatgutkauf“, AGES Institut für Saatgut in Österreich“)*

1984 wurde der umfassende Umweltschutz in Österreich verfassungsrechtlich verankert.

Mit der Ratifizierung der EU-BiopatentRL hat die österreichische Bundesregierung (ÖBR) ihrer Staatenpflicht, die wirtschaftlichen und kulturellen Rechte von Bauern und Bäuerinnen am Saatgut zu schützen versagt.

Verschiedene Bundesländer haben mittlerweile ein eigenes Gentechnikvorsorgegesetz, um das Ausbringen von GVO mit hohen Auflagen zu versehen. In einigen Bundesländern haben die Landesregierungen Initiativen unterstützt gentechnikfreie Regionen gesetzlich zu verankern. Diese Initiativen wurden bisher leider von der Österreichischen Bundesregierung (ÖBR) in den entsprechenden EU-Kommissionen nicht ausreichend politisch unterstützt und werden sich deshalb nicht gegen das gängige EU-Recht durchsetzen können.

Wer braucht die Gentechnik und wem nützt sie?

„Niemand„ außer ein paar multinationalen Konzernen und die davon abhängigen Wissenschaftler.“ (*Alfred Haiger, ehem. Universität für Bodenkultur in Wien in der Einleitung zu „Gefahr Gentechnik“, S. 16)* Die weltweit agierenden Großkonzerne stellen ihren Profit vor die Gesundheit und das Wohlbefinden der Menschheit. „Beherrsche die Nahrung und Du beherrscht die Menschen.“ (Henry Kissinger). Regierungen arbeiten nicht mehr in erster Linie für ihr Volk, sondern immer mehr für einige wenige multinationale Agrarkonzerne, die die weltweite Kontrolle der Nahrungsmittel anstreben.

Durch diese Entwicklung sind Menschenrechte wie das Recht auf Nahrung, auf Gesundheit, Freiheit von Forschung und Wissenschaft auch in Österreich immer mehr gefährdet und werden zum Teil bereits massiv verletzt – was bis hin zur Existenzvernichtung geht.

Wir hoffen, dass der Ausschuss für wirtschaftliche, kulturelle und soziale Rechte die u. a. im Internationalen Pakt verbrieften Rechte für die Bevölkerung durchzusetzen hilft.

2. Verletzungen des Rechts der Völker auf Selbstbestimmung (Art. 1)

Absatz 1: „Alle Völker haben das Recht auf Selbstbestimmung:"

Verletzung des Rechts für das Volk Österreich:
1984 wurde der umfassende Umweltschutz in Österreich verfassungsrechtlich verankert.

Die EU-Freisetzungsrichtline – die mit der Einführung der Gentechnik in Landwirtschaft und Lebensmittelproduktion auch alle Folgeschäden an der Umwelt (Pestizide etc. s. Recht auf Nahrung, Seite 19) in Kauf nimmt, steht in Widerspruch dazu und setzt dieses Recht außer Kraft.

Das Recht auf Selbstbestimmung ist in Österreich nicht mehr gewährleistet:

- **Beispiel Volksbegehren:**

Im April 1997 haben 1,2 Millionen ÖsterreicherInnen ein Gentechnik-Volksbegehren mit folgenden 3 Forderungen unterschrieben:

> 1.: Keine Freisetzung von Gentechnisch veränderten Organismen in Österreich
>
> 2.: Keine Gentech-Lebensmittel in Österreich

3.: Kein Patent auf Leben

Von Seiten der Bevölkerung drückte sich dadurch das Bekenntnis zu Umweltschutz und Nachhaltigkeit aus. Damit hat die österreichische Bundesregierung ganz klar den Auftrag bekommen, diese Forderungen des Volkes politisch umzusetzen und die Einhaltung der Rechte in der österreichischen Verfassung auch gegenüber der EU zu verteidigen.

Mit dem Gentechnikgesetz, das im Herbst 2004 verabschiedet worden ist, hat lt. Greenpeace aber das Ende der gentechnikfreien Landwirtschaft in Österreich begonnen – damit wurden die Voraussetzungen für den Anbau genmanipulierter Pflanzen in Österreich erst geschaffen. „Die Umweltorganisation spricht von Verrat an den 1,2 Millionen ÖsterreicherInnen, die sich 1997 im Gentechnik-Volksbegehren gegen den Einsatz von Gentechnik in der Landwirtschaft und Lebensmittelproduktion ausgesprochen haben. Es ist eine Schande, wie LandwirtInnen und KonsumentInnen im Stich gelassen werden, weil die Regierung nicht den Mut hat, ausreichende Maßnahmen zum Schutz der Bevölkerung vor den Risiken der Gentechnik in Landwirtschaft und Lebensmittelproduktion zu ergreifen. „Dabei würde die EU-Freisetzungsrichtlinie durchaus mehr nationalen Handlungsspielraum zulassen." (*„Gentechnik rein?" www.greenpeace.at, Presseerklärung vom 14.10.04)*. Diesen nationalen Spielraum auch auszuschöpfen ist Aufgabe der Bundesrepublik Österreich.

- **Beispiel Verunreinigung von Saatgut**

Saatgut von GVO-Sorten darf bisher in Europa nicht vermarktet und auch nicht importiert werden. Es gibt aber bisher keine rechtsverbindlichen Regelungen bzgl. der Verunreinigungen von Saatgut mit GVO. Der weltweite Handel mit Saatgut und Ernteprodukten führt bereits zu Verunreinigungen des Saatgutes mit GVO auch in Europa und in Österreich.

Darüber hinaus plant die EU-Kommission bei Saatgut einen GVO-Anteil von 0,3 oder 0,5 % noch als „gentechnikfrei" zu deklarieren. „Die Folgen einer solchen Regelung wären fatal. Schon nach einer Aussaat könnten auf allen Feldern der EU ohne Wissen der LandwirtInnen genmanipulierte Pflanzen wachsen. Die Forderung lautet daher denkbar einfach: Gentechnikfreies Saatgut muss – zumindest bis zur Nachweisgrenze (Zurzeit 0,1 %) „ – auch wirklich gentechnikfrei bleiben." (*„Zwischen EU-Zwängen und Beamtenwerbung", Klaus Faissner in: „Gefahr Gentechnik" S. 61*). Österreich hat dies zwar in der österreichischen Saatgut-Gentechnik-Verordnung so geregelt, hat aber langfristig keine Möglichkeit diese Verordnung vor der EU durchzusetzen, als auch sich vor der Kontamination aus Nachbarländern zu schützen. Damit ist sein Selbstbestimmungsrecht gefährdet.

- **Beispiel illegale Importe:**

Mangels ausreichender Import-Kontrollen gelangen vermehrt gentechnisch veränderte aber nicht gekennzeichnete – und damit verbotene - Nahrungsmittel ins Land – was erst festgestellt wurde, als die Verbraucher die meisten dieser Importprodukte schon verzehrt hatten. Das Gentechnikgesetz sieht z. B. nur vor, dass die Organe befugt sind Kontrollen durchzuführen, „bei denen Grund zur Annahme besteht, dass ... Erzeugnisse in Verkehr gebracht werden ..." (§ 101 GTG), dies aber deshalb noch lange nicht wirklich tun müssen!

Gen-Reis aus China:

Bereits seit Jahren gelangt – mittlerweile über 1000 Tonnen - Gen-Reis aus China, der für den menschlichen Verzehr nicht geeignet ist und eigentlich vernichtet werden sollte, da er nur zu Forschungszwecken angebaut wurde - unerlaubt in den Handel und damit auch nach Europa und Österreich.

Papayas:

Im Februar 2004 wurden erstmals in Europa genmanipulierte Papayas im Einzel- und Großhandel entdeckt. Wie viele der Früchte in den europäischen Handel gelangten ist unklar. Greenpeace warnte damals vor möglichen Folgen wie Allergien oder zur Immunität gegen Antibiotika beim Menschen durch ein so genanntes Antibiotika-Resistenzgen, welches in der Frucht enthalten ist. Gen-Papayas sind in Europa nicht zugelassen, weil sie noch nicht auf ihre Unbedenklichkeit überprüft wurden. „Es ist unmöglich, alle Einfuhren zu kontrollieren", so das bayrische Verbraucherschutzministerium (Münchner Merkur, 6.2.04 „Gen-Papayas in Läden gefunden"). Boontan Tansuthepveeravong, Direktor von Amnesty International Thailand, zum illegalen Verkauf von nicht zugelassenen Gen-Papaya durch die dortige Regierung: „Dabei handelt es sich um eine schwerwiegende Bedrohung für das Leben der Bauern, der Verbraucher und der Öffentlichkeit". *(*www.greenpeace.de – *gentechniknews – aktivisten-sollen-für-jahre-hinter-gitter v. 29.04.05)*

Genmais:

Seit Jahren wurde in Europa " verbotener Genmais an die Landwirte als herkömmlicher Mais verkauft und auch angebaut – mit natürlich verheerenden Langzeitfolgen für die Existenz der Bauern sowie Grund und Boden". *(Deutsches Ärzteblatt vom 4.04.05 – „1000 Tonnen illegaler Genmais aus den USA nach Europa gelangt").*

„Die Gen-Industrie ist völlig außer Kontrolle" – so Nina Thüllen, Gentechnik-Expertin von Greenpeace (*www.greenpeace.de – gentechniknews – genreis-in-china-ausser-kontrolle vom 13.4.05*).

„2004 wurde die Firma Syngenta von dem Amtsgericht in Gießen zu einer Geldstrafe von 1.500 Euro (!!) verurteilt, da der Anbau von Bt 176-Mais in Mittelhessen 2000-2001 illegal war und nicht ordnungsgemäß überwacht wurde." *(„Ausgeblendete Risiken", W. Müller und A. Velimirov in „Gefahr Gentechnik", S. 242).* In Österreich ist

„das Strafmaß bei illegaler Anwendung von GVPs viel zu gering, um wirklich „Abschreckwirkung" zu haben." (*„Gentechnik – Schutz ist unzureichend", die Wiener Umweltstadträtin Ulli Sima* , www.wirtschaftundumwelt.at, *Ausgabe 04 / 2004).*

Lt. dem österreichischen Gentechnikgesetz § 109 liegt die Strafe für illegale Freisetzung bei 21.800 Euro. Dies zeigt deutlich, wie absolut unzureichende Sanktionen ein Versuch sind, Gesetze vordergründig zu erfüllen – und die Gentechnikkonzerne direkt einladen, weiterhin illegal tätig zu werden. Alois Oswald, Umweltanwalt des Landes Steiermark, verdeutlicht das in seinem Artikel „'Gentechgesetze sind Scheingesetze" damit, dass der Vollzug von Gesetzen sogar unerwünscht ist: „Mehr Gesetze und stets weniger Vollzugsbeamte lassen klar erkennen, was letztendlich die staatlichen Entscheidungsträger wollen: Sie wollen für den Wähler zwar Regelungen, dass er sich sicher fühlt, für die jeweiligen Konzerne ... jedoch größtmöglich wirtschaftliche Freiheit, wenn nicht sogar „Narrenfreiheit"!" (*„Gentechnikgesetze sind Scheingesetze", Dr. HR Alois Oswald in „Gefahr Gentechnik", S. 76).*

Das Selbstbestimmungsrecht der Völker ist damit drastisch gefährdet. Dies zeigt bereits jetzt, dass sämtliche Bemühungen, Gentechnik in Lebensmittelproduktion und Landwirtschaft durch Gesetze usw. zu kontrollieren, nicht ausreichen. Österreich muss dafür sorgen, dass die Kontrollen durch ausreichend Vollzugsbeamte und die nötigen Transparenznachweise beim Import verstärkt werden und auch bei der EU auf eine Verschärfung der Kontrollen hinwirken, um das Land langfristig GVO-frei halten zu können.

- **Beispiel Kontaminierung:**

Durch den Pollenflug besteht die Gefahr, dass mit einem Anbau von GVO eine weite Kontaminierung großer Flächen stattfindet. Das soll durch Sicherheitsabstände und Pollenbarrieren verhindert werden. . Die EU-Leitlinien zur Koexistenz geben dabei nur vor, dass die LandwirtInnen die „ Verantwortung für die Durchführung der Betriebsführungsmaßnahmen tragen, die zur Eindämmung des Genflusses erforderlich sind." („Empfehlung der Kommission" vom 23. Juli 2003 Seite 10, Punkt 2.1.7.). Das österreichische Landesrecht spricht von „im Interesse der Sicherheit notwendigen Vorkehrungen und Maßnahmen", die der die Freisetzung Durchführende zu treffen hat (§ 45, Abs. 1 GTG). Vor einer genauen Festlegung der Sicherheitsabstände hütet sich der Gesetzgeber, die Verantwortung wird so auf die LandwirtInnen, die GVO anbauen, abgewälzt. Gängige Richtwerte sind momentan 20 – 25 Meter. Fachleute verlangen für einen einigermaßen wirksamen Schutz bei Mais aber mindestens 800 m, bei Raps mindestens 2,5 km – und selbst damit ist die GVO-Freiheit der umliegenden Länder und Ländereien nicht zu garantieren, da die Pollen in der Regel viel weiter fliegen. Der Pollentransfer durch Insekten kann schon bis zu 14 Kilometer betragen - ganz abgesehen vom Saharasand, der witterungsbedingt ebenfalls ab und an bei uns ankommt! „Gentechnisch veränderte Rapspollen können zum Beispiel in bis zu 26 km Entfernung vom Aussaatort festgestellt werden." (*Ruth Paulig, umweltpolitische Sprechern der Grünen im Bayerischen Landtag, in „Quadratur des Kreises: das neue Gentechnikgesetz", Umweltnachrichten d. Umweltinstitutes München e. V., Ausgabe 99 / April 2004)*. Bei einem in Kärnten 2005 angelegten Kastrationsversuch beim Mais wurde festgestellt, dass auch über eine Entfernung von 200 m alle Maispflanzen befruchtet waren. Das zeigt die Wirkungslosigkeit der bisherigen Sicherheitsabstände, um einer Kontaminierung vorzubeugen.

An folgenden Beispielen wird deutlich, dass selbst Länder, die bisher als gentechnikfrei galten, keine Chance hatten, von GVO verschont zu bleiben:

Australien:

Erstmals ist die Verunreinigung herkömmlich produzierter Nahrungsmittel durch genmanipulierte Pflanzen im bisher gentechnikfreien Kontinent nachgewiesen worden. Australische LandwirtInnen fürchten daher „den Verlust von Absatzmärkten, da in weiten Teilen der Welt bisher nur gentechnikfreie Nahrungsmittel akzeptiert werden“ (*www.cbgnetwork .de – Pressemitteilung v. 16.7.05 „Bayer-Konzern muß Haftung übernehmen“).*

Mexiko:

Weitflächige transgene Verunreinigung ist in den Landsorten des Mais in verborgenen Regionen von Mexiko trotz eines offiziellen Anbauverbots aufgetreten, das seit 1998 in Kraft ist.

Kanada:

In einem Test von 33 Proben aus zertifizierten gentechnikfreien Saatgut-Lagern, wurden 32 kontaminiert vorgefunden.

Transgener Pollen ist „durch Wind getragen und anderswo abgelagert, oder der direkt auf den Boden gefallen ..., eine Hauptquelle transgener Verunreinigung ... Kontamination ist als unvermeidbar generell anerkannt, somit kann es keine Koexistenz von transgenen und konventionellen Pflanzen geben.“ (*„Plädoyer für eine gentechnikfreie zukunftsfähige Welt“, ISP, 15.06.2003, S. 3)*

Damit ist auch klar, dass sämtliche Gentechnikgesetze, die auf Koexistenz, Sicherheitsabstände etc. setzen, um GVO in der Landwirtschaft grundsätzlich zu erlauben, nicht ausreichen, um eine Kontamination langfristig zu verhindern. Fazit: Will man das Selbstbestimmungsrecht wahren bleibt nur ein vollkommenes Verbot der Gentechnik in Landwirtschaft und Nahrungs-mittelproduktion im Land – und die Aufgabe Österreichs, dieses Verbot auch auf EU-Ebene zu forcieren, will es sich vor Kontamination durch angrenzende Staaten schützen.

Absatz 2: „Alle Völker können für ihre eigenen Zwecke frei über ihre natürlichen Reichtümer und Mittel verfügen – in keinem Fall darf ein Volk seiner Existenzmittel beraubt werden!"

Große Gefahr der Beraubung seiner Existenzmittel besteht durch **Terminator-Technologie** und die **Patentierung der Nutzpflanzen** sowie die Gefahr der **„Zwangs-Teil-Enteignung" der LandwirtInnen:**

- „Besonders skandalös ist die Entwicklung der so genannten **Terminator-Technologie**. In mehr als 87 Ländern ist steriles Saatgut zum Patent angemeldet, also Saatgut, bei dem nicht mehr Teile der Ernte wieder ausgesät werden können, sondern für jede Aussaat neues Saatgut gekauft werden muss. Die Agrarkonzerne versprechen sich davon einen attraktiven Absatz- und Wachstumsmarkt. Übersehen – oder auch billigend in Kauf genommen – wird, dass Kleinbauern vielfach gar nicht in der Lage sind, jedes Jahr neues Saatgut zu bezahlen. Sie werden nicht nur um ihre Unabhängigkeit gebracht, sondern vielfach gezwungen sein, sich zu verschulden, mit dem Risiko durch eine Missernte ruiniert zu werden. ... Diese Entwicklung bedroht die Existenz von Millionen Bauern " (*Patent(ierte) Enteignung" von Marlies Olberz, Food First, S. 13*)

  Die Verwendung dieses Saatgutes ist in Österreich noch gesetzlich untersagt. Mit dem EU-weiten Fall des Importverbotes für GVO und der Verpflichtung, gängiges EU-Recht in den Mitgliedstaaten umzusetzen ist es fraglich, wie lange Österreich diese Verordnung gegen die EU halten kann und auch will.

- Auch über **Patente** der Genkonzerne werden die LandwirtInnen abhängig : Die Konzerne versuchen weltweit soviel Pflanzen wie möglich zu patentieren – z. B. Reis – was heißt, jeder der in Zukunft Reis anbauen will, muss das Saatgut dann bei Monsanto kaufen, natürlich jedes Jahr neu (Terminator-Samen) – und diesem für das Patent auch noch Lizenzgebühren bezahlen. Alleine in Indien aber haben die LandwirtInnen über 200 Reissorten wieder nachgezüchtet und sind damit unabhängig, da sie ihr Saatgut aus ihren eigenen Ernten bestreiten – was nach einer Patentierung dann illegal ist und mit hohen Strafen belegt wird. „Mit dem Patentrecht auf lebende Materie eignen sich Industriekonzerne die Bestimmungsrechte an Pflanzen an. Die Vorleistungen der Bauern und Indigenen werden außer Acht gelassen und an erzielten Gewinnen werden sie nicht beteiligt. Vielmehr droht den Bauern die freie Nutzung und Züchtung ihrer eigenen natürlichen Ressourcen patentrechtlich entzogen zu werden. Sie müssen dann für das von ihren Vorfahren entwickelte Saatgut Lizenzgebühren zahlen: ein klarer Fall von Raub!" *(„Patent(ierte) Enteignung", Marlies Olberz, Food First, S. 13)*

Im Februar 2005 wurde die EU-Biopatentrichtlinie in Österreich unter lauten Protesten von landwirtschaftlichen Menschenrechts- und Umweltorganisationen ratifiziert. Die ÖBR hat damit gegen den erklärten Willen (Volksabstimmung) der BürgerInnen eine Patentierung von Pflanzen- und Tierarten Vorschub geleistet und versäumte seinen nationalen wie extraterritorialen Staatenpflichten Rechnung zu tragen: Das Recht auf Nahrung gegenwärtiger und künftiger Generationen im eigenen Land zu achten und zu schützen (umfasst auch den Zugang zu natürlichen Ressourcen, wie Saatgut der Bauern und Bäuerinnen) und als Akteurin zwischen internationalen Organisationen seinen internationalen Staatenpflichten nachzukommen und die Menschenrechte auf internationaler Ebene zu respektieren, zu schützen und zu gewährleisten. Für mehr als 1,3 Milliarden Bauern und Bäuerinnen ist der freie Zugang zu Saatgut überlebenswichtig - mit der Ratifizierung der Biopatentrichtlinie hat Österreich sich jenen Staaten angeschlossen, die durch solche Gesetze das Recht sich zu ernähren in internationalen Zusammenhängen missachten.

„Damit ergibt sich ein Patentrecht, bei dem die traditionellen Verbote in vielen Bereichen aufgehoben werden und der bisher auf ethischen Grundsätzen bestehende Rahmen weitgehend aufgelöst wird. Anerkannt wird lediglich, dass Landwirte, die patentiertes Material – also genmanipulierte Pflanzen – erwerben, dieses auch wieder anbauen dürfen. Ab einer Ackerfläche von mehr als 18 ha müssten sie jedoch Lizenzen dafür zahlen." Damit gilt künftig, „dass der Bauer / die Bäuerin mit dem patentierten Saatgut ein Produkt erwirbt, das unter Eigentumsvorbehalt der Patentinhaber steht. "(*vgl. Hoppichler, Josef 2005, S. 77, in : Manfred Grössler „Gefahr Gentechnik"*) Im Vergleich zur bisherigen gängigen landwirtschaftlichen Praxis – bis zu 50 % des jährlichen Anbaus besteht aus Nachbau – in Österreich kommt diese gesetzliche Norm einer faktischen Enteignung von Arbeit und produktivem Wert der landwirtschaftlichen Erzeugnisse von Bauern und Bäuerinnen gleich.

Mit der Umsetzung der EU-Patentrichtlinie ergeben sich weitere Folgen, die, wie der Agrarexperte ausführt, „für die Bauern generell höchst bedenklich (wären). Das sogenannte Landwirteprivileg (würde damit) extrem eingeschränkt. Dies beinhaltet das traditionelle Recht der Bäuerinnen und Bauern, Saatgut und Vermehrungsmaterial uneingeschränkt am eigenen Betrieb zu verwenden und weiterzuentwickeln, sowie mit Nachbarn und im Rahmen genossenschaftlicher Vereinigung unentgeltlich auszutauschen. Eine über zehntausendjährige Kulturgeschichte des Saatguts wird dadurch erstmals einer fast vollkommenen Kommerzialisierung und Kontrolle durch multinationale Saatgutkonzerne unterworfen." (*vgl. Hoppichler, Josef 2005, S. 78, in : Manfred Grössler „Gefahr Gentechnik"*).

Patente stellen per definitionem ein exklusives Nutzungsrecht an einer Sache durch den Patentinhaber dar. Die Rechte aller anderen Akteure, die – insbesondere im Falle von Pflanzen, Tieren, allgemein Organismen mit reproduktiven Eigenschaften –

zur Entwicklung beigetragen und mit der Nutzung und Verwertung dieser bisher ihre wirtschaftliche Existenzgrundlage / ihre Ernährung bestritten haben, wurden nicht nur völlig außer acht gelassen sondern darüber hinaus auch noch ihre Praktiken illegalisiert. Mit der Ratifizierung der EU-Biopatentrichtlinie hat die ÖBR versäumt die Rechte von Bauern und Bäuerinnen an Saatgut und Zugang zu genetischen Ressourcen zu achten und zu schützen und die Rechte von VerbraucherInnen auf angemessene Nahrung zu gewährleisten. Diese Pflichtverletzung wiegt deshalb besonders schwer, als Patente besonders die Interessen wirtschaftlich starker Akteure (Unternehmen) begünstigen und Monopolsituationen an wichtigen Ernährungspflanzen und -gütern vorantreiben. Damit ist zu erwarten, dass sich mittel- und langfristig besonders Situationen von Verletzung auf Nahrung künftiger Generationen einstellen werden.

Die Inderin Vandana Shiva, die für ihr Engagement gegen GVO und für die Unabhängigkeit der indischen Bevölkerung von einigen wenigen Großkonzernen den alternativen Nobelpreis erhalten hat, spricht sogar von Versklavung der Bauern! („Biopiraterie mit Reissaatgut", www.dradio.de, 8.7.04).

- **Grundrechtswidrige Teilenteignung der LandwirtInnen:**

Proleben hat bei der EU eine Klage zur Aufhebung der EU- Freisetzungsrichtlinie eingereicht. Begründung: Die Einführung der GVO führt zu einer grundrechtwidrigen (Teil-)Enteignung der LandwirtInnen, ohne dass die Richtlinie dafür eine Entschädigungsvorsorge vorsieht. Die Freisetzungsrichtlinie führe zu einer Einschränkung des auch durch die Verfassungen zu schützenden Grundeigentums der Landwirte ohne jede Güterabwägung, ausnahmslos und ohne entsprechende Entschädigungsvorsorge. Darin sieht die Klage u. a. eine Vertragsverletzung nach Art. 230 Abs. 2 EGV, die die Nichtigkeitserklärung der angefochtenen Richtlinie erfordert.(*s. www.proleben .at*) Auch hier handelt es sich um einen Raub der Existenzmittel und damit um eine Menschenrechtsverletzung, die die Freisetzungsrichtlinie mit sich bringt.

Mit den jüngsten Novellierungen von Gentechnikgesetz und Patentgesetz sowie der Ratifizierung der Biopatentrichtlinie wurde auch in Österreich eine Situation vorangetrieben, die prinzipiell dem Einsatz der Gentechnik zwar Auflagen erteilt, jedoch eingeschränkte Nutzungsrechte der Ernten und großflächige Präsenz von GVOs als Norm künftiger Landbewirtschaftung betrachtet. Tatsächlich fällt die Entscheidung bzw. die Umverteilung der Verfügungsbefugnis über die Nutzungsarten und Nutzungsformen des Bodens ohne eine entsprechende Gewährleistung der grundrechtlichen Standards unter den Begriff der Bodenreform – Dies noch dazu im Hinblick auf die Tatsache, als die ÖBR nicht bloß geringe Prozentsätze der Hoheitsgebiete einbezieht, sondern die absichtliche Freisetzung genetisch veränderter Organismen in die Umwelt für den gesamten Bereich der Mitgliedstaaten als ein Recht verankert.

Die grundlegenden Inhalte solcher Gesetzesnormen (EU-Freisetzungsrichtlinie, EU-Biopatentrichtlinie) wurden und werden auf EU-Ebene entschieden, umso mehr wäre die ÖBR als Mitgliedstaat verpflichtet gewesen, alle Möglichkeiten und Mittel (z. B. Stimme im Rat und politische Gestaltungsinstrumente der Mitgliedstaaten, wie etwa Initiative für eine Vorsorge- und Risikorichtlinie etc.) auszuschöpfen. Wie bereits erwähnt ist ein umfassender Umweltschutz in der österreichischen Verfassung verankert und von gewählten VertreterInnen sollte die Erwartung, dass sie in ihren Funktionen den Willen des Volkes auch vor der EU vertreten, nicht als abwegig gesehen werden müssen.

Sowohl die Freisetzung von GVOs als auch die Möglichkeit ganze Pflanzen- und Tierarten in Österreich patentieren zu lassen haben weitreichende Konsequenzen für die gegenwärtige und künftige Ernährungssicherung sowohl in Österreich als auch international. Für die Lage der österreichischen Landwirtschaft mit ihren durchwegs kleinstrukturierten Bewirtschaftungsformen und überwiegend durch Zu- und Nebenerwerb aufrechterhaltenen Betriebsformen kommt eine derartige Begünstigung von Interessen wirtschaftlich starker Akteure einer Bodenreform gleich. Eine solche aber bedürfte einer grundsätzlich anderen politischen Legitimation und öffentlichen Diskussion.

Österreich wäre durch diese Folgen der GVO in Landwirtschaft und Lebensmittelproduktion nicht mehr unabhängig, sondern würde zum Spielball der Interessen von 2 – 3 Weltkonzernen. Um dem vorzubeugen fordert ProLeben die Bundesrepublik auf die Freisetzung von GVO in Österreich gesetzlich zu untersagen und sich in der EU strikt gegen die Vergabe von Patenten an Konzerne und der Teilenteignung der GrundbesitzerInnen einzusetzen.

Absatz 3: „Die Vertragsstaaten .. haben ... die Verwirklichung des Rechts auf Selbstbestimmung zu fördern und dieses Recht zu achten."

Lt. einer von Greenpeace in Auftrag gegebenen Rechtsstudie zur rechtlichen Umsetzung gentechnikfreier Zonen in Österreich gibt es doch eine Reihe von Kompetenzen der Länder, sogar ein generelles landesweites Verbot für den Anbau von GVO erscheint aus juristischer Sicht – in Bezug auf die EU-Freisetzungsrichtlinie und die Europapolitik – nicht unmöglich. Es gibt Handlungsspielraum, den die Politik vor Ort bei weitem nicht ausnutzt. Hier ist die österreichische Bundesregierung aufgefordert alle vorhandenen Rechte auszuschöpfen. Es ist jetzt „politischer Wille und Mut gefordert, um gentechnikfreie Zonen einzurichten. Die Voraussetzungen dafür sind in Österreich besonders gut .... Die Gentechnikfreie Zone Österreich könnte also europaweiter Vorreiter im Schutz von Mensch, Umwelt und Landwirtschaft vor den Risiken der Gentechnik sein." (*„Rechtliche Umsetzung Gentechnik-freier Zonen in den Bundesländern Österreichs", Greenpeace August 2002*)

3. Verletzungen des Rechts auf Arbeit (Artikel 6)

Absatz 2: „Die von einem Vertragsstaat zur vollen Verwirklichung diesen Rechts zu unternehmenden Schritte umfassen .... Schritte ... einer produktiven Vollbeschäftigung unter Bedingungen, welche die politischen und wirtschaftlichen Grundfreiheiten des einzelnen schützen."

Durch die Einführung von GVO in Landwirtschaft und Lebensmittelproduktion sind diese Grundfreiheiten nicht mehr gegeben – sie sind bedroht durch die Patente, die zunehmende Abhängigkeit von Großkonzernen über Saatgut und Verträge sowie durch die drohende Kontaminierung durch NachbarInnen und den daraus entstehenden Folgen (s. letztes Kapitel). Die LandwirtInnen werden finanziell geködert (erstes Jahr Saatgut vom Konzern umsonst, Subventionen vom Staat, usw.), damit sie GVOs anbauen – womit gentechnikfreie Produktion langsam aber sicher zu teuer wird und finanziell von den LandwirtInnen nicht mehr tragbar. Sie sind irgendwann gezwungen ihren Betrieb aufzugeben oder auf GVO – und damit in die direkte Abhängigkeit der Konzerne –umzusteigen. Dazu kommt der politische Druck, mit Verwendung von GVOs ist man fortschrittlich und innovativ ... der jegliche negativen Folgen, die bereits bekannt sind, leugnet.

Um diese Freiheiten und Rechte für die LandwirtInnen nicht zu gefährden fordert ProLeben die Bundesregierung auf das Ausbringen von GVO in Österreich gesetzlich zu verhindern. Nur so haben die Bauern und BäuerInnen die Sicherheit auch langfristig ihre Grundfreiheiten und damit verbundene Unabhängigkeit gewährleistet zu bekommen.

4. Verletzungen des Rechts auf angemessenen Lebensstandard, Recht auf Schutz vor Hunger – Recht auf Nahrung (Artikel 11)

Absatz 1: „Die Vertragsstaaten erkennen das Recht...an ... auf eine stetige Verbesserung der Lebensbedingungen ... unternehmen geeignete Schritte, um die Verwirklichung dieses Rechts zu gewährleisten ...“

Dieses Recht ist durch mehrere Faktoren für die LandwirtInnen nicht mehr gewährleistet.

Wie viele Menschen in Österreich sind überhaupt davon betroffen?

Österreich hat rund 200.000 land- und forstwirtschaftliche Betriebe, der Anteil der in der Landwirtschaft Beschäftigten liegt insgesamt bei ca. 2,5 % der Bevölkerung.

37 % (80.200) der Betriebe werden im Haupterwerb geführt, d. h. das Familieneinkommen wird aus der Landwirtschaft bezogen. Die meisten produzierten Lebensmittel werden im Land verkauft. 41 % der landwirtschaftlichen Nutzflächen ist Ackerland, an der Gesamtfläche Österreichs hat die Landwirtschaftliche Nutzfläche neben Wald und sonstigen Flächen ebenfalls einen Anteil von 41 %. In der Landwirtschaft waren 2003 rund 26.000 Arbeitnehmer/Innen unselbständig erwerbstätig, der Anteil der Arbeitslosen in der Land- und Forstwirtschaft ist gesunken. 2003 betrug das durchschnittliche monatliche Einkommen in Land- und Forstwirtschaft bei Männern 1.346 Euro, bei Frauen 987 Euro.

(*Quelle:* www.lebensministerium.at/ - *Agrarstruktur in Österreich)*

Zum Vergleich zu anderen Berufsgruppen: das durchschnittliche mittlere Bruttoeinkommen unselbständig Tätiger lag in Österreich im Jahr 2003 bei 1316 Euro für Frauen und bei 2.209 Euro für Männer. Das heißt im Verhältnis zur restlichen Gesellschaft sind LandwirtInnen deutlich schlechter gestellt.

Die österreichische Landwirtschaft ist mit einer durchschnittlichen Betriebsgröße von 16,3 ha europaweit sehr kleinstrukturiert (Dtld: 32 ha, ..), der Anteil der Biobetriebe ist mit 12 % und 14 % Anteil an der landwirtschaftlichen Nutzfläche europaweit mit am höchsten.

Die **größte Gefahr zur Gewährleistung des Rechts ist die der Kontamination** und der damit verbundenen Existenzvernichtung:

„Untersuchungen in Nordamerika haben ergeben, dass über 90 % der von Öko-Landwirten angebauten Pflanzen mit Fremdgenen belastet sind." *(*www.cbgnetwork.org – *„GenFood-Nein Danke" v. 2.7.2004*). Dies führt damit zur unmittelbaren Gefährdung ihrer wirtschaftlichen Existenz . „In einer jüngst veröffentlichten EU-Studie ist durchgerechnet worden, welche Kosten auf die Landwirtschaft zu kommen, wenn ein Anbau von gentechnisch veränderten Pflanzen neben konventionellen und Ökolandbau stattfindet. Das Ergebnis der Studie ist, dass es selbst bei einer maßvollen Einführung der transgenen Sorten sehr schwer werden wird, Verunreinigungen zu vermeiden. Diese Gefahr kann durch entsprechende Maßnahmen verringert werden, allerdings nur mit einem hohen finanziellen Aufwand." *(*www.bmu.de/pressearchiv *„Langzeitbeobachtung von gentechnisch veränderten Pflanzen ist unverzichtbar" v. 13.6.2002).* Weiter kam ein Report im Auftrag der EU-Kommission Anfang 2002 zum Ergebnis: „Die Produktion von Gentech-freien Pflanzen ist nicht möglich in einer Region, in der auch transgene Pflanzen wachsen. Selbst wenn die Bauern eine Kontamination von einem Prozent akzeptieren würden, wären je nach Pflanze Mehrkosten zwischen einem und 41 % zu erwarten." *(„ Gentechnik - Designerkost für alle"*

Der Spiegel 12 / 2003 – 17.03.2003 Seite 4). Diese Kosten – zuzüglich der Zonen für Sicherheitsabstände (die aber in jedem Fall kein ausreichender Schutz sein können – s. Bienenflug und Saharasand), Preisabschläge für verunreinigte Produkte und Analysekosten - sind für die LandwirtInnen nicht bezahlbar und werden von niemandem ersetzt.

Auch der deutsche Umweltminister Jürgen Trittin warnt davor, dass die Auskreuzung genmanipulierter Organismen in die Natur „in den nächsten Jahren zu einer der größten Gefahren für die biologische Vielfalt" zu werden droht! *(*www.bmu.de/pressearchiv Nr. 181 / 04 / vom 22.06.2004 *„Trittin: Auskreuzung genmanipulierter Organismen gefährdet biologische Vielfalt")* 1999 sah auch EU-Kommissar Fischler noch sehr wohl „die Unmöglichkeit einer Koexistenz zwischen Gentechnik-Landwirtschaft und traditioneller Landwirtschaft. Er gab selbst zu bedenken, dass es für einen Biobauern schwer werden würde, die Ausbreitung von genmanipulierten Pollen auf seine Felder zu verhindern." (*„Zwischen EU-Zwängen und Beamtenwerbung", K. Faissner in „Gefahr Gentechnik" S. 60)*

Ist der Bestand erst einmal kontaminiert – sind die festgelegten Haftungsregeln zu kurz gegriffen: Der Betreiber hat zwar den Schaden zu ersetzen, der Nachweis des Schadens als Folge der GVO-Freisetzung liegt aber beim Geschädigten – der erst einmal wiederum umfangreiche Kosten auf sich nehmen muss, um die Kontamination analysieren zu lassen – dann einen Schuldigen zu finden und den Schaden einzuklagen. (§ 79 Gentechnikgesetz). Hier gibt es viele Begriffe, die nicht eindeutig festgelegt sind und damit nicht einklagbar – z. B. darf der Betreiber nicht „unverhältnismäßig belastet" werden, usw. – die jegliche Haftungsansprüche schnell zunichte machen können. Was z. B. einschließt, dass der Gentechbauer nur bis zu einem Existenzminimum haften muss, dass natürlich den landwirtschaftlichen Besitz zur Sicherung seiner Existenz mit umfasst. Bei einem Durchschnittsverdienst von rund 1000 Euro in der Landwirtschaft werden kostendeckende Schadensersatzleistungen nicht möglich sein. Auch Versicherungen übernehmen das Risiko bisher nirgends. Ein amerikanisches Urteil legte den Schadensersatz für eine Reinigung der Äcker und die Entschädigungen bzw. für die Rückholaktion der genverseuchten Ernteprodukte auf mehr als eine Milliarde US-Dollar fest! (*„Quadratur des Kreises: das neue Gentechnikgesetz“, Umweltnachrichten des Münchner Umweltinstitutes e. V. Ausgabe 99, April 2004, Seite 5)*

Sicherheitsvorkehrungen zur Verhinderung der Kontamination zu treffen ist darüber hinaus für den Bauer / die Bäuerin fast schon unrentabel. Lt. § 109 Abs. 3 GTG ist eine Strafe von 7260 Euro vorgesehen, wenn der Landwirt es unterlässt, die erforderlichen Sicherheitsmaßnahmen zu treffen – das kommt ihn damit fast billiger es zu lassen.

Dem kontaminierten Landwirt kann darüber hinaus noch passieren, dass er vom Gentechkonzern eine Klage bekommt wegen unerlaubtem Nachbau – was heißt, er muss nachweisen, dass er das Gentech-Saatgut nicht selbst unerlaubterweise (da er es ja nicht regulär eingekauft hat) und absichtlich anbaut – und damit wiederum das (unfreiwillig angeflogene) Saatgut beim Gentechkonzern bezahlen muss: Monsanto hat 1998 den kanadischen Bauern Percy Schmeisser verklagt ihm den Verkaufswert seiner gesamten – von seinen Nachbarn unfreiwillig kontaminierten - Ernte zu bezahlen. Der Leidtragende ist in jedem Fall der kontaminierte Bauer, der damit seine Existenz verliert.

Dies kann nur verhindert werden, indem der Anbau von GVO in Österreich nicht erlaubt wird und die Haftung für alle Risiken beim Gentechkonzern liegt. Die festgelegten Strafen müssen darüber hinaus drastisch erhöht werden, um überhaupt eine abschreckende Wirkung zu erhalten.

Die relativ kleine Struktur der österreichischen Landwirtschaft, der große Anteil von ökologisch sensiblen Gebieten sowie die bundesweite Streuung der Biobetriebe lassen eine Freisetzung von GVO nicht zu, ohne die gentechnikfreien Betriebe in ihrer Existenz massiv zu gefährden. (*Grüne Initiativen für Gentechnikfreiheit*).

Dies wäre eine Chance für Österreich, um z. B. lt. EU-Recht unter die Ausnahmeregelung „ökologisch sensibles Gebiet" zu fallen und damit gentechnikfrei gesetzlich garantieren zu dürfen. Auch über ein eigenes Landwirtschaftsgesetz zum „Schutz einer gentechnikfreien Landwirtschaft" wäre dies möglich. Die genannten Verunreinigungen sind auch nicht mit der EU-Verordnung über den biologischen Landbau vereinbar, was die EU-Freisetzungsrichtlinie damit auch zu Fall bringen kann. Die Industrie hat dafür bereits eine Lösung: Diese Verordnung aufzuweichen und den Gegebenheiten einer gentechnischen Landwirtschaft anzupassen! ProLeben fordert die Bundesrepublik auf, dies unter allen Umständen zu verhindern. (*„Richtlinienentwurf der EU Kommission zur Verunreinigung von Saatgut mit gentechnisch veränderten Sorten" www.saveoursees.org September 2003 Seite 2)*

Als ersten Schritt kann Österreich aber z. B. einen Verzicht auf gentechnisch verändertes Saatgut als Voraussetzung verlangen, um z. B. am Österreichischen Programm für eine umweltgerechte Landwirtschaft (ÖPUL) teilnehmen zu können, das immerhin 88 % der Fläche und 75 % der Betriebe erfasst.

Die EU-Freisetzungsrichtlinie sieht in Artikel 26 a vor, dass die Mitgliedstaaten die geeigneten Maßnahmen ergreifen können, um das unbeabsichtigte Vorhandensein von GVO in anderen Produkten zu verhindern. Mit den genannten Beispielen kann nachgewiesen werden, dass keine der vorgesehenen Maßnahmen ausreichen, um die Koexistenz zu sichern.

Geeignet, um Kontaminierung langfristig zu verhindern, ist ausschließlich ein GVO-Verbot, was dann auch lt. Freisetzungsrichtlinie für Österreich durchsetzbar sein muss.

Eine weitere **Ursache für die Gefährdung des Rechts ist die drohende Abhängigkeit der Bauern von den Gentechgroßkonzernen,** die sie mit falschen Versprechungen locken: So soll bei Abnahme des Gensaatgutes die Ernte steigen, der Einsatz von Pestiziden sinken, usw. Voraussetzung ist ein Vertrag mit dem Gentechnikkonzern, sowohl Saatgut als auch alle notwendigen weiteren Pestizide nur dort zu kaufen. "Für mich ist es einer der teuflischsten Verträge auf der ganzen Welt, den Bauern ihre Rechte wegzunehmen." *(„Der Fall Percy Schmeiser gegen Monsanto", P. Schmeiser in „Gefahr Gentechnik" S. 191*). Inhalt der Verträge sind u. a., dass der Bauer sein eigenes Saatgut nicht mehr verwenden darf, nur noch beim Konzern kaufen, die passenden Pestizide ebenfalls sowie die Verpflichtung zu schweigen. Um GVO anzubauen muss man darüber hinaus jährlich Lizenzgebühren an den Konzern bezahlen. „Das sind auch die Ängste vieler heimischer Bauern: Jegliche Selbstbestimmung über das Saatgut aufgeben zu müssen und einem multinationalen Konzern ausgeliefert zu sein .." (*Percy Schmeiser in: „Gefahr Gentechnik" S. 191).* Das Saatgut ist vier mal so teuer, der Pestizidverbrauch steigt weit über den ursprünglichen und es gibt Ernteeinbussen zwischen 10 und 100 % - was allein in Indien bereits 25.000 Bauern / Bäuerinnen in den Selbstmord getrieben hat, weil sie keinen Ausweg aus der Schuldenspirale sahen und Haus und Hof aufgeben mussten. In Argentinien haben nach 10 Jahren Anbau von GVO 160.000 Bauern / Bäuerinnen ihren Job verloren und zu wenig zu essen. *(*www.proleben.at/unsl.htm*).* Eine Langzeitstudie in Andhra Pradesh/ Indien hat ergeben, dass die Gentech-Bauern / -Bauerinnen in den vergangenen drei Jahren im Schnitt sogar 60 % weniger verdient haben als diejenigen, die auf das herkömmliche Saatgut gesetzt haben. Die mehr als 10.000 betroffenen Kleinbauern/-bäuerinnen stehen nach dem kompletten Ausfall ihrer Ernte vor dem Nichts.*(*www.heise.de */ Artikel „Asiatischer Dämpfer für grüne Gentechnologen" von Gerhard Klas vom 10.07.05)*

Die Lebensbedingungen – in erster Linie für die LandwirtInnen, dann für die VerbraucherInnen - werden nach Erfahrungen in anderen

Ländern durch die Einführung der Gentechnik in Landwirtschaft und Nahrungsmittelproduktion deutlich schlechter – was in Indien und Argentinien von Hunger bis hin zur Existenzvernichtung und zum kollektiven Selbstmord führte, weil die Bauern / Bäuerinnen u. a. in Abhängigkeit und einer Schuldenspirale enden, die sie nicht mehr loswerden, und ihre Erträge sich um ein Vielfaches reduzieren. „Die größeren Kosten von GM-Pflanzen, der angewachsene Verbrauch von Pestiziden / Herbiziden, Rückgang der Ernte, Gebühren für Saatgut und geschwundene Märkte, das alles addiert sich zu einem Einkommensverlust für die Landwirte zusammen. Die erste ökonomische Analyse des Niveaus von Bauernhöfen bezüglich Bt-Mais in den Vereinigten Staaten enthüllte, dass zwischen 1996 und 2001 der Netto-Verlust von Landwirten bei 92 Millionen US$ oder 1,31 US$ pro Hektar lag" ... LandwirtInnen berichten „ von geringeren Erträgen, anhaltender Abhängigkeit von Herbiziden und Pestiziden, Verlust des Zugangs zu Märkten, und, kritischer weise, einer reduzierten Profitabilität, welche die Lebensmittelproduktion noch anfälliger für die Interessen der Biotechnologie-Firmen und dem Bedarf an Unterstützungen werden lässt." (*„Plädoyer für eine gentechnikfreie Welt", ISP, 15.06.2003, S. 6)* Dieser Report wurde von einem Gremium aus internationalen ExpertInnen erstellt und hat die wesentlichen Gefahren der GVO zusammengefasst als „ein starkes Argument für ein weltweites Verbot der Freisetzung von GM-Pflanzen in die Umwelt, um den Weg für einen umfassenden Wechsel freizumachen, zu Agroökologie, zukunftsfähiger Landwirtschaft und organischen Anbau". Es wird darin nachgewiesen, dass GM-Pflanzen keine gangbare Option für eine zukunftsfähige Landwirtschaft sind, und bringt Nachweise über die Erfolge und Vorteile der Praktiken zukunftsfähiger Landwirtschaft, die auf die Vielfalt der lokalen natürlichen Ressourcen setzt „ und auf die lokale Autonomie der Landwirte, sich zu entscheiden, was sie anbauen wollen und wie sie ihre Pflanzen und Lebensumstände verbessern können." (*ISP „Plädoyer für eine gentechnikfreie Welt", 15.06.2003, S. 17)*

Um eine Verbesserung der Lebensumstände garantieren zu können ist das Land Österreich aufgefordert sicherzustellen, dass seine Landwirtschaft und Lebensmittelproduktion gentechnikfrei bleibt.

Absatz 2: „... Recht eines jeden vor Hunger geschützt zu sein ..."

Dieses Recht ist vor allem für die LandwirtInnen, aber auch für die VerbraucherInnen, nicht mehr gewährleistet:

Bei den LandwirtInnen:

Durch den Einsatz von Gentechnik in der Landwirtschaft sind drastische Missernten bis hin zu kompletten Ernteausfällen die Erfahrungen in Ländern, die GVO schon länger anbauen. Um die Bevölkerung vor diesen Folgen zu schützen hat z. B. die Regierung von Andhra Pradesh / Indien mittlerweile den Verkauf von BT-Saatgut verboten und verlangt 8,5 Mio. Euro Entschädigung für die Bauern vom Konzern Monsanto. Darüber hinaus fordert der dortige Zusammenschluss von 140 Bauerngewerkschaften und Nichtregierungsorganisationen die Staatsregierung auf, „Andhra Pradesh so bald wie möglich zur ersten gentechnikfreien Zone in Asien zu machen. ... das Leben seiner Bewohner ist weniger wert als die Gewinnmargen ausländischen Investoren" (*aus: „Asiatischer Dämpfer für grüne Gentechnologen" von Gerhard Klus, 10.07.05*). Die Regierungen unterliegen in der Regel dem Druck der Gentechnikkonzerne – was eindeutig auf Kosten der Bevölkerung geht und gegen die Menschenrechte verstößt.

„Eine nachhaltige Sicherung der Ernährung braucht eine Landwirtschaft, die die natürlichen Grundlagen bewahrt: gesunde und fruchtbare Böden, sauberes Wasser, sowie eine Vielzahl an Pflanzen und Tieren." (*Greenpeace: „Gentechnik: Keine Hoffnung für die Hungernden", 1.10.2004)*

Um das Recht auf Schutz vor Hunger - da durch Ernteausfälle keine Einnahmen - gewährleisten zu können ist eine nachhaltige Landwirtschaft zu fördern, die traditionelles Wissen, regionale Kultur und die Umwelt respektiert. Dies schließt die Anwendung von GVO aus.

Bei den VerbraucherInnen:

Durch die Einführung der GVO sind recht schnell sämtliche Lebensmittel kontaminiert. Die VerbraucherInnen haben dann nur noch die Wahl voraussichtlich krank zu werden (s. Punkt 5) oder aber den Einkauf von Lebensmitteln zu verweigern ... weil es irgendwann keine Alternativen mehr gibt.

Etwa 80 % aller gentechnologisch veränderten Pflanzen gehen in die Futtermittelproduktion. Bei Lebensmitteln tierischen Ursprungs muss nicht gekennzeichnet werden, ob die Tiere mit Gentech-Futter gefüttert wurden. In Österreich resultiert knapp zwei Drittel der landwirtschaftlichen Endproduktion aus tierischen Produkten. Österreich importiert pro Jahr 550.000 Tonnen gentechhaltiges Soja zur Futtermittelherstellung, die damit dann ungekennzeichnet auf den Tellern der Konsumenten landen. „Diese Kennzeichnungslücke ist kein Versehen der Politik, sie ist politische Strategie und Ergebnis eines Kuhhandels. Die Industrie akzeptierte die Kennzeichnungsverpflichtung für Lebensmittel unter der Voraussetzung, dass tierische Produkte kennzeichnungsfrei blieben.“ Die Futtermittelindustrie hat inzwischen Fakten geschaffen und kennzeichnet ihre Ware durchgängig als gentechnisch verändert ...“denn Transparenz kostet Geld „so wird gentechnikfreies Futter, weil zu teuer, vom Markt verschwinden. Der Anfang vom Ende der Wahlfreiheit hat begonnen.“ *(„Illusion der Wahlfreiheit“, Thilo Bode in: „Gefahr Gentechnik“ S. 142 / 143)*

Wie das Beispiel Schweiz und anderer regionalen Initiativen zeigt, sind aber sehr wohl gentechnikfreie Produktionsformen möglich. Die ÖBR hat es jedoch bisher versäumt, entsprechende politische Rahmenbedingungen dafür zu schaffen.

Letztlich sind es auch die VerbraucherInnen, die die Kosten für eine Koexistenz und die Durchführung von Schutzmaßnahmen zahlen müssen – Prognosen sagen Steuererhöhungen oder eine Erhöhung der Preise für gentechnikfreie Lebensmittel um bis zu 40 % voraus.

Dies widerspricht dem Inhalt des *Generell comment No. 12 zum Recht auf Nahrung*, Punkt 13: Der Staat muss den wirtschaftlichen Zugang zur Nahrung sicherstellen, was bedeutet, „dass die mit dem Erwerb von Nahrungsmitteln für eine angemessene Ernährung finanziellen Aufwendungen ... nicht so hoch sein sollten, dass die Befriedigung anderer grundlegender Bedürfnisse gefährdet oder beeinträchtigt wird. ....“

Auch in den *Freiwilligen Leitlinien der FAO vom November 2004 zur Unterstützung der schrittweisen Verwirklichung des Rechtes auf angemessene Nahrung im Rahmen der nationalen Ernährungssicherheit* steht unter „Grundlegenden internationalen Übereinkünften“:

„Die Vertragsstaaten sollten den bestehenden Zugang zu angemessener Ernährung achten, indem sie keine Maßnahmen ergreifen, die zur Verhinderung dieses Zugangs führen, und sollten das Recht eines jeden auf angemessene Nahrung durch Schritte schützen, mit denen Unternehmen und Einzelne davon abgehalten werden, dem Einzelnen den Zugang zu angemessener Ernährung zu verwehren“. (Vorwort, Punkt 17). Was bedeutet, dass der Staat Gentechnik unter der Leitlinie nicht in Landwirtschaft und Lebensmittelproduktion einführen darf, weil diese den Zugang durch die Patentierung und damit verbundene Lizenzabnahme, die Abhängigkeit vom Konzern durch Monopolisierung des Saatgutes sowie der Kontamination der Nachbarn – und damit Zerstörung seiner Ernte als Folge – zu angemessener Ernährung verwehrt. Der Staat ist verpflichtet, ein „Umfeld zu schaffen, in dem der Einzelne sich selbst und seine Familie in Freiheit und Würde ernähren kann“. (Teil II, Leitlinie 1, 1.1) .Um dieses Umfeld zu garantieren ist jede Abhängigkeit vom Konzern mit Abnahmeverpflichtungen von Pestiziden, Saatgut usw. – und damit auch die Einführung der Gentechnik in der Landwirtschaft - zu verhindern. Die Bedingungen mit GVOs bringen nach den bisherigen und bereits zitierten Erfahrungen in keinster Weise eine „nachhaltige Verbesserung des Lebensunterhalts“ (Teil II, Leitlinie 2, 2.4) usw. mit sich.

Im Generell comment No. 12 zum Recht auf Nahrung wird diese Schutzpflicht noch deutlicher formuliert (Punkt 15): „Das Recht auf angemessene Ernährung .. legt den Vertragsstaaten ... Pflichten auf, eine Achtungspflicht, eine Schutzpflicht, und eine Erfüllungspflicht. Die Achtungspflicht .. erfordert, dass die Vertragsstaaten keine Maßnahmen ergreifen, welche die Verhinderung dieses Zugangs zur Folge haben. Die Schutzpflicht erfordert Maßnahmen des Staates, durch die sichergestellt wird, dass Unternehmen oder Einzelpersonen Menschen nicht den Zugang zu angemessener Ernährung vorenthalten. Die Pflicht zur Erfüllung (Erleichterung) bedeutet, dass der Staat aktiv darauf hinwirken muss, den Menschen den Zugang zu und die Nutzung von Ressourcen und Mitteln zur Sicherung ihres Lebensunterhalts, namentlich der Ernährungssicherheit, zu erleichtern.“

a)“ zur Verbesserung der Methoden der Erzeugung, Haltbarmachung und Verteilung von Nahrungsmittel durch volle Nutzung der technischen und wissenschaftlichen Erkenntnisse, ... sowie durch die Entwicklung oder Reform landwirtschaftlicher Systeme ... mit dem Ziel einer möglichst wirksamen Erschließung und Nutzung der natürlichen Hilfsquellen;“
b) „zur Sicherung einer dem Bedarf entsprechenden gerechten Verteilung der Nahrungsmittel der Welt unter Berücksichtigung der Probleme der Nahrungsmittel einführenden und ausführenden Länder“.

„Aus der Forschung häufen sich mittlerweile die Hinweise, dass gentechnisch veränderte Pflanzen durchaus zu Umweltproblemen führen können. Auch über ihre langfristigen und indirekten Wirkungen auf Artenvielfalt und Bodenfruchtbarkeit ist noch viel zu wenig bekannt. Die biologische Vielfalt darf durch den Einsatz der Gentechnik nicht gefährdet werden!"(*Umweltbundesamt Präsident Prof. Dr. Andreas Troge,* www.bmu.de/ *pressearchiv: „BMU legt Vorschläge für Monitoring-Konzept vor", Berlin, 13.06.02)*

„Eine Propagandalüge der Gentech-Industrie ist entlarvt: Gentechnisch veränderte Kulturen benötigen nicht weniger, sondern jedes Jahr mehr chemische Pestizide gegen Unkräuter und Schädlinge." *(„Über Gentech-Pflanzen wird mehr Gift versprüht", wissenschaftliche Studie von Benbrook, Ökologo 1 / 2004 Seite 2*). Die Pestizidmenge steigt um 50 – 60 %. *(„Auf Dauer unwirtschaftlich" von K. Faissner in: „Gefahr Gentechnik", S. 234).*

Allein durch den Genmais kommen zwei hochwirksame Gifte und ein Antibiotikum in unsere Nahrung und in den Boden. Ein Insektengift (Gift des Bazillus Thuringensis, enthält BT-Toxin), ein Pflanzengift (Glyphosat Roundup) und das Antibiotikaresistenzgen Ampicillin, welches bei Krankheiten gegen Antibiotikum resistent macht.

Alle Bei- und Unkräuter werden getötet. „Die widerstandsfähigsten (Unkräuter) allerdings überleben, passen sich an ... und vermehren sich ... so verbreiten sich herbizidresistente „Super-Unkräuter"", die wuchern und bald eine Schwelle erreichen, „welche das Schadenpotenzial der früheren Unkrautflora übertrifft. Die Giftdosis muss zur Eindämmung entsprechend erhöht werden. Mit zunehmender Menge an Pestiziden steigt auch das Risiko, dass Rückstände das Grundwasser verseuchen. ... Kritiker der Agro-Gentechnik haben früh gewarnt, solche Monokulturen weiter zu betreiben, weil ökologische Katastrophen verursacht würden. Ein Grund für den gestiegenen Pestizid-Einsatz in Gentech-Monokulturen ist auch das Auftreten von neuen Pflanzenschädlingen. ...Die Skepsis der Europäer erweist sich als gerechtfertigt: Teure Gentechnik verbessert die ökologische und ökonomische Situation der Landwirtschaft in keiner Weise." *(„Über Gentech Pflanzen wird mehr Gift versprüht", wissenschaftliche Studie von Benbrook, Ökologo 1 / 2004).*

Die Einmischung von Giften und Antibiotikum in Lebensmittel ist aber in der EU verboten und verstößt auch gegen die Menschenrechte!

Die Weiden des ersten Versuchsgenbauer, Gottfried Glöckner aus Deutschland, sind heute noch – 3 Jahre nach Ende des Anbaus von GVO und der Fütterung der Kühe damit – so mit BT-Toxin verseucht, dass seine Kühe immer noch nicht einen Tag drauf weiden können, ohne krank zu werden.

„Zehn Jahre nach der Einführung transgener Pflanzen in der Landwirtschaft kann man festhalten: Keine der Versprechungen der Gentechnikindustrie, angefangen bei höheren Erträgen bis zu einer Ökologisierung der landwirtschaftlichen Produktion hat sich bewahrheitet. Im Gegenteil sind gerade die ökologischen Konsequenzen des GVO-Einsatzes in der Landwirtschaft katastrophal. .. Unersetzliche Naturschätze werden einer kurz gedachten Profitmaximierung geopfert. Doch dieses Denken wird ein einer ökonomischen und ökologischen Katastrophe enden: Durch den unmäßigen Einsatz von Totalherbiziden werden die empfindlichen Böden so stark geschädigt, dass sie ... innerhalb weniger Jahre unvermeidlich ihre Ertragfähigkeit einbüßen: in der Folge wird es zu dramatischen Ernteeinbrüchen kommen." *(„Gen-Pflanzen erfüllen Erwartungen nicht" Andreas Bauer, Umweltnachrichten 100 / 2004 S. 25).* Mittlerweile wurden „in der bislang größten Langzeitstudie über die Auswirkung von GVO auf Fauna und Flora massive negative Folgen für die biologische Vielfalt festgestellt." (*„Gen-Pflanzen erfüllen Erwartungen nicht", Andreas Bauer, Umweltnachrichten 100 / 2004, S. 23*). Die Fruchtbarkeit der Böden verringert sich und das Grundwasser vergiftet. Durch die Zerstörung der Produktionsmittel wird der Zugang zu Nahrung gefährdet.

Fazit: Durch Einführung der GVO ist die – auch in den FAO-Leitlinien geforderte „Bewahrung und nachhaltige Bewirtschaftung der natürlichen Ressourcen (*Teil II, Leitlinie 2, 2.5*) - auch in Österreich gefährdet. Proleben fordert deshalb die Bundesrepublik auf, sind auf, eine Politik zu verfolgen, die den LandwirtInnen erlaubt „ein gerechtes Einkommen aus ihrer Arbeitskraft, ihrem Kapital und ihren Bewirtschaftungsfähigkeiten zu erzielen“ (*Teil II, Leitlinie 2, 2.5)* – also unabhängig von Konzernen, die all dieses in monopolistischer Gier an sich reißen und die LandwirtInnen damit zu Leibeigenen macht. Sie sollen den Zugang zu „geeigneter und erschwinglicher Technik, Produktiv- und Finanzmitteln verbessern, ... eine stabile Beschäftigung ... unterstützen“ (Teil II, Leitlinie 2, 2.6) „und das Kapital, das für den Unterhalt der Menschen wichtig ist, schützen ... besondere Beachtung sollten bestimmte Gruppen wie Viehzüchter .. sowie ihre Beziehung zu natürlichen Ressourcen erfahren.“ (*Teil II, Leitlinie 8, 8.1).*

Auch dies ist durch die Einführung der GVO gefährdet. Diese Technik ist weder erschwinglich, noch verbessert sie Produktiv- und Finanzmittel für die Bauern / Bäuerinnen. Darüber hinaus sollen die Staaten „den Rückgang von pflanzengenetischen Ressourcen“ verhindern und „den Schutz des entsprechenden traditionellen Wissens und der gerechten Teilhabe an Gewinnen, die sich aus der Nutzung dieser Ressourcen“ sicherstellen (*Leitlinie 8 D, 8.12),* sowie Maßnahmen zum Schutz der ökologischen Nachhaltigkeit und der Tragfähigkeit der Ökosysteme erwägen, um die Möglichkeit einer erhöhten, nachhaltigen Nahrungsmittelerzeugung für jetzige und zukünftige Generationen zu sichern, Wasserverschmutzung zu verhindern, die Fruchtbarkeit des Bodens zu schützen ... “ (*Leitlinie 8E, 8.13*) und die LandwirtInnen „bei der Anwendung bewährter landwirtschaftlicher Verfahren ... unterstützen.“ (*Leitlinie 9, 9.5*)

Gentechnik zur Bekämpfung des Welthungers ..: „Groteskerweise trommeln gerade diejenigen Firmen für die Gentechnik als Lösung des Welthungers, die durch die aktive und aggressive Einführung der Industrie-Landwirtschaft in der Dritten Welt, von Hochertragssorten, Pestiziden und Kunstdünger zur Ertragssteigerung, wesentlich zu Hunger, zerstörten Böden, kaputten Ökosystemen und der Konzentration von Land und Macht in den Händen weniger beigetragen haben." („*Gen-Pflanzen erfüllen Erwartungen nicht", Andreas Bauer, Umweltnachrichten 100 / 2004, S. 24)*

Die Weltbevölkerung könnte mit den vorhandenen Erträgen leicht satt werden – würden sie richtig verteilt werden. Dies gilt es zu lösen – die Gentechnik in Landwirtschaft und Nahrungsmittelproduktion verschärft diesen Konflikt aber weiterhin. Die Entwicklungsländer haben festgestellt, „dass die Gentechnik die biologische Vielfalt .. zerstöre, das lokale Wissen und das nachhaltige landwirtschaftliche System gefährde, das die Bauern über Tausende von Jahren entwickelten. Damit untergrabe die Gentechnik die Möglichkeit der ... Bevölkerung, sich selbst zu ernähren. Auch entwicklungspolitische Organisationen wie Christian Aid oder Brot für die Welt betrachten die so genannte grüne Gentechnik eher als Fehlentwicklung, die Hunger und Armut weiter verschärft ... FAZIT: Um die Welternährung zu sichern, muss man die sozialen und ökologischen Bedingungen verbessern. Eine kurzfristige Steigerung der Erträge mit technischen Mitteln, die auf Kosten der Umwelt und der Menschen geht, ist der falsche Weg. Ein zerstörtes Ökosystem wird die nachfolgenden Generationen nicht ernähren können. ... Eine nachhaltige Sicherung der Ernährung braucht eine Landwirtschaft, die die natürlichen Grundlagen bewahrt: gesunde und fruchtbare Böden, sauberes Wasser sowie eine Vielzahl an Pflanzen und Tieren." (www.greenpeace.de/ themen/gentechnik/ *„Gentechnik – keine Hoffnung für die Hungernden" vom 1.10.2004).* Verminderte Ernten weltweit durch Genpflanzen und eine hohe Gentechpatentrechtsabgabe werden den Hungernden wohl kaum nützen.

Um Erzeugungsmethoden zu verbessern, Nahrungsmittel besser zu verteilen oder die Nutzung natürlicher Hilfsquellen wirksam zu erschließen und langfristig zu gewährleisten fordert ProLeben die ÖBR auf den Einsatz der Gentechnik in Österreich gesetzlich zu verhindern und in seiner Außenpolitik sich dafür einzusetzen, auf Gentechnik in Landwirtschaft und Nahrungsmittelproduktion zur Lösung des Welthungers zu verzichten und eine gerechte Verteilung der vorhandenen Lebensmittel zu forcieren.

5. Verletzungen des Rechts auf körperliche und geistige Gesundheit (Art. 12)

Absatz 1: „Die Vertragsstaaten erkennt das Recht eines jeden auf das für ihn erreichbare Höchstmaß an körperlicher und geistiger Gesundheit an".

Die FAO-Leitlinien zitieren die Erklärung von Rom zur Welternährungssicherheit von 1996, wo „die Staats- und Regierungschefs das Recht jedes Menschen auf Zugang zu gesundheitlich unbedenklichen ... Nahrungsmitteln" bekräftigen! (Vorwort Teil I Punkt 2). Unter Punkt 15: „Ernährungssicherheit besteht, wenn alle Menschen zu jeder Zeit physischen und wirtschaftlichen Zugang zu angemessener, gesundheitlich unbedenklicher .. Nahrung haben". Punkt 16: „Die schrittweise Verwirklichung des Rechtes auf angemessene Nahrung macht es erforderlich, dass die Staaten ihre Menschenrechts-verpflichtungen nach dem Völkerrecht erfüllen." Dazu gehört es, die Verfügbarkeit von Nahrungsmitteln „zu angemessener Ernahrung ohne gesundheitsbedenkliche Stoffe" zu garantieren und haben die Verpflichtung (Punkt 17), dies Recht „durch Schritte zu schützen, mit denen Unternehmen und Einzelne davon abgehalten werden, dem Einzelnen den Zugang ... zu verwehren."
Im Generell Comment No. 12 heißt es unter Punkt 10, dass die Staaten sicherstellen müssen, dass Veränderungen in der Verfügbarkeit und beim Zugang von Nahrungsmitteln sich zumindest nicht nachteilig auf die Zusammensetzung der Nahrung auswirken.

Der 100. Deutsche Ärztetag weist darauf hin, dass durch die Anwendung der Gentechnik im Ernährungsbereich gesundheitliche Gefahren nicht auszuschließen sind. Der Report des Independent Science Panel vom 15. Juni 2003 verdeutlicht die wesentlichen Gefahren der Gentechnik in der Nahrungsmittelproduktion und spricht eine noch deutlichere Sprache:

„Das Gremium aus internationalen Experten verschiedener Disziplinen nimmt dabei kein Blatt vor den Mund: „Wir brauchen keine Bio-Terroristen, wenn wir Gentechniker haben." (*„Plädoyer für eine gentechnikfreie zukunftsfähige Welt", ISP, London, 25.6.2003, S. 12*). Der Bericht ist ein zusammengetragener Nachweis, ein „starkes Argument für ein weltweites Verbot der Freisetzung von GM-Pflanzen in die Umwelt" (S. 2). „Am wichtigsten von allem – es wurde nicht bewiesen, dass GM-Pflanzen sicher sind. Im Gegenteil, sind ausreichende Befunde für ernsthafte Besorgnis über die Sicherheit aufgetaucht, die, wenn sie ignoriert werden sollte, in irreversiblen Schäden für die Gesundheit und die Umwelt resultieren könnte." Global 2000 "weist seit Jahren auf eine „verfehlte und völlig unzureichende Form der derzeitig üblichen Risikoabschätzung von gentechnisch veränderten Organismen (GVO)" hin. (*„Erkenntnisreiche Mäusefütterung?" von Brigitte Zarzer, 12.10.04, www.telepolis.de)*

Gentechnik gilt auch bei Versicherungsunternehmen immer noch als unkalkulierbares Risiko, und damit nicht versicherbar.

Lt. EU-Recht ist die europäische Behörde für Lebensmittelsicherheit (EFSA) dafür zuständig, die Sicherheit der zur Zulassung anstehenden Gen-Pflanzen zu überprüfen. Die Stellungnahmen bilden die Grundlage für Entscheidungen der EU-Kommission und des EU-Ministerrates bei den Zulassungen von Gen-Food und Gen-Saaten. Lt. Greenpeace lässt EFSA aber Pflanzen zu, die „erhebliche Gefahren und technische Mängel bergen .. Offensichtlich wiegen hier wirtschaftliche Interessen schwerer als der Schutz von Umwelt und Verbraucher ... Würde die EFSA die derzeit vorliegenden Anträge sorgfältig prüfen, müsste sie wohl fast alle Gen-Saaten die Zulassung verweigern." Hinweise auf Risiken würden nicht ausreichend verfolgt und Genehmigungen für die EU auch bei unzureichender Datenlage befürwortet. (*„Greenpeace veröffentlicht neue Studie zu Sicherheitsrisiken", www.greenpeace.de, 23.04.04*)

Diese Prozedur der Abschätzung der Nahrungsmittelsicherheit scheiterte lt. ISP von Anfang an vielen Formfehlern, deren wesentlichsten die folgenden sind:

- Fehlen des Anspruchs von Untersuchungen über die langfristigen Auswirkungen auf die Gesundheit und die Sicherheit von Nahrungsmitteln (die Tests laufen über 28 Tage, Schäden aber erst nach 90 Tagen und 3 Jahren festgestellt – bis hin zum Tod (s. u.).

- Ignorieren von existenten wissenschaftlichen Befunden über identifizierbare Gefahren ...

„Über die viel zitierten „bestgetesteten Nahrungsmittel der Welt" gibt es weltweit keine einzige veröffentlichte Langzeitstudie über gesundheitliche Auswirkungen auf Mensch und Tier" (*K. Faissner in seiner Einleitung in „Gefahr Gentechnik", S. 13*).

Proleben kommt in seiner EU-Klage zu dem Ergebnis, das die EU-Richtlinie kein Umweltverträglichkeitsprüfungsverfahren normiert, welches zur Risikoabschätzung tauglich ist. „Es wurden weder die erforderlichen Grundlagen zur Beurteilung der Auswirkungen sowie der Maßnahmen zum Schutz der biologischen und gentechnikfreien, konventionellen Landwirtschaft ... richtig erstellt .. so dass aus diesem Grunde die Nichtigkeitserklärung der ... Richtlinie beantragt wird." *(www.proleben.at – EU_Klage, Zusammenfassung)*

All das macht macht es zu einer Anti-Vorsorge „Abschätzen der Sicherheit, vorgesehen für eine beschleunigte Zulassung von Produkten auf Kosten von Überlegungen zur Sicherheit." (*ISP-Studie S. 8*). Lt. dem Gremium gibt es einige definitive Experimente, die auch genau aufgelistet wurden, und die über die Sicherheit von G'VO-Lebensmitteln informieren wurden. „Sie sind scheinbar bisher absichtlich vermieden worden!" (*S. 16*). „GM Pflanzen sind Inakzeptabel, da sie keineswegs sicher sind. Es zielt stärker auf eine beschleunigte Zulassung als auf eine seriöse Sicherheits-Abschätzung. Trotz des Mangels an Sicherheits-Prüfungen von GM-Lebensmitteln, geben die bereits erhältlichen Befunde über die Sicherheit des transgenen Prozesses selbst Grund zu Sorgen, denen man sich nicht zuwendet." *(S. 16).*

Kurzüberblick über eine Reihe von bisherigen Untersuchungsergebnissen:

- Fütterung von genmanipuliertem Mais an Ratten: 90 Tage später (!!!): Veränderungen des Blutbildes, starke Erhöhung des Blutzuckers, Entzündungen und Schrumpfungen der Nieren *(Prof. Gilles-Eric Séralini, Universität Caen, Frankreich)*

- Fütterung von genmanipulierten Kartoffeln an junge Ratten: Schrumpfung der Organe, Schädigung des Immunsystems *(Forscher Arpad Pusztai vom schottischen Rowett-Institut)* „Pusztais Experimente sind inzwischen von 23 voneinander unabhängigen Forschern und Instituten wiederholt – und bestätigt worden. Ergebnis: Der Verzehr gentechnisch veränderter Nahrungsmittel kann krebserregende Auswirkungen haben."

  („Initiative zum Verbot genmanipulierter Nahrung", www.netlink.de/gen/home.htm, Seite 3 / 4)

- Menschliche Zellen mit dem Monsanto-Unkrautvernichter „Roundup" behandelt: Feststellung schädlicher Einflüsse durch Pflanzengift – Beeinträchtigung der Sexualhormone nicht auszuschließen, die zu Fortpflanzungsstörungen und Probleme während Schwangerschaften führen. *(Prof. Gilles-Eric Séralini, Universität v. Caen, Frankreich; in: www.zdf.de 25.8.04"Zu Grunde manipuliert oder optimiert? Experten streiten über Nutzen und Schaden von Genfood"*

- Fütterung von BT-Mais an 60 Kühe – nach 3 Jahren alle krank geworden, klebriger Durchfall, viele starben. Innere Organe entzündet, Calciumwerte im Blut sanken gegen Null, Euter nach außen durchgebrochen, missgebildete Kälber geboren. (*Fall Gottfried Glöckner)*

- Unfruchtbarkeit bei Schweinen, krebsähnliche Veränderungen bei Mäusen, (*Engdahl, Pascalstudie von Paris, 28.1.05, www.proleben.at)*

- Genmanipulierte DNA können auf Bakterien im menschlichen Darm übertragen werden

- Hühner haben eine doppelte Sterblichkeitsrate (*Zeitfragen Nr. 22. 04. von F. W. Engdahl)*

- Pollen von gentechnisch verändertem BT-Mais riefen bei philippinischen Bauern und Bäuerinnen, in dessen Umgebung des Dorfes der Mais angebaut wurde, massive Darm- und Atemwegserkrankungen hervor. Der *norwegische Wissenschaftler Terje Traavic, Direktor des norwegischen „Instituts für Gen-Ökologie“* stellte fest, dass die Krankheit der Bauern und Bäuerinnen eine Immunreaktion auf den Bt-Mais sei. (*„Gen-Pflanzen: Gefahr für Mensch und Umwelt?“ PM-Magazin 11 / 2004 S. 13)*

- Erstmals haben Wissenschaftler Gentechnik-Spuren in Kuhmilch nachgewiesen. Bisher galt, dass Gentechtierfutter in Nahrungsmitteln nicht mehr nachweisbar ist - was hiermit nun widerlegt wurde. Die Studie wurde allerdings 3 Jahre unter Verschluss gehalten! *(Weihenstephaner Forschungszentrum für Milch und Lebensmittel Bayern, www.diemucha.at, 23.06.04 : Topstory: Augen auf! Gentech raus!)*

- Fütterungsversuche an Ratten mit genmanipuliertem Mais, der ein Insektengift produziert: Die Tiere wiesen Gesundheitsschäden auf. Die Dokumente über diesen Versuch hatte Monsanto geheim gehalten und wurde von Greenpeace – mit Erfolg – gerichtlich herausgeklagt. *(Brisante Experimente, 22.6.05, www.greenpeace.at)*

- Studie an Mäusen weist Übergang von DNA aus der Nahrung auf den Organismus nach und damit mögliche Wirkungen auf das Immunsystem *(Studie des Shaare Zedek Medical Centers Jerusalem, Gastroenterology 2004, Volume 126 – 2).*

- Bruchstücke von Nahrungs-DNA (GVO-Soja und Mais) werden in die Lymphgefäße und von dort in die Blutbahn und in einzelne Organe von z. B. Mäusen, Kühen, Hühner und Schweinen aufgenommen. „Selbst in der Milch und im rohen Schweinefleisch konnten Spuren von Nahrungs-DNA nachgewiesen werden. Bei Nematoden konnte gezeigt werden, dass Nahrungs-DNA in der Lage ist, Gene stillzulegen. .. Diese Befunde weisen darauf hin, dass in der Risikoabschätzung von GVO der bisherige Fokus auf gesundheitliche Wirkungen durch Proteine möglicherweise zu eng gefasst war. ... Die Datenlage zur Abschätzung der Lebensmittelsicherheit ist sowohl für die gentechnisch veränderte Roundup-Ready-Sojabohne als auch für gentechnisch veränderten Bt-Mais unzureichend."*(Werner Müller, Gentechnikexperte der österreichischen Umweltorganisation Global 2000 in: „Erkenntnisreiche Mäusefütterung?", Birgitte Zarzer, 12.10.04, www.telepolis.de)*

- „Unabhängige Wissenschaftler weisen in Tierversuchen immer wieder Missbildungen von Nieren, Leber oder Blutbild durch Gen-Pflanzen nach." (*Umweltnachrichten 100 / 2004 S. 23)*

- 40 %ige Zunahme ernährungsbedingter Erkrankungen seit der Einführung von Genpflanzen in den USA (*Umweltnachrichten 100 / 2004 S. 23)*, das ist ein 2- 10-facher Anstieg zu vorher. *(ISIS Report 3.November 2001: „Nahrungsbedingte Erkrankungen in den USA zwei- bis zehnfach gestiegen")*

- „Wir verdächtigen die Belastung durch Pestizide als Beitrag zu dem alarmierenden Anstieg von Allergien und anderen Krankheiten" (*British Society for Allergy, Environmental und Nutritional Medicine, „Plädoyer für eine gentechnikfreie zukunftsfähige Welt", ISP 15.06.2003, S. 25)*

- Eindringen von transgener DNA in das Genom von Säugetierzellen, was die Möglichkeit des auslösen von Krebs erhöht. Die Möglichkeit kann nicht ausgeschlossen werden, dass das Füttern von GVO-Produkten wie Mais an Tiere auch Risiken befördert ... auch für die Menschen, die Tierprodukte konsumieren. (*ISP „Plädoyer für eine gentechnikfreie zukunftsfähige Welt" ISP 15.06.2003 Seite 3 / 4)*

- Gentechnologische Produkte sind potentiell gefährlicher als traditionelle Nahrungsmittel: Durch die Gentechnik können gefährliche neue Allergene und Toxine in Nahrungsmittel eingeführt werden. Bakterien, die gentechnisch verändert wurden, um große Mengen des Nahrungsmittelzusatzes Tryptophan herzustellen, haben toxische Verunreinigungen produziert, durch die 37 Menschen ums Leben kamen und 1500 bleibend gelähmt wurden (aus: „Genmanipullerte Nahrung – eine ernste Bedrohung der Gesundheit", Seite 4, www.netlink.de/gen/fagand.html). Sogar die Cousine des ProLeben-Mitglieds Volker Helldorff war persönlich davon betroffen – die Krankenkasse zahlt dann eine Rente, der Verursacher kommt ohne weitere Folgen davon.

- „Es besteht eine Fülle von veröffentlichten wissenschaftlichen Studien, die zeigen, dass der massive Anstieg des Gebrauchs von Glyphosat “ (genutztes Hauptpestizid beim Einsatz der Gentechnik) „ in Verbindung mit GM-Pflanzen eine signifikante Bedrohung für die Gesundheit von Mensch und Tier sowie der Umwelt darstellt.“ (*ISP – Plädoyer für eine gentechnikfreie zukunftsfähige Welt, 15.06.2003 S. 11)*

- Die Forscher am York Lebensmittel-Labor fanden heraus, dass Lebensmittelallergien in Zusammenhang mit Soja im letzten Jahr um 50 % zugenommen haben. Die Studie – durchgeführt von Europas führenden Spezialisten in Sachen Lebensmittel-Verträglichkeit – hat gezeigt, dass Gesundheitsbeschwerden durch Soja – dem Bestandteil, der am meisten mit genmanipulierter Nahrung assoziiert wird – innerhalb des letzten Jahres von 10 je 100 Patienten auf 15 je 100 Patienten zugenommen haben. „ Das liefert einen echten Beweis dafür, dass genmanipulierte Nahrung einen greifbaren, schädlichen Einfluss auf den menschlichen Körper haben könnte.“ *(„Soja-Allergien sind im letzten Jahr dramatisch angestiegen.“, www.netlink.de/gen/Zeitung/1999/990312b.htm)*

- In den USA hat die Rückholung von genverseuchten Ernteprodukten einen Verursacher über eine Milliarde US-Dollar gekostet! Dass wäre nie bezahlt worden, würden GVOs unschädlich und harmlos sein! (*s. S. 15)*

Damit ist die von der EU festgelegte substantielle Äquivalenz (Gleichwertigkeit der Gennahrung gegenüber den normalen Lebensmitteln) widerlegt. „Bis heute sind die langfristigen Risiken gentechnisch veränderter Nahrungsmittel unbekannt. Die wirtschaftlichen Interessen einiger weniger Konzerne dürfen nicht über die Gesundheit von Millionen Verbrauchern gestellt werden.“ (*Philipp Mimkes von der Coordination gegen Bayer-Gefahren in einer*

Presseerklärung vom 11.02.04 „Großbritannien: Erneuter Rückschlag für Gentech-Programm von Bayer CropScience“, www.cbgnetwork.org)

„Aufgrund der erheblichen Wissenslücken über die gesundheitlichen, ökologischen und ökonomischen Folgen ist eine Genehmigung für kommerzielle Freisetzungen mit HR-resistenten Pflanzen nicht vertretbar. (*„Transgene Pflanzen im Freiland: Situation in Europa und Forderungen des Umweltinstitutes München e. V.“ www.umweltinstitut.org, Petra C. Fleissner, Umwelt-nachrichten 82 / 1998*).

Das alles sind Belege für bisher unentdeckte Risiken von GVOs. „Immer mehr wissenschaftliche Untersuchungen würden nahe legen, dass DNA aus der Nahrung Auswirkungen auf den menschlichen Organismus haben kann:

Im Sinne einer maximalen Vorsorge müssen diese Zusammenhänge vor einer Zulassung geklärt sein. Beim derzeitigen Wissenstand GVO kontinuierlich zuzulassen widerspricht einem verantwortungsvollen Umgang mit einer neuen, in vielen Bereichen noch unbekannten Technologie!“ (www.telepolis.de *„Erkenntnisreiche Mäusefütterung?“ B. Zarzer, 12.10.04)*

1. ***„… zur Verbesserung aller Aspekte der Umwelt- und Arbeitshygiene“***

   Durch den nachweislich deutlich erhöhten Pestizideinsatz mit Ausbringung der GVO wird sowohl die Umwelt massiv geschädigt, als auch der Landwirt vor Ort, der das ausbringen muss, in Folge auch das Grundwasser und die umliegenden Anwohner (*s. Punkt 4, Absatz 2 a und b, 5 / Kurzüberblick Untersuchungsergebnisse*).

2. ***„ …. zur Vorbeugung … Berufs- und sonstiger Krankheiten“***

Die bisher bekannten gesundheitlichen Risiken (Zunahme Allergien, Rindertod, Veränderungen bei Ratten, Missbildung bei der Geburt von Tieren, Nachweise in den DNAs, ...) werden billigend in Kauf genommen anstatt sie mit einer entsprechenden Langzeitforschung auszuschließen, bisherige Erkenntnisse werden einfach ignoriert oder die Studien wissentlich unter Verschluss gehalten. Durch den erhöhten Pestizideinsatz steigen auch die Berufskrankheiten, wie folgendes Beispiel verdeutlicht:

„Breitspektrum-Herbizide sind hochgradig giftig für Menschen und andere Spezies:

Gluphosinat-Ammonium und Glyphosat werden bei herbizid-toleranten transgenen Pflanzen ausgebracht, die gegenwärtig für weltweit 75 % aller transgenen Pflanzen verantwortlich sind. Beide sind systemische metabolische Gifte, von denen befürchtet wird, eine große Fülle an schädlichen Effekten zuhaben, die sich auch bestätigt haben. ... Glyphosat ist der am häufigsten anzutreffende Grund von Beschwerden und Vergiftungen in Großbritannien. Über Störungen vieler Körperfunktionen wurde nach dem Ausbringen gewöhnlicher Mengen berichtet. Der Kontakt mit Glyphosat verdoppelt annähernd das Risiko von späten und spontanen Schwangerschaftsabbrüchen, und Anwendern .. werden Kinder mit erhöhten nervlichen Verhaltensdefekten geboren. ... Roundup (Wirkstoff Glyphosat) verursachte Dysfunktionen der Zellteilung, die mit dem Entstehen von menschlichen Krebsarten in Verbindung gebracht werden können. Die bekannten Effekte ... sind ernsthaft genug, um jeden weiteren Gebrauch der Herbizide einzustellen!“ *(„Plädoyer für eine gentechnikfreie zukunftsfähige Welt“, ISP, 15.06.2003, S. 3)*

Die österreichische Unfallstatistik der selbstständig Erwerbstätigen und deren Angehörigen im bäuerlichen Betrieb zeigt, dass der Anteil der LandwirtInnen, die bereits gesundheitliche Beschwerden durch den Einsatz von Pflanzenschutzmitteln haben, bei 15 % liegt. 35 % davon sind Vergiftungen und Verätzungen der Atemwege, 16 % betreffen die Augen, 11. % die Hände und Arme. Eine weitere Intensivierung des Pestizideinsatzes durch eine etwaige Anwendung der Gentechnik würde eine drastische Verschärfung der bereits gesundheitsschädlichen Arbeitsbedingungen bedeuten.

6. Verletzungen des Rechts auf Freiheit von Wissenschaft und Forschung (Art. 15)

Absatz 3: „Die Vertragsstaaten verpflichten sich, die zu wissenschaftlicher Forschung und schöpferischer Tätigkeit unerlässliche Freiheit zu achten.“

Die Freiheit der Forschung ist nicht mehr gegeben! 95 % der WissenschaftlerInnen im Bereich der Gentechnik arbeiten für die Industrie. WissenschaftlerInnen, die im Bereich der Gentechnik forschen und „unliebsame Ergebnisse“ veröffentlichen, werden abgestraft: Verlust der Anstellung und Forschungsmittelentzug sind die Folge. *(„Ein Film fürs Leben“, Bertram Verhaag in : „Gefahr Gentechnik“, Seite 183 – 186)*

„Fast alle transgenen Pflanzen werden in den USA zugelassen. Dort erfolgen die Sicherheitsprüfungen jedoch lediglich auf der Grundlage „freiwilliger Konsultationen“ mit den Gentechnik-Konzernen. Diese entscheiden selbst, welche Daten sie den Behörden zukommen lassen. Im Endeffekt lassen sie sich ihre Produkte selber zu. .. Dieser skandalöse Zustand wird durch die Infiltrierung der Zulassungsbehörden durch die MitarbeiterInnen der Genindustrie noch verschärft. ...Auf Basis der US-Daten erfolgen auch die Zulassungen in der EU. Und leider arbeiten auch in der EFSA, der für die EU verantwortlichen Behörde, viele Gentechnik-Propagandisten."(*„Gen-Pflanzen erfüllen Erwartungen nicht", Andreas Bauer, Umweltnachrichten 100 / 2004*). „Besonders skandalös ist das Verhalten der EFSA ..., deren Gutachten die Grundlage für Entscheidungen bzw. Empfehlungen der EU-Kommission bilden." ... Es wurde aufgedeckt, „dass einige ranghohe EFSA-Mitglieder direkte oder indirekte Verbindungen zur Gentechnik-Industrie hatten bzw. haben." *(„Zwischen EU-Zwängen und Beamtenwerbung", K. Faissner in: „Gefahr Gentechnik", S. 64).*

Wie wichtig aber die Unabhängigkeit der WissenschaftlerInnen ist zeigt nicht zuletzt die Diskussion um Interessenskonflikte in der Forschung. „Es gibt eine Geschichte der Fehlrepräsentation und Unterdrückung von wissenschaftlichen Beweisen ... Vielen Experimenten wurde nicht nachgegangen ... " (*ISP „Plädoyer für eine gentechnikfreie zukunftsfähige Welt, 15.6.2003, S. 4)*

Risikountersuchungen zu Lebensmittelsicherheit werden geheim gehalten, Nach EU-Recht dürfen Daten, die zur Bewertung des Risikos von Gen-Pflanzen nötig sind, von den zuständigen Behörden nicht unter Verschluss gehalten werden. Das wird immer wieder versucht zu unterlaufen. Unterlagen über die Risikobewertung von GVO-Pflanzen werden oft von den Firmen – oder auch den Wissenschaftlerinnen selbst - unter Verschluss gehalten. Sogar die EU-Kommission selbst hat eine in Auftrag gegebene Studie, deren Fazit war, sie lieber nicht öffentlich zu machen, unter Verschluss gehalten, weil sie bestätigte, was von anderer Seite schon bekannt war: Dass die Koexistenz zwischen GVO-Landwirtschaft und konventioneller / ökologischer LW nicht möglich ist.

Wegen des Fehlens von Langzeitversuchen handelt die EFSA gegen EU-Vorschriften – da sie verpflichtet ist Langzeitrisiken und Risiken auf zukünftige Generationen zu erfassen!

Bei Medikamenten wird 7 – 10 Jahre geforscht, bis es zugelassen wird. Wie lang müsste dann ein Sicherheitstest erst für Lebensmittel sein, die als Nahrung für 450 Millionen Bürger gelten? Es gibt keine Umkehrung mehr! Einmal genverseucht ist immer genverseucht!

Im Fall des Kuhsterbens beim ersten Versuchsgenbauern in Deutschland, Gottfried Glöckner wurden die eingeschickten Befunde gar nicht erst untersucht, sondern verschwanden, um keine nachteiligen Ergebnisse aufkommen zu lassen.

„Ebenso unglaublich wie das Fehlen von Langzeittests ist die Tatsache, dass bisher so gut wie alle Untersuchungen für die Zulassung von gentechnisch veränderten Pflanzen von den Antragstellern selbst durchgeführt wurden. ... Die Versuche stammen von den Gentechnikunternehmen ...oder von Firmen, die von den Konzernen beauftragt wurden. Von einer unabhängigen Prüfung kann somit keine Rede sein. ... Eine unabhängige Risikoforschung, die nicht von den Firmen selbst durchgeführt wird, gibt es fast gar nicht. Die wenigen Wissenschaftler, die sich diesem Thema zugewandt haben und die Effekte gefunden haben, die ein Gesundheitsrisiko nahe legen oder vermuten lassen, haben bald nach der Veröffentlichung der Daten ihren Job verloren.“ *(„Ausgeblendete Risiken“, W. Müller und A. Velimirov in: „Gefahr Gentechnik“, S. 237 / 239).*

Bereits 1998 enthüllte ein US-Anwalt interne Akten, aus denen hervorging, dass die amerikanische Regierung die Welt über Gesundheitsrisiken der GVO-Nahrung täuscht. Eine Veröffentlichung der Akten der amerikanischen Zulassungsbehörde für Lebensmittel und Medikamente (FDA) deckte auf, wie die Warnungen von FDA-Wissenschaftlern verheimlicht und Fakten falsch dargestellt wurden, um der Biotech-Industrie zu nützen. Wie aus den Akten ersichtlich wurde hat die FDA die Welt fast ein Jahrzehnt über die Risiken gentechnisch veränderter (gtv.) Lebensmittel getäuscht. Die FDA gab daraufhin zu, unter der Direktive zu arbeiten, die US-Biotech-Industrie zu fördern. Schriftliche Mitteilungen vieler FDA-Experten weisen ausdrücklich darauf hin, dass Laboruntersuchungen erhebliche Gesundheitsrisiken aufzeigten. Folglich warnten sie, ein gentechnisch erzeugtes Lebensmittel könne nicht als unbedenklich angesehen werden ... Die FDA ignorierte diese Aussagen jedoch und stellte die Richtlinie auf, gentechnisch veränderte Lebensmittel seien so unbedenklich wie konventionelle und erforderten daher keine Sicherheitsuntersuchungen. Die FDA verheimlichte die Aussagen ihrer eigenen Experten und behauptete, es gebe keinerlei Hinweise, dass gtv. Lebensmittel sich von anderen unterschieden!

(„US-Anwalt enthüllt: Amerikanische Regierung täuscht die Welt über Gesundheitsrisiken von Gentech-Nahrung“, www.netlink.de/*gen/druker.htm)*

Eine beim Öko-Institut in Freiburg / Deutschland in Auftrag gegebene Studie hat ergeben, dass die Kenntnisnahme und die Erforschung der ökologischen Folgen systematisch vernachlässigt wird! Das Risiko von Freisetzungsversuchen wird „weder angemessen untersucht noch entsprechend berücksichtigt .. Wer nicht hinsieht, wird natürlich nichts finden“ sagte die Autorin der Studie, die Biologin Beatrix Trapper vom Öko-Institut.

(dpa, 17.12.96 „Grüne sehen sich bestätigt: Gentechnik ist Risikotechnik, www.netlink.de/gen/Zeitung/1217.htm).

Geltendes Recht durchzusetzen und unabhängige Wissenschaft zu gewährleisten – dazu ist die Regierung nun aufgefordert tätig zu werden.

Bisher aber handelt auch die ÖBR einseitig: Die Plattform Gentechnik & Wir erhält jedes Jahr öffentliche Mittel aus Steuergeldern, um Gentechnik zu promoten. (www.gentech.at). Die ÖBR ist aufgefordert dieses Geld zur Erforschung der Risiken zu verwenden und nicht blind und einseitig einige Konzerne zu fördern, die die Menschenrechte derart verletzt, was sogar zu einer Missachtung der eigenen Verfassung führt!

Schöpferische Tätigkeit ist auch nicht mehr möglich für die LandwirtInnen, da durch die Patente keine eigenen Sortezüchtungen mehr erlaubt sind. Reduzierung sämtlicher Gemüsesorten auf einige wenige vorgeschriebene (z. B. Reispatent – in Indien werden (unrechtmäßig) auf Saatenbanken jetzt schon wieder über 200 Reissorten nachgezüchtet und angebaut … was Monsanto zu verhindern versucht … - die Bauern / Bäuerinnen werden abhängig gemacht von einigen wenigen Sorten, die für den Boden vor Ort gar nicht geeignet sind, dafür müssen sie dann hohe Lizenzgebühren zahlen… – Leibeigenschaft – Existenzbedrohung – kollektiver Selbstmord). Die LandwirtInnen werden zu Leibeigenen und Handlangern der Gentechnikkonzerne.

7. Maßnahmen zur Gewährleistung der Rechte von LandwirtInnen und VerbraucherInnen

- Die ÖBR hat durchaus auch im Rahmen der gegebenen EU-Freisetzungsrichtlinie einigen nationalen Spielraum, den es zu nutzen gilt: z. Bsp. Abschließung eines innerösterreichischen Staatsvertrages – eine 15a-Vereinbarung mit den Bundesländern – um eine einheitliche Vorgangsweise gegen die Freisetzung von GVO festzulegen („Gentechnikgesetze sind Scheingesetze“, A. Oswald in: „Gefahr Gentechnik“, S. 75)

- Verbot jeden Einsatzes von Gentechnik in Futter- und Nahrungsmitteln, bis durch ausführliche Langzeittests das Gefährdungspotential geklärt ist.

- Genaue Erforschung der bekannten gesundheitlichen Schädigungen und Risiken

- Langzeitforschung von wirklich unabhängigen Wissenschaftlern

- Verbot der Gentechnik in Österreich und damit Einhaltung des EU-Rechts nach Schutz der konventionellen Landwirtschaft vor Auskreuzungen

- Einfuhrverbot von gentechnisch veränderten Futtermitteln in Österreich

- Kennzeichnungspflicht auch für Tierprodukte aus Fütterung mit GVO.

- Einführung einer Haftung durch die Konzerne für alle Schäden bei Umkehr der Beweislast

- Besetzungen der Kommissionen mit Vertretern der NGOs, Nachweis der MitgliederInnen, unabhängig und nicht in Kontakt mit der Industrie zu sein – Transparenz der Entscheidungen!

- Schaffung und Unterstützung agrarpolitischer Rahmenbedingungen, durch die ÖBR (auch auf EU-Ebene), die die eindeutig als nachhaltig gewährleisteten Produktionsformen (etwa Biolandbau, Kreislaufwirtschaft, Mischkulturen, integrierten Landbau, etc.) der Landwirtschaft und Lebensmittelherstellung unterstützen und zur Entfaltung bringen.

- Schutz und Gewährleistung der Interessen von LandwirtInnen und VerbraucherInnen an einer nachhaltigen Landwirtschaft und Nahrungsmittelversorgung gegenüber den Interessen von Gentechniklobbyorganisationen und –unternehmen.

1984 hat die Republik Österreich den umfassenden Umweltschutz in den Verfassungsrang gehoben. „Seither sind Bund, Länder und Gemeinden verpflichtet, die natürliche Umwelt als Lebensgrundlage des Menschen vor schädlichen Entwicklungen zu bewahren. Luft, Wasser und Boden sind reinzuhalten." Damit widerspricht die Einführung der Gentechnik in Landwirtschaft und Nahrungsmittelproduktion – also das GTG – der österreichischen Verfassung.

Zusammengefasst wird deutlich, dass die Bundesrepublik Österreich sowohl der Einhaltung ihrer nationalen Gesetze und der Verfassung, als auch auf internationaler Ebene seinen aufgelegten Verpflichtungen nicht nachkommt. Für das österreichische Volk bedeutet das eine existentielle und irreversible Bedrohung ihrer Ernährungssicherheit. Die Existenz vieler steht auf dem Spiel und wird durch Nicht-Einschreiten der Regierung der Vernichtung preisgegeben. Natürlich ist die Entwicklung der Gentechnik stark abhängig von dem, was die EU beschließt. Es konnte aber aufgezeigt werden, dass die Regierung Österreich durchaus auch Handlungsmöglichkeiten hat, sein Volk zu schützen und einen anderen Weg einzuschlagen – und verpflichtet ist, dies auch zu tun!

ProLeben fordert die Regierung deshalb auf ein Ansteigen der Arbeitslosigkeit und einen Abfall seiner Bevölkerung in Armut zu verhindern den Zugang zu gesunder Nahrung, die Ernährungssicherheit für Österreich nachhaltig sicherzustellen!

Darüber hinaus hat die Regierung als ein Part in der EU auch in der EU die Möglichkeit auf die dortigen Entscheidungen Einfluss zu nehmen, Bündnispartner zu suchen – und vor allem auch die Pflicht, die Interessen seines Volkes dort zu vertreten und sich gegen dieses besorgniserregende Entwicklung zu wehren. Dies könnte letztendlich natürlich auch dazu führen, dass Österreich die EU verlässt, weil die Gesetzgebung der EU gegen die Interessen und die Menschenrechte des Volkes Österreich verstößt, und die Regierung verpflichtet ist, sein Volk davor zu schützen.

ProLeben bittet den Ausschuss, der Bundesrepublik deutlich seine Besorgnis zum Ausdruck zu bringen und dringend darauf hinzuwirken, dass die Menschenrechtsverletzungen für LandwirtInnen und VerbraucherInnen in Österreich abgestellt und die Einhaltung durch eine nachhaltige Gesetzgebung und die aufgezeigten Handlungsmöglichkeiten langfristig gesichert werden.

Reaktion des UN-Ausschusses:

Keine schriftliche. Eine mündliche Aussage: Österreich ist führend im Gentechnikwiderstand in Europa als Regierung. Darum möchte man nicht gerade ein Land wie Österreich in irgendeiner Form abstrafen sondern eher ermutigen weiter zu tun.

Kanada März 2006 mit Percy Schmeisser

Parallelbericht zum 4. und 5. Staatenbericht von Kanada über die Umsetzung des Internationalen Paktes über wirtschaftliche, soziale und kulturelle Rechte

Soziale Menschenrechte in Kanada

Menschenrechtsverletzungen in der Landwirtschaft und bei den VerbraucherInnen

Vorgelegt durch: Organic Agriculture Protection Fund (OAPF)
& Percy Schmeiser, kanadischer Farmer

Kontakt:
OAPF Chair: Arnold Taylor,
President of Saskatechewan Organic Directorate
Box 130, Canwood, SK SOJ OKO, Canada
Phone: 001 / 306 – 468 2218 Fax: 001 / 306 – 648 - 2346

Percy Schmeiser,
Bruno, Saskatchewan, Box 400 SOK OSO, Canada
Tel.: 001 / 306 369 2520, Fax: 001 / 306 369 2304

Die in diesem Bereich vorgelegte Information konzentriert sich auf die Folgen einer sehr bedenklichen globalen Entwicklung, die ohne Rücksicht auf wissenschaftliche Erkenntnisse und erste Praxiserfahrungen in vielen Ländern die wirtschaftlichen, sozialen und kulturellen Menschenrechte von LandwirtInnen und KonsumentInnen massivst verletzt: Die Einführung der Gentechnik in Lebensmittelproduktion und Landwirtschaft.

Kanada ist von dieser Entwicklung schon sehr betroffen. Es ist weltweit der drittgrößte Hersteller von gentechnisch veränderten Agrarprodukten. Durch den großflächigen Anbau von Genraps in Kanada und die fortschreitende Kontamination wachsen bereits auf über 50 % seiner landwirtschaftlichen Nutzflächen genmanipulierte Pflanzen. Die Verbreitung von Gen-Raps ist seit 1999 außer Kontrolle.

80 % der Verbraucher sind lt. Umfragen gegen die Verwendung von Gentechnik in Nahrung und Landwirtschaft. In der Schweiz wurde sogar eine Volksbefragung über die Einführung der Gentechnik durchgeführt – das Volk hat die Einführung der Gentechnik ganz klar abgelehnt. Das zeigt, dass Landwirte und Verbraucher sich nicht einlassen wollen auf eine Risikotechnologie mit jetzt schon erwiesenen Folgeschäden. So kommt es zum Machtkampf – zum Machtkampf ein paar weniger Konzerne gegen die Landwirte und Konsumenten, gegen das Volk. Es geht um die weltweite Kontrolle über die landwirtschaftliche Produktion und unsere Ernährung, um die Weltherrschaft.

In Kanada haben sich die Gentechnikkonzerne schon fast flächendeckend durchgesetzt. Verbraucher fühlen sich machtlos und von ihrer Regierung im Stich gelassen. Doch immer mehr Landwirte klagen gegen die Konzerne. Denn die Macht und der Lobbyismus der großen Agrarkonzerne führt zu einem Verlust an Lebensqualität und Lebensstandard für Farmer und Konsumenten: Farmer werden abhängig von den Konzernen, ihr wirtschaftliches Überleben ist in großer Gefahr – mit der Einführung von Genpflanzen in Kanada verloren sie ihre Wahlfreiheit und jegliche Selbstbestimmung. Ihr Land wird kontaminiert – ob sie wollen oder nicht – mit allen negativen Konsequenzen – zerstörte Ernten, zerstörte Existenz, ... In einigen Ländern führte das bereits zum Selbstmord von vielen tausend Farmern, weil sie keinen anderen Ausweg aus ihren Schulden sehen – ein Resultat dieser Entwicklung.

VerbraucherInnen sind gezwungen mit immer weniger Wahlmöglichkeiten Lebensmittel zu kaufen, vor deren gesundheitlichen Risiken jetzt schon gewarnt wird – erste immense Schäden sind bereits nachweisbar. Auch in Kanada gibt es bereits ein dramatisches Ansteigen von Krankheiten und Allergien seit der Einführung der Gentechnik. (www.oekosmos.de, 19.6.2004).

Die Rechte des Volkes auf Selbstbestimmung, das Recht auf Nahrung, das Recht auf Gesundheit und eine unabhängige Erforschung der Risiken dieser neuen Technologie werden in Kanada bereits schon jetzt massiv verletzt. Deshalb fordern wir die kanadische Regierung auf:

- Die Einführung der Gentechnik in Lebensmittelproduktion und Landwirtschaft in Kanada gesetzlich zu verbieten

- Die Kennzeichnungspflicht für alle genmanipulierten Veränderungen in Lebensmitteln und auch für Tierfutter und tierische Produkte einzuführen

- Die Einführung einer Haftung der Konzerne und damit der Hersteller für alle Folgen auf Boden und Gesundheit, für die unwiderrufliche Kontamination des Landes und die unwiderrufliche Zerstörung aller damit verbundenen Existenzen (Biobauern und -Bäuerinnen, LandwirtInnen, usw. ...)

- Schadensersatz für die wirtschaftlichen Verluste der bisher gentechnikfrei produzierenden Landwirte. Schätzung der bisherigen Verluste auf über $ 14 Millionen allein in Saskatchewan, einem Bundesland von Kanada.

Wir bitten das Komitee für wirtschaftliche, soziale und kulturelle Rechte seine Besorgnis über die Einführung der Gentechnik in Kanada auszudrücken und Empfehlungen an die Regierung auszusprechen, wie sie mit dieser Situation umgehen soll.

14. März 2006

Arnold Taylor, Vorsitzender des OAPF Komittees
Präsident des Saskatchewan Organic Directorate

Percy Schmeiser
Kanadischer Farmer

Inhaltverzeichnis

1. Einleitung

Kanada ist mit einer Fläche von rund zehn Mio. qkm das zweitgrößte Land der Erde und hat ca. 32 Millionen Einwohner. Landwirtschaft und Nahrungsmittelsektor bilden den drittgrößten Beschäftigungssektor Kanadas. Der Agrarmarkt erwirtschaftet rund 10 % zur Finanzierung des kanadischen Haushalts. Jede der 280.000 Farmen ernährt 120 Menschen. Über 50 % der landwirtschaftlichen Produkte werden exportiert, vor allem Getreide und Ölsaaten. Rund 20 % des internationalen Weizenhandels entfallen auf Kanada. Damit ist Kanada der 5.größte Produzent von Getreide in der Welt – alleine 82 % seiner Weizenernte wird exportiert!

Kanada ist weltweit der drittgrößte Hersteller von genetisch veränderten Agrarprodukten. Weltweit werden bereits auf 81 Mio. Hektar genmanipulierte Pflanzen angebaut. Kanada bestreitet davon 6,7 %, das sind 12 Mio. Hektar bei einem Gesamtanteil landwirtschaftlicher Nutzfläche von 70 Mio. Hektar.

Seit Mitte der 90iger Jahre wird in Kanada Gen-Raps angebaut. Seid 1999 ist klar, dass die Verbreitung des genetisch veränderten Rapses außer Kontrolle geraten ist – denn bereits nach 5 Jahren wuchsen auf 50 % aller Felder in Kanada genmanipulierte Pflanzen. Heute gibt es in Kanada praktisch keinen gentechnikfreien Raps mehr. (*SZ, 21.6.2004 „Kanadas Farmer leiden unter Gen-Anbau", Pressetext Austria „Kanadische Bauern verklagen Saatguthersteller" 17, 8.2002)*. Die Bauern stehen vor dem Ruin, denn viele ihrer Exportländer kaufen nun keinen Raps mehr in Kanada. „Wir werden in Zukunft nie mehr gentechnikfreien Raps anbauen können", so Larry Hoffman, ein betroffener Biobauer (*www. Saskorganic.com – „Out of control – wir klagen an!")*.

Der Genkonzern Monsanto (mit 91 % Weltmarktanteil „Herrscher" des Genfood-Marktes) versucht seitdem auch gentechnisch veränderten Weizen auf den Markt zu bringen, was bis jetzt noch durch den Widerstand der Bauern und Konsumenten verhindert werden konnte. Das wäre das endgültige Aus für Kanadas Landwirte, deren Schwerpunkt auf dem weltweiten Export von (gentechnikfreiem) Weizen liegt.

In Kanada werden für die Zulassung gentechnisch veränderter Nahrungsmittel keine zusätzlichen Sicherheitstests verlangt, und eine Kennzeichnung ist ebenfalls nicht vorhanden. Damit haben neben Bauern und Imkern auch die Verbraucher ihre Wahlfreiheit, ihr Recht auf Selbstbestimmung, ihr Recht auf Gesundheit, ihr Recht auf Nahrung ohne gesundheitsbedenkliche Stoffe und ihr Recht auf ungehinderten Zugang zu Nahrung ohne gesundheitsbedenkliche Stoffe verloren.

Zahlreiche Studien und Erfahrungen weltweit – und auch bereits in Kanada – zeigen die unabsehbaren Folgen und Risiken von gentechnisch veränderten Lebensmitteln, die Auswirkungen des GVO-Anbaus auf die Gesundheit und die Umwelt, die nicht mehr rückgängig zu machende Verunreinigung traditioneller Nutzpflanzen, die Zerstörung der natürlichen Lebensgrundlagen für die kommenden Generationen und damit auch den Zugang zu Nahrung und Ernährungssicherheit, sowie die damit verbundenen wirtschaftlichen Auswirkungen für Land- und Lebensmittel-produktion.

Wer braucht die Gentechnik und wem nützt sie?

Die Antwort ist klar für Alfred Haiger, einem bekannten österreichischen Landwirtschaftsexperten der Universität für Bodenkultur in Wien:

„Niemand,, außer ein paar multinationalen Konzernen und die davon abhängigen Wissenschaftler." (*Einleitung zu „Gefahr Gentechnik", S. 16)* Die weltweit agierenden Großkonzerne stellen ihren Profit vor die Gesundheit und das Wohlbefinden der Menschheit. „Beherrsche die Nahrung und Du beherrscht die Menschen." (Henry Kissinger). Regierungen arbeiten nicht mehr in erster Linie für ihr Volk, sondern immer mehr für einige wenige multinationale Agrarkonzerne, die die weltweite Kontrolle der Nahrungsmittel anstreben.

Durch diese Entwicklung sind Menschenrechte wie das Recht auf Nahrung, auf Gesundheit, Freiheit von Forschung und Wissenschaft auch in Kanada immer mehr gefährdet und werden zum Teil bereits massiv verletzt – was bis hin zur Existenzvernichtung geht.

"Wegen den drohenden und beträchtlichen Risiken, die durch die Pflanzen der Beklagten (Gentechnikkonzerne) verursacht werden, sollten diese umgehend aus dem Verkehr gezogen werden." (Dr. Mae Wan Ho, Director and Cofounder of the Institute of Science in Society, London, UK in www.saskorganic.com , Press release from December 20,2002).

Wir hoffen, dass der Ausschuss für wirtschaftliche, kulturelle und soziale Rechte die u. a. im Internationalen Pakt verbrieften Rechte für die Bevölkerung durchzusetzen hilft.

Nun möchten wir direkt eine kanadische Farmer-Organisation zu Wort kommen lassen. Sie gibt einen kurzen Überblick über die Situation in Kanada:

Ten Reasons Why We don't Want GM-Wheat

Wheat is one of humanity's most important and culturally-significant sources of food. Monsanto plans to introduce genetically-modified (GM) wheat. Monsanto has inserted a GE so that the wheat crop can be sprayed with Monsanto's weed spray Roundup: killing other plants but not the wheat. There are many reasons that Canadians—consumers and farmers alike—don't want GM wheat, here are ten.

1. Market loss

The international customers that buy 82% of Canada's **wheat** crop say that they will stop buying if Canada introduces **GM wheat**. They are clear: they will stop buying *all* **wheat** from us: **GM** and non-**GM** alike. One customer, Warburtons (a large British bakery), received 6,000 customer inquiries in 2001 regarding food safety and **GM wheat**. **GM wheat kills markets.**

2. The end of organic agriculture

GM wheat threatens to destroy organic agriculture in much of Canada. **GM** canola has made it nearly impossible for organic farmers to grow that crop: seed supply contamination and pollen drift mean that organic farmers cannot be sure that their canola will be free of **GM** seeds. The introduction of **GM wheat** and subsequent **GM** crops will leave organic farmers fewer and fewer crops to grow. Organic crop production will become nearly impossible and Canadians will lose access to locally-grown, organic food. **GM wheat yes = organic no!**

3. Lower prices for farmers

GM wheat will dramatically decrease demand for Canadian **wheat**. Lower prices to farmers are easy to predict. On the other hand, producing **GM**-free Canadian **wheat** will give our farmers a marketing advantage if the U.S. and other nations introduce **GM wheat**. High-quality, **GM**-free Canadian **wheat** could be our competitive advantage, our premium product.

Stopping GM wheat means higher prices for farmers.

4. Health concerns

Many Canadians, like citizens around the world, question the safety of **GM** foods. Further, Canadians have grave doubts about Canada's food safety regulatory system—a system based, not on independent testing in government labs, but on reviewing data from Monsanto and similar companies. Finally, farmers and consumers cannot trust the government to regulate because it is too busy promoting the **GM** food industry. **Why take a risk on GM foods?**

5. Environmental damage

GM wheat, once released, cannot be hauled back in. Once this life form is in the environment, it is there forever. Not only can **we** not recall **GM wheat**, **we** cannot contain or control it. **GM** canola is now cross-pollinating with non-**GM** canola and with related wild species. Monsanto's **wheat** genes will similarly "flow" through the environment. Again, Canadians know that there has not been sufficient, independent testing done on the long-term ecosystem effects of genetically-modifying the planet's food crops.

This is a completely unnecessary threat to the environment.

6. Agronomic costs

Some farmers now grow **GM** Roundup Ready canola. Spray that canola with Roundup, and the weeds die and the canola is unscathed. But introduce **GM** Roundup Ready **wheat** and the equation changes. Farmers will need additional chemicals to control volunteer Roundup Ready **wheat** in their RR canola and to control volunteer RR canola in their RR **wheat**. One agronomist estimated the additional weed control costs at up to **$400 million annually**

7. Segregation won't work

Monsanto says that segregation systems are the solution to market rejection: keep **GM** and non-**GM wheat** separate from field to customer. But segregation systems will fail because **GM** varieties will soon contaminate our **wheat** seed supply. Tests on canola showthat most 'non-**GM**' certified seed contains **GM** varieties. The same will happen to **wheat**. With contaminated seed, it's impossible to run a segregation system. Further, our bulk, high-throughput grain handling system is ill-designed to segregate: with thousands of points where grain could be misrepresented, mixed, or mis-labelled. Just one or two mistakes, just one or two customers demanding non-**GM wheat** and getting **GM**, could cost Canada its reputation for grain quality and cost farmers hundreds-of-millions of dollars annually. And even without mistakes, many customers say that if Canada introduces **GM** varieties, they will stop buying Canadian **wheat** altogether, regardless of whether **we** try to segregate. Ironically, the way that segregation will work in practice is that international **wheat** *customers* will segregate the world's **wheat** exporters into those who plant **GM** varieties and those who **don't** and buy from those who **don't**. Finally, successful or not, segregation systems will cost farmers millions.

Segregation is costly and will fail.

8. Labelling

Most Canadians **want GM** food ingredients labelled. But governments, processors and retailers, and corporations such as Monsanto oppose labelling. They oppose your right to know if you are eating **GM** food. These companies claim that the fate of **GM** foods should be left to "the market", and then simultaneously deny us the information with which we could make an informed decision at the grocery store. It is totally illegitimate, until we have mandatory labelling and an informed public, to introduce new **GM** foods.

What are they afraid of?

9. Corporate control

Transnationals such as Monsanto, Cargill, and ConAgra are increasing their control over our food supply. Worse, Monsanto and others are taking control, not only of our seeds, but of the genes—the building blocks of life. And they use patents and courts to enforce that control. The tremendous market power that agri-biz transnationals already have, and their attendant ability to suck the profits out of farmers' pockets, is the real cause of the farm income crisis. **GM wheat** offers no net benefits to farmers or consumers but it dramatically increases corporate control of the global food system.

Should Monsanto control our seeds and our food?

10. We don't need it

Farmers are told, rightly or wrongly, that there is too much grain in the world. **we don't** need **GM wheat** in order to grow more. Consumers will see no benefit from **GM wheat**: with or without it, bread prices will still go up. **GM wheat** brings no benefits. **GM wheat** is not a solution: it creates problems rather than solving them. **Let's say no to this turkey.**

One reason why you would want GM wheat

1. If you're a Monsanto shareholder

Independent economists report that the financial benefits from **GM wheat** will go to Monsanto: farmers' costs will rise and consumers will not see lower bread prices. Monsanto lost $2,5 billion [Cdn.$] in 2002, mostly because of lower Roundup sales. Monsanto needs to return to profitability. Thus, it is pushing its **GM** Roundup Ready **wheat**. With

GM wheat, the profits go to Monsanto and the risks and costs go to consumers and farmers.

Glossary:

Genetically-modified (GM): Canada's Royal Society defined "genetic modification" as the direct transfer or modification of genetic material using recombinant DNA techniques. "Genetic modification" is the humaninsertion or manipulation of genes or genetic material, distinct from traditional plant-breeding techniques.

Roundup Ready (RR) wheat: GM wheat wherein Monsanto has inserted a GE that allows the plant to tolerate applications of Roundup (Monsanto's trade name for the broad-spectrum herbicide glyphosate).

This information is brought to you by the National Farmers Union

National Office
2717 Wentz Ave.
Saskatoon, Sask., S7K 4B6
Tel (306) 652-9465
Fax (306) 664-6226

Over the past decade, the NFU worked alongside rural and urban allies across Canada and stopped Monsanto from introducing its genetically- modified dairy cow hormone designed to increase milk production, rBGH.
Together, we won on milk, and we can win on wheat.

Farmers, please join with us to protect Canadian family farms and to create better food and agricultural policies for Canada.
To join, please send a cheque for $150 to the address above.

Non-farmers, please support our ongoing work to ensure that all Canadians have access to safe, nutritious food. Please become an Associate Member by sending a cheque for $50 to the address above.
(02/03)

2. Verletzungen des Rechts der Völker auf Selbstbestimmung (Art. 1)

Absatz 1: „Alle Völker haben das Recht auf Selbstbestimmung:"

Verletzung des Rechts für das kanadische Volk:

Das Recht auf Selbstbestimmung ist durch die Einführung der Gentechnik in Kanada nicht mehr länger gewährleistet:

- **Beispiel Kontaminierung: Gen-Raps überall!**

„Was in Europa noch Zukunftsmusik ist, ist in Kanada bereits Realität: Der Einsatz von genetisch manipuliertem Saatgut führt zu einer flächendeckenden „Kontamination" des Bodens." (*„Saskatchewan stirbt", TV Dokumentation von Ute Daniels, Phönix, Sa. 5.03.05*). Seit dem großflächigen Anbau von genmanipuliertem Raps kann in Kanada kein gentechnikfreier Raps mehr angebaut werden. Raps kreuzt über extrem weite Distanzen aus. Untersuchungen wiesen Pollen noch in 26 km Entfernung nach. In einem Test von 33 Proben aus zertifizierten gentechnikfreien Saatgut-Lagern wurden 32 kontaminiert vorgefunden. (ISP-report www.indsp.org p. 3)

Transgener Pollen ist „durch Wind getragen und anderswo abgelagert, oder der direkt auf den Boden gefallen ..., eine Hauptquelle transgener Verunreinigung ... Kontamination ist als unvermeidbar generell anerkannt, somit kann es keine Koexistenz von transgenen und konventionellen Pflanzen geben." (*„Plädoyer für eine gentechnikfreie zukunftsfähige Welt", ISP, 15.06.2003, S. 3)*

Angesichts von fünf Mio. Hektar Gen-Raps ist auch die Produktion von gentechnikfreiem Rapshonig unmöglich geworden. *(„Kontamination - Genpflanzen außer Kontrolle" – Flyer Umweltinstitut München*). Die kanadische Regierung beharrt aber darauf, dass es eine Koexistenz von konventionellen und gentechnisch veränderten Nutzpflanzen geben kann! Sie behauptet, der Anbau von Genpflanzen ist sicher, wenn der Abstand zu konventionell bepflanzten Feldern zehn oder sogar 50 Meter beträgt. „Das ist einfach ein Witz. Farmer wissen, dass man Pollen oder Samen nicht an der Ausbreitung hindern kann.“ (*Percy Schmeiser, farmer from Saskatchewan / Kanada, in The Ecologist May 2004*) . Das zeigt die Wirkungslosigkeit der bisherigen Sicherheitsabstände, um einer Kontaminierung vorzubeugen.

Im Mai 2004 hatte Monsanto auf den geschlossenen Widerstand der Verbraucher, Landwirte und Lebensmittelhersteller reagiert und den großflächigen Anbau von genmanipulierten Weizen in Kanada erst einmal auf unbestimmt verschoben. Dafür gingen die Freilandversuche mit Gen-Weizen – entgegen einer anders lautenden Selbstverpflichtung aus dem Haus Monsanto - weiter. Die kanadische Lebensmittelaufsicht schrieb Greenpeace nun, dass in 2004 bereits 16 Freilandversuche mit dem Monsanto-Weizen in Kanada stattfanden.

Jüngste Studien zeigen, dass Weizenpollen durch den Wind mehrere Hundert Meter weit getragen werden können. Die kanadische Lebensmittelbehörde schreibt jedoch für Freilandversuche nur einen Sicherheitsabstand zum nächsten Weizenfeld von 30 Metern vor.... Greenpeace kommentiert: „Dieser Vorfall zeigt erneut, was man von der Selbstverpflichtung der Industrie halten kann, wenn es um ihre Profite geht. Monsanto beweist einmal mehr seine Ignoranz gegenüber den Interessen der Umwelt, der Bauern und der hinters Licht geführten Öffentlichkeit“. (*Radio Grüne Welle 2.9.04 „Freilandversuche bei Genweizen – Monsanto bleibt dran. 20.8.2004*).

„Eine Verunreinigung gen-freier Getreidearten durch genmanipulierten Weizen könnte das Ende der organischen Landwirtschaft bedeuten ...“

Kanadische Bauern haben erkannt, dass nun eine gerichtliche Auseinandersetzung notwendig wird und haben eine Verbandsklage gegen die Genkonzerne Monsanto und Aventis eingebracht. „Nachdem uns die Politik im Stich gelassen hat, sehen wir in der Klage die einzige Möglichkeit die Gentech-Multis haftbar zu machen“ so Marc Loiselle, ein Bauer (*„Kanadische Bauern verklagen Saatgut-Hersteller“ pressetext.austria Wien, 13.08.2002).* Damit soll in weiterer Folge auch die Einführung von Gentech-Weizen in Kanada verhindert werden. (*www.saskorganic.com).*

Die Idee einer sogenannten „Koexistenz“ zwischen manipulierten und nicht manipulierten Pflanzen ist nicht praktikabel. Selbst in Ländern, in denen keine Genpflanzen angebaut werden, häufen sich Kontaminationen. Die Agro-Gentechnik ist längst außer Kontrolle geraten. Dieser Prozess ist von den Gentechnik-Konzernen beabsichtigt: „Die Industrie hofft darauf, dass der Markt im Laufe der Zeit so überschwemmt wird, dass man nichts mehr dagegen tun kann. Man kapituliert einfach.“ (*Don Westfall, Berater zahlreicher Gentechnik-Konzerne in „Kontamination – Genpflanzen außer Kontrolle“ Flyer des Umweltinstitut München e. V.)*

Aus einem Interview mit Percy Schmeiser (*in The Ecologist May 2004*) über den Sinn der Freilandfeldversuche:

„ Welches Ziel hatten sie?“

> P.S.: Für die Biotechnologie „ist das eine gute Möglichkeit, eine Zehe in die Tür zu bekommen, und dann natürlich den ganzen Fuß!“

„Besteht das eigentliche Ziel denn darin, die Nachbarfelder zu verunreinigen?“

> P.S.: Das ist das Ziel! Es gibt keinen anderen Grund für diese Versuche.“

„Glauben die Biotech-Firmen denn, wenn sie alle Felder der Welt mit ihrer Gensaat versucht haben, dann können sie auf ewig Lizenzgebühren kassieren?“

> P.S.: Nein, aber das Ziel ist die Kontamination, und kürzlich hat Dale Adolphe, der Vorsitzende der Canadian Seed Growers Association, der Saatgut von Monsanto verkauft, gesagt: „Es gibt weltweit so viel Widerstand gegen jede weitere Freisetzung gentechnisch veränderter Pflanzen, dass die einzige Möglichkeit, damit weiterzukommen, in der Kontamination liegt.“ So etwas zu sagen ist wirklich ein starkes Stück. Es hat zugegeben: „Wir machen das so, dass die Leute keine Wahl mehr haben.“

Ein weiteres Beispiel über diese Praktiken der Genkonzerne:

2005 wurden in ganz Rumänien Sojapflanzen getestet: es stellte sich heraus, dass 90 % der Pflanzen ohne Wissen der Behörden und der meisten Farmer gentechnisch verändert sind. Mangels Kontrollen und Labors versuchen die Gentechnikkonzerne illegal eine Situation zu schaffen, die nicht mehr rückgängig zu machen ist! Einmal kontaminiert – immer kontaminiert!

Durch diese Praktiken der Gentechindustrie haben die Bauern und Imker ihr Recht auf Selbstbestimmung verloren!

- **Beispiel Verlust der Wahlfreiheit der Konsumenten:**

80 % der Verbraucher sind lt. Umfragen gegen die Verwendung von Gentechnik in Nahrung und Landwirtschaft. In der Schweiz wurde sogar eine Volksbefragung über die Einführung der Gentechnik durchgeführt – das Volk hat die Einführung der Gentechnik ganz klar abgelehnt.

In Kanada werden für die Zulassung gentechnisch veränderter Nahrungsmittel keine zusätzlichen Sicherheitstests verlangt und eine Kennzeichnung ist ebenfalls nicht vorhanden. Damit haben auch die Verbraucher ihre Wahlfreiheit, ihr Recht auf Selbstbestimmung, verloren.

Dazu Percy Schmeiser, Farmer aus Kanada:

"Wir haben das Recht zu wissen, was wir essen. Wenn die Leute in Kanada wirklich wissen würden, was sie alles essen, würden die meisten Gen-Nahrungsmittel nicht mehr anrühren!" (*„Gefahr Gentechnik" von M. Grössler, S. 197*)

Eine Verunreinigung gen-freier Getreidearten durch genmanipulierten Weizen (z. B. aus Freilandversuchen) würde darüber hinaus den Verlust jeglicher Bezugsquellen für gen-freie Nahrungsmittel bedeuten. (www.saskorganic.com „Essen ist Leben" – Fonds zum Schutz der organischen Landwirtschaft).

Fazit: Die einzige Möglichkeit das Recht auf Selbstbestimmung des kanadischen Volkes zu gewährleisten ist die Verwendung von Gentechnik in der kanadischen Landwirtschaft und Nahrungsmittelproduktion zu verbieten.

Absatz 2: „Alle Völker können für ihre eigenen Zwecke frei über ihre natürlichen Reichtümer und Mittel verfügen – in keinem Fall darf ein Volk seiner Existenzmittel beraubt werden!"

Große Gefahr der Beraubung seiner Existenzmittel besteht durch **Terminator-Technologie** und die **Patentierung der Nutzpflanzen** sowie die Gefahr der **„Zwangs-Teil-Enteignung" der LandwirtInnen:**

- „Besonders skandalös ist die Entwicklung der so genannten **Terminator-Technologie**. In mehr als 87 Ländern ist steriles Saatgut zum Patent angemeldet, also Saatgut, bei dem nicht mehr Teile der Ernte wieder ausgesät werden können, sondern für jede Aussaat neues Saatgut gekauft werden muss. Die Agrarkonzerne versprechen sich davon einen attraktiven Absatz- und Wachstumsmarkt. Übersehen – oder auch billigend in Kauf genommen – wird, dass Kleinbauern vielfach gar nicht in der Lage sind, jedes Jahr neues Saatgut zu bezahlen. Sie werden nicht nur um ihre Unabhängigkeit gebracht, sondern vielfach gezwungen sein, sich zu verschulden, mit dem Risiko durch eine Missernte ruiniert zu werden. ... Diese Entwicklung bedroht die Existenz von Millionen Bauern.“ (*Patent(ierte) Enteignung“ von Marlies Olberz, Food First, S. 13*)

- Auch über **Patente** der Genkonzerne werden die LandwirtInnen abhängig : Die Konzerne versuchen weltweit soviel Pflanzen wie möglich zu patentieren – z. B. Reis – was heißt, jeder der in Zukunft Reis anbauen will, muss das Saatgut dann bei Monsanto kaufen, natürlich jedes Jahr neu (Terminator-Samen) – und diesem für das Patent auch noch Lizenzgebühren bezahlen. Alleine in Indien aber haben die LandwirtInnen über 200 Reissorten wieder nachgezüchtet und sind damit unabhängig, da sie ihr Saatgut aus ihren eigenen Ernten bestreiten – was nach einer Patentierung dann illegal ist und mit hohen Strafen belegt wird.

  Percy Schmeiser, kanadischer Farmer, über die Situation in Kanada:

  “Für das Privileg GVO pflanzen zu dürfen, musst du jährlich $15 / acre (ein acre = ca. 0,4047 ha) Lizenzgebühr an Monsanto bezahlen .. Das sind auch die Ängste vieler heimischer Bauern: Jegliche Selbstbestimmung über das Saatgut aufgeben zu müssen und einem multinationalen Konzern ausgeliefert zu sein, der die Regeln nach seinem Gutdünken aufstellt.“ *(P. Schmeiser in „Gefahr Gentechnik“ v. M. Grössler)*

  „Mit dem Patentrecht auf lebende Materie eignen sich Industriekonzerne die Bestimmungsrechte an Pflanzen an. Die Vorleistungen der Bauern und Indigenen werden außer Acht gelassen und an erzielten Gewinnen werden sie nicht beteiligt. Vielmehr droht den Bauern die freie Nutzung und Züchtung ihrer eigenen natürlichen Ressourcen patentrechtlich entzogen zu werden. Sie müssen dann für das von ihren Vorfahren entwickelte Saatgut Lizenzgebühren zahlen: ein klarer Fall von Raub!" *(„Patent(ierte) Enteignung", Marlies Olberz, Food First, S. 13)*

Für mehr als 1,3 Milliarden Bauern und Bäuerinnen ist der freie Zugang zu Saatgut überlebenswichtig. Patente stellen per definitionem ein exklusives Nutzungsrecht an einer Sache durch den Patentinhaber dar. Die Rechte aller anderen Akteure, die – insbesondere im Falle von Pflanzen, Tieren, allgemein Organismen mit reproduktiven Eigenschaften – zur Entwicklung beigetragen und mit der Nutzung und Verwertung dieser bisher ihre wirtschaftliche Existenzgrundlage / ihre Ernährung bestritten haben, wurden nicht nur völlig außer acht gelassen sondern darüber hinaus auch noch ihre Praktiken illegalisiert.

Regierungen haben es versäumt die Rechte von Bauern und Bäuerinnen an Saatgut und Zugang zu genetischen Ressourcen zu achten und zu schützen und die Rechte von VerbraucherInnen auf angemessene Nahrung zu gewährleisten. Diese Pflichtverletzung wiegt deshalb besonders schwer, als Patente besonders die Interessen wirtschaftlich starker Akteure (Unternehmen) begünstigen und Monopolsituationen an wichtigen Ernährungspflanzen und -gütern vorantreiben. Damit ist zu erwarten, dass sich mittel- und langfristig besonders Situationen von Verletzung auf Nahrung künftiger Generationen einstellen werden.

Die Inderin Vandana Shiva, die für ihr Engagement gegen GVO und für die Unabhängigkeit der indischen Bevölkerung von einigen wenigen Großkonzernen den alternativen Nobelpreis erhalten hat, spricht sogar von Versklavung der Bauern! („Biopiraterie mit Reissaatgut", www dradio.de, 8.7.04).

- **Grundrechtswidrige Teilenteignung der LandwirtInnen:**

Die Einführung der Gentechnik führt zu einer Teilenteignung der Farmer, ohne dass sie irgendeine Entschädigung dafür bekommen. Sie haben keine Möglichkeit ihr Land von einer Kontaminierung durch ihre Nachbarn zu schützen – und in Folge können sie ihre kontaminierte Ernte nirgends mehr verkaufen! Wiederum kann ein Raub der Lebensgrundlagen festgestellt werden – eine Verletzung der Menschenrechte aus Folge der Einführung der Gentechnik.

Der Fall des kanadischen Farmers Percy Schmeiser ist ein sehr bekanntes Beispiel für genau diese Situation der Farmer in Kanada – er zeigt sehr gut die Verletzungen dieses Rechts für die kanadischen Farmer:

Die Firma Monsanto hat ihn auf Verletzung der Patentrechte der Firma verklagt. (*aus The Ecologist May 2004 und "Der Fall Percy Schmeiser gegen Monsanto" in "Gefahr Gentechnik", M. Grössler*):

Vierzig Jahre lang hat Percy Schmeiser Raps auf seiner Farm in der kanadischen Provinz Saskatchesan angebaut. Normalerweise hat er jedes Jahr einen Teil der ölhaltigen Samen aus seiner Ernte zurückbehalten und sie im nächsten Jahr wieder neu ausgesät. 1998 zerrte Monsanto Schmeiser vor Gericht – wegen Verletzung der Patenrechte. Grund: Auf Schmeisers Land war von den Ermittlern der Firma konzerneigener gentechnisch veränderter Samen gefunden worden, der vom Wind dort hingeweht wurde.

„Ohne die Kontamination verhindern zu können, sollen Bauern plötzlich Gebühren für Genpflanzen bezahlen, die sie nie auf ihren Äckern haben wollten." (P. Schmeiser in: „Gefahr Gentechnik" v. M. Grössler, S.. 200).

Der Richter erklärte Schmeiser, sein gesamtes Saatgut, für dessen Entwicklung er fast ein halbes Jahrhundert benötigt hatte, sei nun Eigentum von Monsanto!

„Ich hatte damals auf acht Feldern Raps gepflanzt, und die Samen von jedem dieser Felder wurden an die Universität von Manitoba geschickt um herauszufinden, wie viel von meinem konventionellen Saatgut verunreinigt war. Die Wissenschaftler der Universität stellten fest, dass die Hälfte meiner Felder nicht kontaminiert war. Aber weil ich selber Saatgut entwickelt hatte und jedes Jahr meine eigenen Samen wieder aussäe, bestand die Möglichkeit, dass sich ein Teil von Monsantos Samen doch auf den nicht verunreinigten Feldern befand. Also musste ich sogar von diesen Feldern den Gewinn an Monsanto abtreten.

Noch schlimmer war, dass ich mein eigenes Saatgut nicht mehr verwenden durfte. Ich musste alles Monsanto übergeben. Der Richter wies mich darauf hin, dass in Kanada Patentrechte Vor rang vor den Rechten der Farmer haben, was in einem 1991 verabschiedeten Bundesgesetz festgelegt ist.""Du bist nicht mehr Besitzer deines Getreides ... Wie kann ein Bauer über Nacht Ernte, Saatgut oder Pflanzen verlieren?" „Man belehnte unseren gesamten Grundbesitz und unser Haus mit einem Pfandrecht." („Gefahr Gentechnik" S. 199*)*

Monsanto hat eine konzerneigene Polizei. Sie marschieren nach eigenem Gutdünken auf das Feld eines Farmers und nehmen dort das Saatgut oder die Pflanzen weg – sogar gegen den Willen des Farmers. Mit anderen Worten, sie stehlen. Wenn ein Farmer einen von ihnen auf seinem Feld erwischt und sagt: „Das ist unbefugtes Betreten und Diebstahl", dann lachen sie nur und drohen damit ihn zu verklagen. Monsanto druckt auch Anzeigen, in denen die Farmer eine Belohnung bekommen, die dem Konzern melden, ob ihre Nachbarn Genraps oder Gensoja pflanzen. Anschließend wird der Farmer, der die Patentrechte verletzt hat, schikaniert, eingeschüchtert und bedroht. Wenn Monsanto die Farmer nicht zu Hause antrifft wird ein „Erpresserbrief" geschickt, in dem es heißt, man habe Anlass zu der Annahme, dass er Genraps ohne Lizenz anbaue. Monsanto fordere dafür von ihm 100.000 bis 150.000 Dollar Schadensersatz, dann werde man sich eine entsprechende Klage vorbehalten. In den Briefen heißt es außerdem, dass die Farmer mit einem Strafverfahren rechnen müssen, wenn sie irgendjemandem von diesen Drohungen erzählen. Das ist eine totale Unterdrückung der Rechte von Farmern, der Freiheit.

Wenn der Farmer sagt, dass er nie etwas mit GVO zu tun gehabt hat und nichts dergleichen angepflanzt hat, wird ihm oft gesagt, er würde lügen, und wenn er das nicht zugeben würde werde ihn Monsanto vor Gericht bringen und er würde seine Farm verlieren!

Oder aber die Leute von Monsanto fliegen in einem kleinen Flugzeug über die Rapsfelder eines Farmers und dort einen Sprühballon Round-Up Ready (Monsantos Pestizid) abwerfen. Zehn Tage später kommen sie zurück und kontrollieren: Wenn der Raps auf dem Feld abgestorben ist, beweist das, dass dieser Farmer keinen Genraps von Monsanto gepflanzt hat. Andernfalls ist das Gegenteil bewiesen. Die Tatsache, dass es illegal ist, Pestizide aus der Luft zu spritzen, stört Monsanto dabei in keiner Weise.

***Monsanto steht über dem Gesetz**. Die Position der Firma wird noch zusätzlich gestärkt durch die Verträge, die sie mit den Käufern ihres Saatguts abschließt. „Der Richter .. urteilte ...dass, obwohl die Farmer in Kanada das bundesgesetzlich verbürgte Recht zur Verwendung ihres eigenen Saatgutes von Jahr zu Jahr besitzen, das Patent von Monsanto trotzdem über allen Rechten der Farmer steht!" (*P. Schmeisser in: „Gefahr Gentechnik" v. M. Grössler, S. 198)

***Monsanto will die vollständige Kontrolle über den Saatgutmarkt**, weil man sich bewusst ist, dass das Patent für Round-Up vor drei oder vier Jahren in Kanada abgelaufen ist, und der Verkauf dieses Herbizids Monsanto 25 % seiner weltweiten Umsät-*

ze und 50 % seiner Gewinne garantiert hat. Die einzige Möglichkeit, den zukünftigen Umsatz zu sichern, besteht darin, die weltweite Versorgung mit Saatgut zu kontrollieren. In den letzten fünf Jahren ist Monsanto auf Einkaufstour gegangen und hat für mehr als 12 Milliarden Dollar überall auf der Welt Saatgutfirmen gekauft. Der Konzern ist jetzt weltweit der zweitgrößte Saatgutanbieter.

Monsanto ist jetzt zu mächtig und kann alles bekommen was es will

Die Rechte an geistigem Eigentum (die neuen Patentgesetze) haben jetzt Vorrang vor dem Schutz des Privateigentums, die Interessen der Biotechnologie-Konzerne haben Vorrang vor Umweltinteressen, und die Profite haben Vorrang vor der Nahrungsmittelproduktion, der Nahrungsmittelqualität und der öffentlichen Gesundheit.

„Man kann also in Kanada schon durch „eine Wahrscheinlichkeit" über Nacht seine Rechte verlieren und das ist auch der Grund, warum mein Fall weltweit so bekannt wurde. Wir sollten niemals vergessen: Man versucht die weltweite Kontrolle über das gesamte Saatgut zu erlangen und wer auch immer dieses kontrolliert, wird die ganze Nahrung weltweit kontrollieren! ... Für einen Durchschnittsbürger gibt es keine Gerechtigkeit, denn es ist sehr schwierig gegen einen Milliardendollar-Konzern gerichtlich vorzugehen!" (P. Schmeiser In: „Gefahr Gentechnik" v. M. Grössler, S. 198,199)

Absatz 3: „Die Vertragsstaaten .. haben .. die Verwirklichung des Rechts auf Selbstbestimmung zu fördern und dieses Recht zu achten."

Die kanadische Regierung wird hiermit aufgefordert, durch eine Gesetzesanderung dafür zu sorgen, dass die Rechte auf Selbstbestimmung und auf Eigentum geschützt werden, und durch entsprechende Ausstattung mit Sicherheitskräften die Farmer vor den

Übergriffen der Biotechindustrie zu schützen! Das bringt logischerweise auch eine Änderung der Patentgesetze zugunsten der Farmer und dem Schutz ihres eigenen Saatgutes mit sich! Bestehende Gesetze, die die Selbstbestimmung der Landwirte wie das Recht auf Eigenvermehrung von Saatgut, müssen auch gegen die Genkonzerne durchgesetzt werden. Wir bitten den Ausschuss dafür zu sorgen, dass er die kanadische Regierung auffordert, diese Rechte zu schützen!

3. Verletzungen des Rechts auf Arbeit (Artikel 6)

Absatz 2: „Die von einem Vertragsstaat zur vollen Verwirklichung diesen Rechts zu unternehmenden Schritte umfassen .... Schritte ... einer produktiven Vollbeschäftigung unter Bedingungen, welche die politischen und wirtschaftlichen Grundfreiheiten des Einzelnen schützen."

Durch die Einführung von GVO in Landwirtschaft und Lebensmittelproduktion sind diese Grundfreiheiten nicht mehr gegeben – sie sind bedroht durch die Patente, die zunehmende Abhängigkeit von Großkonzernen über Saatgut und Verträge sowie durch die drohende Kontaminierung durch NachbarInnen und den daraus entstehenden Folgen (s. letztes Kapitel).

Kanadische Farmer sind jetzt gezwungen ihren Betrieb aufzugeben oder sich in direkte Abhängigkeit der großen Agrarkonzerne zu begeben.

Um diese Freiheiten und Rechte für die LandwirtInnen nicht zu gefährden fordern wir die kanadische Regierung auf ihre Gesetze dahingehend zu ändern, dass die Landwirte vor den Interessen der Gentechkonzerne wie Monsanto und deren Methoden, die Kontrolle über die Farmer, über das Saatgut und das Land zu bekommen, geschützt werden. Nur so haben die Bauern und Bäuerinnen die

Sicherheit auch langfristig ihre Grundfreiheiten und damit verbundene Unabhängigkeit gewährleistet zu bekommen.

4. Verletzungen des Rechts auf angemessenen Lebensstandard, Recht auf Schutz vor Hunger – Recht auf Nahrung (Artikel 11)

Absatz 1: „Die Vertragsstaaten erkennen das Recht...an ... auf eine stetige Verbesserung der Lebensbedingungen ... unternehmen geeignete Schritte, um die Verwirklichung dieses Rechts zu gewährleisten ...“

Dieses Recht ist in Kanada für die LandwirtInnen und VerbraucherInnen nicht mehr gewährleistet.

Wie viele Menschen in Kanada sind davon betroffen?

In Kanada sind über 4 % der 30 Mio. Einwohner in der Landwirtschaft tätig – einem bedeutenden Wirtschaftssektor Kanadas. Jeder 4. Kanadier arbeitet entweder in der Erzeugung, der Verarbeitung und dem Vertrieb von Nahrungsmitteln oder einem die Nahrungsmittelerzeugung unterstützenden Unternehmen. Dreiviertel des kanadischen Agrarlandes liegt in den drei Prärieprovinzen Manitoba, Saskatchewan und Alberta – alleine die südliche Hälfte von Saskatchewan aber umfasst ungefähr 50 % der gesamten landwirtschaftlichen Produktionsfläche Kanadas. Dort sind die Höfe im Durchschnitt 400 ha groß und man baut in der Hauptsache Getreide an. Das zweitwichtigste Agrargebiet Kanadas liegt im Südosten Ontarios. Dort sind die Farmen kleiner, im Allgemeinen zwischen 40 und 180 ha

Die Anzahl der Farmbetriebe ist seit 1941 beständig geschrumpft. 1941 waren es noch 732.000 Farmen, 1991 wurden nur noch 280.000 gezählt. 867.000 Kanadier lebten in diesem Jahr auf einer Farm. Zugleich haben die Grossen (mehr als 50.000 Dollar Einkommen) zugelegt: Von 111.000 im Jahr 1986 stieg ihre Zahl auf 118.000 im Jahr 1993. Die Hälfte aller Agrarprodukte wird exportiert.

Die **größte Gefahr zur Gewährleistung des Rechts ist die der Kontamination** und der damit verbundenen Existenzvernichtung:

In Kanada wurden 33 Proben von zertifiziertem gentechnikfreien Saatgut analysiert – 32 waren kontaminiert (ISP-report S. 3).

„Wir als Kanadier können keinen einzigen Scheffel Canola (R**aps** mehr) in die EU verkaufen. Somit ist ein Drittel unseres Marktes verloren. Nun will man auch noch gentechnisch veränderten Weizen einführen, wo doch sogar seitens des Canadien Wheat Board (Anm.: größter kanadischer Vermarkter von Weizen) bestätigt wird, dass wir dadurch 80 Prozent unseres Marktes verlieren würden." (P. Schmeiser in: „Gefahr Gentechnik" v. M: Grössler, S. 196). Auch die Abnehmer in Japan und Südkorea würden in diesem Fall sofort die Verträge mit Kanada kündigen.

Seit Jahren versucht Monsanto gentechnisch veränderten Weizen auf den Markt zu bringen. Die Bauern befürchten, dass nach ihren bisherigen Erfahrungen die Einführung von gentechnisch verändertem Weizen „ihre Milliardenexporte nach Europa, Japan und anderen Ländern drastisch reduzieren könnte, weil viele Länder keinen genetisch veränderten Weizen abnehmen wollen. Es wäre schwierig geworden, genetisch veränderten Weizen von regulärem Weizen bei der Ausfuhr zu trennen."

(www.wissenschaft-online.de/abo/ticker//20027 „Monsanto verschiebt Gen-Weizen um viele Jahre" dpa)

Die kanadischen Bauern fordern nun Schadensersatz von Monsanto, da sie ihre Rapsernte wegen der genetischen Verunreinigung nicht mehr verkaufen konnten. „Die Verluste für uns ..Farmer – gehen ... in zweistellige Millionenhöhe ... es ist ja nicht nur, dass wir unsere Canola-Ernte nicht ... verkaufen konnten. Wir werden in Zukunft nie mehr ... Canola anbauen können. Uns fehlt damit eine wirtschaftlich wertvolle Pflanze in der Fruchtfolge und es ist abzusehen, dass spätestens mit der Einführung genmanipulierten Weizens die Verluste existenzbedrohend werden ... Genetische Manipulation ... hat ... nichts mit der Verbesserung der Lebensqualität in ländlichen Gebieten, der Sicherstellung der globalen Ernährung oder gar mit Verbesserung des Umweltschutzes zu tun. Es geht um die Kontrolle über die landwirtschaftliche Produktion und unsere Ernährung". („Out of controll"www.saskorganic.com).

„Die wirtschaftlichen Verluste durch die Einführung von genmanipuliertem Raps werden auf über $14 Million geschätzt. ... Sollte genmanipulierter Weizen genehmigt werden, wären im selben Zeitraum (10 Jahre) wirtschaftliche Verluste von ca. $ 85 Millionen zu erwarten, im Hinblick auf den Verlust der EU als Absatzmarkt. ... Weizen ist ein derart wichtiges organisches Landwirtschaftsprodukt, das durch die Einführung von genmanipuliertem Weizen sogar das Ende der organischen Landwirtschaft in Saskatchewan befürchtet wird.

Einer der beiden Hauptkläger gegen Monsanto ist Dale Beaudoin. Er beendete den Anbau von Sommerraps, nachdem in seiner Ernte des Jahres 1999 genetische Verunreinigungen festgestellt wurden. Der Raps war für den europäischen Markt bestimmt. Durch die Verunreinigung wurde der Verkauf storniert. „Mein Hauptprodukt ist Weizen. Sollte sich gen-manipulierter Weizen im gleichen Ausmaße wie genmanipulierter Raps in der Umwelt verbreiten, so wird dies mit Sicherheit meinen wirtschaftlichen Ruin als organischer Landwirt zur Folge haben". (*Pressemitteilung December 20, 2002, Saskatchewan: Organische Landwirte beantragen die Zulassung einer Sammelklage ...").*

Dale Beaudoin über die Wichtigkeit ihrer Klage gegen Monsanto:

„Das ist kein kleiner Einzelfall. Es ist eine Angelegenheit der Unabhängigkeit und des Überlebens aller Farmer weltweit!" (*Presseerklä-*

rung August 30.2005 Canada: "Organic farmers granted …", www.saskorganic.com)

Auch Versicherungen übernehmen das Risiko bisher weltweit nirgends. Ein amerikanisches Urteil legte den Schadensersatz für eine Reinigung der Äcker und die Entschädigungen bzw. für die Rückholaktion der genverseuchten Ernteprodukte auf mehr als eine Milliarde US-Dollar fest! (*„Quadratur des Kreises: das neue Gentechnikgesetz" , Umweltnachrichten des Münchner Umweltinstitutes e. V. Ausgabe 99, April 2004, Seite 5)*

Dem kontaminierten Landwirt kann darüber hinaus noch passieren, dass er vom Gentechkonzern eine Klage bekommt wegen unerlaubtem Nachbau – was heißt, er muss nachweisen, dass er das Gentech-Saatgut nicht selbst unerlaubterweise (da er es ja nicht regulär eingekauft hat) und absichtlich anbaut – und damit wiederum das (unfreiwillig angeflogene) Saatgut beim Gentechkonzern bezahlen muss: Monsanto hat 1998 den kanadischen Bauern Percy Schmeisser verklagt ihm den Verkaufswert seiner gesamten – von seinen Nachbarn unfreiwillig kontaminierten - Ernte zu bezahlen. Der Leidtragende ist in jedem Fall der kontaminierte Bauer, der damit seine Existenz verliert.

Eine weitere **Ursache für die Gefährdung des Rechts ist die drohende Abhängigkeit der Bauern von den Gentechgroßkonzernen,** die sie mit falschen Versprechungen locken:

"Monsanto hatte den Farmern damals erklärt, dass es größere Erträge gäbe, dass alles nahrhafter wäre und das man weniger Chemikalien benötigen würde!" (*P. Schmeiser, canadian farmer, in „"Gefahr Gentechnik" v. M. Grössler, S. 194)*

So soll bei Abnahme des Gensaatgutes die Ernte steigen, der Einsatz von Pestiziden sinken, usw. Voraussetzung ist ein Vertrag mit dem Gentechnikkonzern, sowohl Saatgut als auch alle notwendigen weiteren Pestizide nur dort zu kaufen. "Für mich ist es einer der teuflischsten Verträge auf der ganzen Welt, den Bauern ihre Rechte wegzunehmen." *(„Der Fall Percy Schmeiser gegen Monsanto", P. Schmeiser in „Gefahr Gentechnik" S. 191)*. Inhalt der Verträge sind u. a., dass der Bauer sein eigenes Saatgut nicht mehr verwenden darf, nur noch beim Konzern kaufen, die passenden Pestizide ebenfalls sowie die Verpflichtung zu schweigen. Um GVO anzubauen muss man darüber hinaus jährlich Lizenzgebühren an den Konzern bezahlen.

Genmais bringt weniger Ertrag:

"Kanadische WissenschaftlerInnen haben über einen Zeitraum von drei Jahren hinweg den Ertrag von BT-Mais, dessen mittels Gentechnik eingebauter Bacillus thuringiensis die Pflanze vor Insektenfraß schützen soll, mit demjenigen konventionell angebauter Sorten verglichen. Der Naturmais schnitt um bis zu 12 % besser ab. Da er zudem billiger ist, empfiehlt sich den Forscherinnen zufolge schon aus rein wirtschaftlichen Gründen der Anbau von traditionellem Mais." (*F. Brandt, www.umwelbund.de, 28.12.2005)*

Percy Schmeiser über die Situation in Kanada:

"Somit war alles, was man uns über den Einsatz von weniger Chemikalien gesagt hatte, falsch und erfunden gewesen. Der Ertrag bei Canola (Raps) ist heute bereits um 6,4 % gesunken. Auch das US Department of Agriculture musste inzwischen zugeben, dass der Ertrag bei Sojabohnen um mindestens 15 Prozent gefallen ist. Weiter verschweigen die Gentechnikfirmen, dass die Qualität ungefähr um die Hälfte schlechter ist als bei herkömmlichen Canola. ... Wir haben damit nun also weniger Ertrag, mehr Chemikalieneinsatz, ein neues Super-Unkraut und eine wesentlich geringere Qualität." *(„Gefahr Gentechnik" v. M. Grössler, S. 196)*

Dazu Gary Smith, Agrologe aus Kanada:

„Kanada ist zurzeit der fünftgrößte Produzent von organischem Getreide in der Welt. Wir errechnen eine Steigerung des Umsatzes von organischen Produkten von $0,7 Milliarden in 1997 auf $3,1 Milliarden in 2005, was einer Wachstumsrate von jährlich 20 % entspricht.“ (Pressemitteilung December 20,2002, Saskatchewan, www.saskorganic.com)

Das beweist, dass die Zukunft der Landwirtschaft eindeutig im organischen und nicht im Anbau von Gentechnik-Pflanzen liegt. Die kanadische Regierung hat daher zur Sicherung der Existenz der Landwirte die Einführung von Genweizen zu verhindern und eine weitere Ausbreitung des Anbaus von GVO zu unterbinden.

Die Folge der Missernten führte dazu, dass in Indien bereits 25.000 Bauern / Bäuerinnen in den Selbstmord flüchteten, weil sie keinen Ausweg aus der Schuldenspirale sahen und Haus und Hof aufgeben mussten. In Argentinien haben nach 10 Jahren Anbau von GVO 160.000 Bauern / Bäuerinnen ihren Job verloren und zu wenig zu essen. (*www.proleben.at/unsl.htm).* Eine Langzeitstudie in Andhra Pradesh/ Indien hat ergeben, dass die Gentech-Bauern / -Bäuerinnen in den vergangenen drei Jahren im Schnitt sogar 60 % weniger verdient haben als diejenigen, die auf das herkömmliche Saatgut gesetzt haben. Die mehr als 10.000 betroffenen Kleinbauern/-bäuerinnen stehen nach dem kompletten Ausfall ihrer Ernte vor dem Nichts.(*www.heise.de / Artikel „Asiatischer Dämpfer für grüne Gentechnologen“ von Gerhard Klas vom 10.07.05)*

Die Lebensbedingungen – in erster Linie für die LandwirtInnen, dann für die VerbraucherInnen - werden durch die Einführung der Gentechnik in Landwirtschaft und Nahrungsmittelproduktion deutlich schlechter.

„Die größeren Kosten von GM-Pflanzen, der angewachsene Verbrauch von Pestiziden / Herbiziden, Rückgang der Ernte, Gebühren für Saatgut und geschwundene Märkte, das alles addiert sich zu einem Einkommensverlust für die Landwirte zusammen. Die erste ökonomische Analyse des Niveaus von Bauernhöfen bezüglich Bt-Mais in den Vereinigten Staaten enthüllte, dass zwischen 1996 und 2001 der Netto-Verlust von Landwirten bei 92 Millionen US$ oder 1,31 US$ pro Hektar lag" (*„Plädoyer für eine gentechnikfreie Welt", ISP, 15.06.2003, S. 6)*

Bei den VerbraucherInnen:

Durch die Einführung der GVO sind recht schnell sämtliche Lebensmittel kontaminiert. Die VerbraucherInnen haben dann nur noch die Wahl voraussichtlich krank zu werden (s. Punkt 5) oder aber den Einkauf von Lebensmitteln zu verweigern.

Auch in den ***Freiwilligen Leitlinien der FAO*** *vom November 2004 zur Unterstützung der schrittweisen Verwirklichung des Rechtes auf angemessene Nahrung im Rahmen der nationalen Ernährungssicherheit* steht unter „Grundlegenden internationalen Übereinkünften":

„Die Vertragsstaaten sollten den bestehenden Zugang zu angemessener Ernährung achten, indem sie keine Maßnahmen ergreifen, die zur Verhinderung dieses Zugangs führen, und sollten das Recht eines jeden auf angemessene Nahrung durch Schritte schützen, mit denen Unternehmen und Einzelne davon abgehalten werden, dem Einzelnen den Zugang zu angemessener Ernährung zu verwehren". (Vorwort, Punkt 17). Was bedeutet, dass der Staat Gentechnik unter der Leitlinie nicht in Landwirtschaft und Lebensmittelproduktion einführen darf, weil diese den Zugang durch die Patentierung und damit verbundene Lizenzabnahme, die Abhängigkeit vom Konzern durch Monopolisierung des Saatgutes sowie der Kontamination der Nachbarn – und damit Zerstörung seiner Ernte als Folge – zu angemessener Ernährung verwehrt. Der Staat ist verpflichtet, ein „Umfeld zu schaffen, in dem der Einzelne sich selbst und seine Familie in Freiheit und Würde ernähren kann". (Teil II, Leitlinie 1, 1.1) .Um dieses Umfeld zu garantieren ist jede Abhängigkeit vom Konzern mit Abnahmeverpflichtungen von Pestiziden, Saatgut usw. – und damit auch die Einführung der Gentechnik in der Landwirtschaft - zu verhindern. Die Bedingungen mit GVOs bringen nach den bisherigen und bereits zitierten Erfahrungen in keinster Weise eine „nachhaltige Verbesserung des Lebensunterhalts“ (Teil II, Leitlinie 2, 2.4) usw. mit sich.

Im **Generell comment No. 12** zum Recht auf Nahrung wird diese Schutzpflicht noch deutlicher formuliert (Punkt 15): „Das Recht auf angemessene Ernährung .. legt den Vertragsstaaten ... Pflichten auf, eine Achtungspflicht, eine Schutzpflicht, und eine Erfüllungspflicht. Die Achtungspflicht .. erfordert, dass die Vertragsstaaten keine Maßnahmen ergreifen, welche die Verhinderung dieses Zugangs zur Folge haben. Die Schutzpflicht erfordert Maßnahmen des Staates, durch die sichergestellt wird, dass Unternehmen oder Einzelpersonen Menschen nicht den Zugang zu angemessener Ernährung vorenthalten. Die Pflicht zur Erfüllung (Erleichterung) bedeutet, dass der Staat aktiv darauf hinwirken muss, den Menschen den Zugang zu und die Nutzung von Ressourcen und Mitteln zur Sicherung ihres Lebensunterhalts, namentlich der Ernährungssicherheit, zu erleichtern.“

a)“ zur Verbesserung der Methoden der Erzeugung, Haltbarmachung und Verteilung von Nahrungsmittel durch volle Nutzung der technischen und wissenschaftlichen Erkenntnisse, ... sowie durch die Entwicklung oder Reform landwirtschaftlicher Systeme ... mit dem Ziel einer möglichst wirksamen Erschließung und Nutzung der natürlichen Hilfsquellen;“

b) „zur Sicherung einer dem Bedarf entsprechenden gerechten Verteilung der Nahrungsmittel der Welt unter Berücksichtigung der Probleme der Nahrungsmittel einführenden und ausführenden Länder“.

„Aus der Forschung häufen sich mittlerweile die Hinweise, dass gentechnisch veränderte Pflanzen durchaus zu Umweltproblemen führen können. Auch über ihre langfristigen und indirekten Wirkungen auf Artenvielfalt und Bodenfruchtbarkeit ist noch viel zu wenig bekannt. Die biologische Vielfalt darf durch den Einsatz der Gentechnik nicht gefährdet werden!"(*Umweltbundesamt Präsident Prof. Dr. Andreas Troge, www.bmu.de/ pressearchiv: „BMU legt Vorschläge für Monitoring-Konzept vor", Berlin, 13.06.02)*

„Eine Propagandalüge der Gentech-Industrie ist entlarvt: Gentechnisch veränderte Kulturen benötigen nicht weniger, sondern jedes Jahr mehr chemische Pestizide gegen Unkräuter und Schädlinge." *(„Über Gentech-Pflanzen wird mehr Gift versprüht", wissenschaftliche Studie von Benbrook, Ökologo 1 / 2004 Seite 2*). Die Pestizidmenge steigt um 50 – 60 %. *(„Auf Dauer unwirtschaftlich" von K. Fuissner in: „Gefahr Gentechnik", S. 234).*

Percy Schmeiser über die Situation in Kanada:

„...Ab 1999 mussten auf GVO-Feldern aufgrund der zunehmenden Resistenz von Unkräutern im Schnitt deutlich mehr Pestizide verwendet werden als auf ... gentechnikfreien Feldern." *(„Gefahr Gentechnik" v. M. Grössler, S. 196)*

Allein durch den Genmais kommen zwei hochwirksame Gifte und ein Antibiotikum in unsere Nahrung und in den Boden. Ein Insektengift (Gift des Bazillus Thuringensis, enthält BT-Toxin), ein Pflanzengift (Glyphosat Roundup) und das Antibiotikaresistenzgen Ampicillin, welches bei Krankheiten gegen Antibiotikum resistent macht.

Alle Bei- und Unkräuter werden getötet. „Die widerstandsfähigsten (Unkräuter) allerdings überleben, passen sich an ... und vermehren sich ... so verbreiten sich herbizidresistente „Super-Unkräuter"", die wuchern und bald eine Schwelle erreichen, „welche das Schadenpotenzial der früheren Unkrautflora übertrifft. Die Giftdosis muss zur Eindämmung entsprechend erhöht werden. Mit zunehmender Menge an Pestiziden steigt auch das Risiko, dass Rückstände das

Grundwasser verseuchen. ... Kritiker der Agro-Gentechnik haben früh gewarnt, solche Monokulturen weiter zu betreiben, weil ökologische Katastrophen verursacht würden. Ein Grund für den gestiegenen Pestizid-Einsatz in Gentech-Monokulturen ist auch das Auftreten von neuen Pflanzenschädlingen. ...Die Skepsis der Europäer erweist sich als gerechtfertigt: Teure Gentechnik verbessert die ökologische und ökonomische Situation der Landwirtschaft in keiner Weise." *(„Über Gentech-Pflanzen wird mehr Gift versprüht", wissenschaftliche Studie von Benbrook, Ökologo 1 / 2004).*

Die Einmischung von Giften und Antibiotikum in Lebensmittel verstößt gegen die Menschenrechte!

Die Weiden des ersten Versuchsgenbauer, Gottfried Glöckner aus Deutschland, sind heute noch – 3 Jahre nach Ende des Anbaus von GVO und der Fütterung der Kühe damit – so mit BT-Toxin verseucht, dass seine Kühe immer noch nicht einen Tag drauf weiden können, ohne krank zu werden.

„Zehn Jahre nach der Einführung transgener Pflanzen in der Landwirtschaft kann man festhalten: Keine der Versprechungen der Gentechnikindustrie, angefangen bei höheren Erträgen bis zu einer Ökologisierung der landwirtschaftlichen Produktion hat sich bewahrheitet. Im Gegenteil sind gerade die ökologischen Konsequenzen des GVO-Einsatzes in der Landwirtschaft katastrophal. .. Unersetzliche Naturschätze werden einer kurz gedachten Profitmaximierung geopfert. Doch dieses Denken wird ein einer ökonomischen und ökologischen Katastrophe enden: Durch den unmäßigen Einsatz von Totalherbiziden werden die empfindlichen Böden so stark geschädigt, dass sie ... innerhalb weniger Jahre unvermeidlich ihre Ertragfähigkeit einbüßen: in der Folge wird es zu dramatischen Ernteeinbrüchen kommen." *(„Gen-Pflanzen erfüllen Erwartungen nicht" Andreas Bauer, Umweltnachrichten 100 / 2004 S. 25).* Mittlerweile wurden „in der bislang größten Langzeitstudie über die Auswirkung von GVO auf Fauna und Flora massive negative Folgen für die biologische Vielfalt festgestellt." (*„Gen-Pflanzen erfüllen Erwartungen* *nicht", Andreas Bauer, Umweltnachrichten 100 / 2004, S. 23*). Die Fruchtbarkeit der Böden verringert sich und das Grundwasser vergiftet. Durch die Zerstörung der Produktionsmittel wird der Zugang zu Nahrung gefährdet.

Fazit: Durch Einführung der GVO ist die – auch in den FAO-Leitlinien geforderte „Bewahrung und nachhaltige Bewirtschaftung der natürlichen Ressourcen" (*Teil II, Leitlinie 2, 2.5*) - auch in Kanada nicht mehr länger sichergestellt. Wir fordern deshalb die kanadische Regierung auf

eine Politik zu verfolgen, die den LandwirtInnen erlaubt „ein gerechtes Einkommen aus ihrer Arbeitskraft, ihrem Kapital und ihren Bewirtschaftungsfähigkeiten zu erzielen" (*Teil II, Leitlinie 2, 2.5)* – also unabhängig von Konzernen, die all dieses in monopolistischer Gier an sich reißen und die LandwirtInnen damit zu Leibeigenen macht. Sie sollen den Zugang zu „geeigneter und erschwinglicher Technik, Produktiv- und Finanzmitteln verbessern, ... eine stabile Beschäftigung ... unterstützen" (Teil II, Leitlinie 2, 2.6) „und das Kapital, das für den Unterhalt der Menschen wichtig ist, schützen ... besondere Beachtung sollten bestimmte Gruppen wie Viehzüchter .. sowie ihre Beziehung zu natürlichen Ressourcen erfahren." (*Teil II, Leitlinie 8, 8.1)*.

Auch dies ist durch die Einführung der GVO gefährdet. Diese Technik ist weder erschwinglich, noch verbessert sie Produktiv- und Finanzmittel für die Bauern / Bäuerinnen. Darüber hinaus sollen die Staaten „den Rückgang von pflanzengenetischen Ressourcen" verhindern und „den Schutz des entsprechenden traditionellen Wissens und der gerechten Teilhabe an Gewinnen, die sich aus der Nutzung dieser Ressourcen" sicherstellen (*Leitlinie 8 D, 8.12),* sowie Maßnahmen zum Schutz der ökologischen Nachhaltigkeit und der Tragfähigkeit der Ökosysteme erwägen, um die Möglichkeit einer erhöhten, nachhaltigen Nahrungsmittelerzeugung für jetzige und zukünftige Generationen zu sichern, Wasserverschmutzung zu verhindern, die Fruchtbarkeit des Bodens zu schützen ... " (*Leitlinie 8E,*

8.13) und die LandwirtInnen „bei der Anwendung bewährter landwirtschaftlicher Verfahren … unterstützen.“ (*Leitlinie 9, 9.5*)

Kürzlich wurde eine neue Studie in Großbritannien veröffentlicht (Pr*oceedings of the Royal Society B*), die die gefährlichen Konsequenzen von GMO auf die natürlichen Ökosysteme feststellt: 11 Millionen US-Dollar wurden ausgegeben, 150 Forscher arbeiteten im Auftrag eine Million Pflanzen und 2 Millionen Insekten in verschiedenen Teilen von Großbritannien zu beobachten. Das Ergebnis zeigte, dass GMO eine drastische Senkung der Anzahl von Schmetterlingen und Bienen mit sich brachte, was zu einem schweren Einbruch bei den Vögeln führte, die von den Insekten leben. Nach dieser wissenschaftlichen Studie ist klar, dass Natur und Landwirtschaft direkt miteinander verbunden sind.

(*Magazin Nature from march 22, 2005, <www. Innovations-report.de/html/berichte/umwelt_naturschutz/bericht-42079.html)*

Gentechnik zur Bekämpfung des Welthungers ..:

„Groteskerweise trommeln gerade diejenigen Firmen für die Gentechnik als Lösung des Welthungers, die durch die aktive und aggressive Einführung der Industrie-Landwirtschaft in der Dritten Welt, von Hochertragssorten, Pestiziden und Kunstdünger zur Ertragssteigerung, wesentlich zu Hunger, zerstörten Böden, kaputten Ökosystemen und der Konzentration von Land und Macht in den Händen weniger beigetragen haben.“ (*„Gen-Pflanzen erfüllen Erwartungen nicht“, Andreas Bauer, Umweltnachrichten 100 / 2004, S. 24)*

Die Weltbevölkerung könnte mit den vorhandenen Erträgen leicht satt werden – würden sie richtig verteilt werden. Dies gilt es zu lösen – die Gentechnik in Landwirtschaft und Nahrungsmittelproduktion verschärft diesen Konflikt aber weiterhin.

Die Entwicklungsländer haben festgestellt, „dass die Gentechnik die biologische Vielfalt ... zerstöre, das lokale Wissen und das nachhaltige landwirtschaftliche System gefährde, das die Bauern über Tausende von Jahren entwickelten. Damit untergrabe die Gentechnik die Möglichkeit der ... Bevölkerung, sich selbst zu ernähren. Auch entwicklungspolitische Organisationen wie Christian Aid oder Brot für die Welt betrachten die so genannte grüne Gentechnik eher als Fehlentwicklung, die Hunger und Armut weiter verschärft ...

FAZIT: Um die Welternährung zu sichern, muss man die sozialen und ökologischen Bedingungen verbessern. Eine kurzfristige Steigerung der Erträge mit technischen Mitteln, die auf Kosten der Umwelt und der Menschen geht, ist der falsche Weg. Ein zerstörtes Ökosystem wird die nachfolgenden Generationen nicht ernähren können. ... Eine nachhaltige Sicherung der Ernährung braucht eine Landwirtschaft, die die natürlichen Grundlagen bewahrt: gesunde und fruchtbare Böden, sauberes Wasser sowie eine Vielzahl an Pflanzen und Tieren." (www.greenpeace.de/themen/gentechnik/ *„Gentechnik – keine Hoffnung für die Hungernden" vom 1.10.2004).*

Verminderte Ernten weltweit durch Genpflanzen und eine hohe Gentechpatentrechtsabgabe werden den Hungernden wohl kaum nützen.

Um Erzeugungsmethoden zu verbessern, Nahrungsmittel besser zu verteilen oder die Nutzung natürlicher Hilfsquellen wirksam zu erschließen und langfristig zu gewährleisten fordern wir von der kanadischen Regierung, die Verwendung der Gentechnik zu verbieten und in seiner Außenpolitik sich dafür einzusetzen, auf Gentechnik in Landwirtschaft und Nahrungsmittelproduktion zur Lösung des Welthungers zu verzichten und eine gerechte Verteilung der vorhandenen Lebensmittel zu forcieren.

5. Verletzungen des Rechts auf körperliche und geistige Gesundheit (Art. 12)

Absatz 1: „Die Vertragsstaaten erkennt das Recht eines jeden auf das für ihn erreichbare Höchstmaß an körperlicher und geistiger Gesundheit an“.

“In Kanada und den USA stieg die Rate der Menschen, welche über Allergien klagen, in den letzten 10 Jahren dramatisch an. In Kanada stieg die Allergierate von vorher 2 auf 10.000 Einwohner auf jetzt 80 auf 10.000 Einwohner“ (www.oekosmos.de/article/articleview /497/1/6/).

Die FAO-Leitlinien zitieren die Erklärung von Rom zur Welternährungssicherheit von 1996, wo „die Staats- und Regierungschefs das Recht jedes Menschen auf Zugang zu gesundheitlich unbedenklichen ... Nahrungsmitteln“ bekräftigen! (*Vorwort Teil I Punkt 2*). Unter Punkt 15: „Ernährungssicherheit besteht, wenn alle Menschen zu jeder Zeit physischen und wirtschaftlichen Zugang zu angemessener, gesundheitlich unbedenklicher .. Nahrung haben“. Punkt 16: „Die schrittweise Verwirklichung des Rechtes auf angemessene Nahrung macht es erforderlich, dass die Staaten ihre Menschenrechtsverpflichtungen nach dem Völkerrecht erfüllen.“ Dazu gehört es, die Verfügbarkeit von Nahrungsmitteln „zu angemessener Ernährung ohne gesundheitsbedenkliche Stoffe“ zu garantieren und haben die Verpflichtung (*Punkt 17*), dies Recht „durch Schritte zu schützen, mit denen Unternehmen und Einzelne davon abgehalten werden, dem Einzelnen den Zugang ... zu verwehren.“

Im Generell Comment No. 12 heißt es unter Punkt 10, dass die Staaten sicherstellen müssen, dass Veränderungen in der Verfügbarkeit und beim Zugang von Nahrungsmitteln sich zumindest nicht nachteilig auf die Zusammensetzung der Nahrung auswirken.

Der 100. Deutsche Ärztetag weist darauf hin, dass durch die Anwendung der Gentechnik im Ernährungsbereich gesundheitliche Gefahren nicht auszuschließen sind. Der Report des Independent Science Panel vom 15. Juni 2003 verdeutlicht die wesentlichen Gefahren der Gentechnik in der Nahrungsmittelproduktion und spricht eine noch deutlichere Sprache:

„Das Gremium aus internationalen Experten verschiedener Disziplinen nimmt dabei kein Blatt vor den Mund: „Wir brauchen keine Bio-Terroristen, wenn wir Gentechniker haben."(*„Plädoyer für eine gentechnikfreie zukunftsfähige Welt", ISP, London, 25.6.2003, S. 12*). Der Bericht ist ein zusammengetragener Nachweis, ein „starkes Argument für ein weltweites Verbot der Freisetzung von GM-Pflanzen in die Umwelt" (S. 2). „Am wichtigsten von allem – es wurde nicht bewiesen, dass GM-Pflanzen sicher sind. Im Gegenteil, sind ausreichende Befunde für ernsthafte Besorgnis über die Sicherheit aufgetaucht, die, wenn sie ignoriert werden sollte, in irreversiblen Schäden für die Gesundheit und die Umwelt resultieren könnte." Global 2000 "weist seit Jahren auf eine „verfehlte und völlig unzureichende Form der derzeitig üblichen Risikoabschätzung von gentechnisch veränderten Organismen (GVO)" hin. (*„Erkenntnisreiche Mäusefütterung?" von Brigitte Zarzer, 12.10.04, www.telepolis.de)*

Gentechnik gilt auch bei Versicherungsunternehmen immer noch als unkalkulierbares Risiko, und damit nicht versicherbar.

In Kanada werden für die Zulassung gentechnisch veränderter Nahrungsmittel keine zusätzlichen Sicherheitstests verlangt und eine Kennzeichnung ist ebenfalls nicht vorhanden.

„Die Canadien Food Inspection Agency (CFIA, Kanadisches Bundesamt für Lebensmittelkontrolle) hat zum Unterschied von Japan und Europa keinen einzigen Test mit genmanipuliertem Saatgut oder Futtermitteln vorgenommen. Man hat lediglich jene Daten verwendet, die man von Monsanto bekommen hatte." (*P. Schmeiser in: „Gefahr Gentechnik" v. M. Grössler, S. 197)*

“Kanadier … stellen die Sicherheit von Gennahrungsmitteln in Frage. Weiter haben Kanadier große Zweifel am kanadischen Lebensmittelsicherheits-Kontrollsystem – ein System, das nicht auf unabhängigen Tests in Regierungslabors basiert, sondern auf dem Abfragen von Daten von Monsanto und ähnlichen Konzernen. Landwirte und Konsumenten können der Regierung nicht trauen, das zu regulieren, weil diese zu sehr damit beschäftigt ist, die Genfood-Konzerne zu promoten. „ *(”Ten Reasons why we don`t want GM wheat”, National farmers union Canada)*

Es wurde darüber hinaus mittlerweile bekannt, dass „im Falle der behördlichen Zustimmung zur Einführung gentechnisch veränderten Weizens die kanadische Regierung von Monsanto für jeden Scheffel Weizen (entspricht rund 35 Litern) Tantiemen erhalten wird. … Nun fragen wir uns: Wenn die Regierung von Monsanto Tantiemen für gentechnisch veränderten Weizen bekommen soll, wie viel hat sie dann vom Verkauf gentechnisch veränderter Canola während all dieser Jahre bekommen? Nun kommt zu Tage, dass die Regierung mit Monsanto unter einer Decke steckte, als diesem Unternehmen die behördlichen Genehmigungen erteilt wurden.“ (*Percy Schmeiser in „Gefahr Gentechnik“ v. M. Grössler S. 195)*

Diese Prozedur der Abschätzung der Nahrungsmittelsicherheit scheiterte lt. ISP von Anfang an vielen Formfehlern, deren wesentlichsten die folgenden sind:

a. Fehlen des Anspruchs von Untersuchungen über die langfristigen Auswirkungen auf die Gesundheit und die Sicherheit von Nahrungsmitteln (die Tests laufen über 28 Tage, Schäden aber erst nach 90 Tagen und 3 Jahren festgestellt – bis hin zum Tod (s. u.).

b. Ignorieren von existenten wissenschaftlichen Befunden über identifizierbare Gefahren …

"Wenn eine überwältigende Anzahl wissenschaftlicher Studien eins belegen, dann ist es die Tatsache, dass diese Nahrungsmittel im Grunde niemals hätten zugelassen werden dürfen!" (The Ecologist, May 2004 „Percy Schmeiser „)

„Über die viel zitierten „bestgetesteten Nahrungsmittel der Welt" gibt es weltweit keine einzige veröffentlichte Langzeitstudie über gesundheitliche Auswirkungen auf Mensch und Tier" (*K. Faissner in seiner Einleitung in „Gefahr Gentechnik", S. 13*).

All das macht es zu einer Anti-Vorsorge „Abschätzen der Sicherheit, vorgesehen für eine beschleunigte Zulassung von Produkten auf Kosten von Überlegungen zur Sicherheit." (*ISP-Studie S. 8*). Lt. dem Gremium gibt es einige definitive Experimente, die auch genau aufgelistet wurden, und die über die Sicherheit von G'VO-Lebensmitteln informieren würden. „Sie sind scheinbar bisher absichtlich vermieden worden!" (*S. 16*). „GM-Pflanzen sind inakzeptabel, da sie keineswegs sicher sind. Es zielt stärker auf eine beschleunigte Zulassung als auf eine seriöse Sicherheits-Abschätzung. Trotz des Mangels an Sicherheits-Prüfungen von GM-Lebensmitteln, geben die bereits erhältlichen Befunde über die Sicherheit des transgenen Prozesses selbst Grund zu Sorgen, denen man sich nicht zuwendet." (*S. 16).*

Kurzüberblick über eine Reihe von bisherigen Untersuchungsergebnissen:

- Fütterung von genmanipuliertem Mais an Ratten: 90 Tage später (!!!!!!): Veränderungen des Blutbildes, starke Erhöhung des Blutzuckers, Entzündungen und Schrumpfungen der Nieren (*Prof. Gilles-Eric Séralini, Universität Caen, Frankreich)*

- Fütterung von genmanipulierten Kartoffeln an junge Ratten: Schrumpfung der Organe, Schädigung des Immunsystems (*Forscher Arpad Pusztai vom schottischen Rowett-*

Institut) „Pusztais Experimente sind inzwischen von 23 voneinander unabhängigen Forschern und Instituten wiederholt – und bestätigt worden. Ergebnis: Der Verzehr gentechnisch veränderter Nahrungsmittel kann krebserregende Auswirkungen haben."

(„Initiative zum Verbot genmanipulierter Nahrung", www.netlink.de/gen/home.htm, Seite 3/4)

- Menschliche Zellen mit dem Monsanto-Unkrautvernichter „Roundup" behandelt: Feststellung schädlicher Einflüsse durch Pflanzengift – Beeinträchtigung der Sexualhormone nicht auszuschließen, die zu Fortpflanzungsstörungen und Probleme während Schwangerschaften führen. (*Prof. Gilles-Eric Séralini, Universität v. Caen, Frankreich; in: www.zdf.de 25.8.04"Zu Grunde manipuliert oder optimiert? Experten streiten über Nutzen und Schaden von Genfood"*

- Fütterung von BT-Mais an 60 Kühe – nach 3 Jahren alle krank geworden, klebriger Durchfall, viele starben. Innere Organe entzündet, Calciumwerte im Blut sanken gegen Null, Euter nach außen durchgebrochen, missgebildete Kälber geboren. (*Fall Gottfried Glöckner)*

- Unfruchtbarkeit bei Schweinen, krebsähnliche Veränderungen bei Mäusen, (*Engdahl, Pascalstudie von Paris, 28.1.05, www.proleben.at)*

- Genmanipulierte DNA können auf Bakterien im menschlichen Darm übertragen werden

- Hühner haben eine doppelte Sterblichkeitsrate (*Zeitfragen Nr. 22. 04. von F. W. Engdahl)*

- Pollen von gentechnisch verändertem BT-Mais riefen bei philippinischen Bauern und Bäuerinnen, in dessen Umgebung des Dorfes der Mais angebaut wurde, massive Darm- und Atemwegserkrankungen hervor. Der *norwegische Wissenschaftler Terje Traavic, Direktor des norwegischen „Instituts für Gen-Ökologie"* stellte fest, dass die Krankheit der Bauern und Bäuerinnen eine Immunreaktion auf den Bt-Mais sei. (*„Gen-Pflanzen: Gefahr für Mensch und Umwelt?" PM-Magazin 11 / 2004 S. 13)*

- Erstmals haben Wissenschaftler Gentechnik-Spuren in Kuhmilch nachgewiesen. Bisher galt, dass Gentechtierfutter in Nahrungsmitteln nicht mehr nachweisbar ist – was hiermit nun widerlegt wurde. Die Studie wurde allerdings 3 Jahre unter Verschluss gehalten! *(Weihenstephaner Forschungszentrum für Milch und Lebensmittel Bayern, www.diemucha.at, 23.06.04 : Topstory: Augen auf! Gentech raus!)*

- Fütterungsversuche an Ratten mit genmanipuliertem Mais, der ein Insektengift produziert: Die Tiere wiesen Gesundheitsschäden auf. Die Dokumente über diesen Versuch hatte Monsanto geheim gehalten und wurde von Greenpeace – mit Erfolg – gerichtlich herausgeklagt. (*Brisante Experimente, 22.6.05, www.greenpeace.at)*

- Studie an Mäusen weist Übergang von DNA aus der Nahrung auf den Organismus nach und damit mögliche Wirkungen auf das Immunsystem *(Studie des Shaare Zedek Medical Centers Jerusalem, Gastroenterology 2004, Volume 126 – 2).*

- Bruchstücke von Nahrungs-DNA (GVO-Soja und Mais) werden in die Lymphgefäße und von dort in die Blutbahn und in einzelne Organe von z. B. Mäusen, Kühen, Hühner und Schweinen aufgenommen. „Selbst in der Milch und im rohen Schweinefleisch konnten Spuren von Nahrungs-DNA nachgewiesen werden. Bei Nematoden konnte gezeigt werden, dass Nahrungs-DNA in der Lage ist, Gene stillzulegen. .. Diese Befunde weisen darauf hin, dass in der Risikoabschätzung von GVO der bisherige Fokus auf gesundheitliche Wirkungen durch Proteine möglicherweise zu eng gefasst war. ... Die Datenlage zur Abschätzung der Lebensmittelsicherheit ist sowohl für die gentechnisch veränderte Roundup-Ready-Sojabohne als auch für gentechnisch veränderten Bt-Mais unzureichend."*(Werner Müller, Gentechnikexperte der österreichischen Umweltorganisation Global 2000 in: „Erkenntnisreiche Mäusefütterung?", Birgitte Zarzer, 12.10.04, www.telepolis.de)*

- „Unabhängige Wissenschaftler weisen in Tierversuchen immer wieder Missbildungen von Nieren, Leber oder Blutbild durch Gen-Pflanzen nach." (*Umweltnachrichten 100 / 2004 S. 23)*

- 40 %ige Zunahme ernährungsbedingter Erkrankungen seit der Einführung von Genpflanzen in den USA (*Umweltnachrichten 100 / 2004 S. 23)*, das ist ein 2- 10-facher Anstieg zu vorher. *(ISIS Report 3.November 2001: „Nahrungsbedingte Erkrankungen in den USA zwei- bis zehnfach gestiegen")*

- „Wir verdächtigen die Belastung durch Pestizide als Beitrag zu dem alarmierenden Anstieg von Allergien und anderen Krankheiten" (*British Society for Allergy, Environmental und Nutritional Medicine, „Plädoyer für eine gentechnikfreie zukunftsfähige Welt", ISP 15.06.2003, S. 25)*

- Eindringen von transgener DNA in das Genom von Säugetierzellen, was die Möglichkeit des auslösen von Krebs erhöht. Die Möglichkeit kann nicht ausgeschlossen werden, dass das Füttern von GVO-Produkten wie Mais an Tiere auch Risiken befördert .. auch für die Menschen, die Tierprodukte konsumieren. (*ISP „Plädoyer für eine gentechnikfreie zukunftsfähige Welt" ISP 15.06.2003 Seite 3 / 4)*

- Gentechnologische Produkte sind potentiell gefährlicher als traditionelle Nahrungsmittel: Durch die Gentechnik können gefährliche neue Allergene und Toxine in Nahrungsmittel eingeführt werden. Bakterien, die gentechnisch verändert wurden, um große Mengen des Nahrungsmittelzusatzes Tryptophan herzustellen, haben toxische Verunreinigungen produziert, durch die 37 Menschen ums Leben kamen und 1500 bleibend gelähmt wurden (aus: „Genmanipulierte Nahrung – eine ernste Bedrohung der Gesundheit", Seite 4, *www.netlink.de/gen /fagund.html).*

- „Es besteht eine Fülle von veröffentlichten wissenschaftlichen Studien, die zeigen, dass der massive Anstieg des Gebrauchs von Glyphosat " (genutztes Hauptpestizid beim Einsatz der Gentechnik) „ in Verbindung mit GM-Pflanzen eine signifikante Bedrohung für die Gesundheit von Mensch und Tier sowie der Umwelt darstellt." (*ISP – Plädoyer für eine gentechnikfreie zukunftsfähige Welt, 15.06.2003 S. 11)*

- Die Forscher am York Lebensmittel-Labor fanden heraus, dass Lebensmittelallergien in Zusammenhang mit Soja im letzten Jahr um 50 % zugenommen haben. Die Studie – durchgeführt von Europas führenden Spezialisten in Sachen Lebensmittel-Verträglichkeit – hat gezeigt, dass Gesundheitsbeschwerden durch Soja – dem Bestandteil, der am meisten mit genmanipulierter Nahrung assoziiert wird – innerhalb des letzten Jahres von 10 je 100 Patienten auf 15 je 100 Patienten zugenommen haben. „ Das liefert einen echten Beweis dafür, dass genmanipulierte Nahrung einen greifbaren, schädlichen Einfluss auf den menschlichen Körper haben könnte." *(„Soja-Allergien sind im letzten Jahr dramatisch angestiegen.", www.netlink.de/gen/Zeitung/1999/990312b.htm)*

- In den USA hat die Rückholung von genverseuchten Ernteprodukten einen Verursacher über eine Milliarde US-Dollar gekostet! Dass wäre nie bezahlt worden, würden GVOs unschädlich und harmlos sein!

„Bis heute sind die langfristigen Risiken gentechnisch veränderter Nahrungsmittel unbekannt. Die wirtschaftlichen Interessen einiger weniger Konzerne dürfen nicht über die Gesundheit von Millionen Verbrauchern gestellt werden." (*Philipp Mimkes von der Coordination gegen Bayer-Gefahren in einer Presseerklärung vom 11.02.04 „Großbritannien: Erneuter Rückschlag für Gentech-Programm von Bayer CropScience",* www.cbgnetwork.org*)*

„Aufgrund der erheblichen Wissenslücken über die gesundheitlichen, ökologischen und ökonomischen Folgen ist eine Genehmigung für kommerzielle Freisetzungen mit HR-resistenten Pflanzen nicht vertretbar. *(„Transgene Pflanzen im Freiland: Situation in Europa und Forderungen des Umweltinstitutes München e. V."* www.umweltinstitut.org*, Petra C. Fleissner, Umweltnach-richten 82 / 1998*).

Das alles sind Belege für bisher unentdeckte Risiken von GVOs. „Immer mehr wissenschaftliche Untersuchungen würden nahe legen, dass DNA aus der Nahrung Auswirkungen auf den menschlichen Organismus haben kann:

Im Sinne einer maximalen Vorsorge müssen diese Zusammenhänge vor einer Zulassung geklärt sein. Beim derzeitigen Wissenstand GVO kontinuierlich zuzulassen widerspricht einem verantwortungsvollen Umgang mit einer neuen, in vielen Bereichen noch unbekannten Technologie!" (www.telepolis.de *„Erkenntnisreiche Mäusefütterung?",. B. Zarzer, 12.10.04)*

a) „... zur Verbesserung aller Aspekte der Umwelt- und Arbeitshygiene“

Durch den nachweislich deutlich erhöhten Pestizideinsatz mit Ausbringung der GVO wird sowohl die Umwelt massiv geschädigt, als auch der Landwirt vor Ort, der das ausbringen muss, in Folge auch das Grundwasser und die umliegenden Anwohner (*s. Punkt 4, Absatz 2 a und b, 5 / Kurzüberblick Untersuchungsergebnisse*).

b) „ .... zur Vorbeugung ... Berufs- und sonstiger Krankheiten“

Der Einsatz von Gentechnik in Kanada führt zu einer weiteren Intensivierung der Verwendung von Pestiziden und damit zu einer steigenden Bedrohung der Gesundheit für arbeitende Menschen.

Percy Schmeiser über die Situation der Farmer in Kanada:

"In Saskatchewan verbrauchen wir ein Drittel aller Chemikalien – Insektizide, Herbizide und Pestizide – die in Kanada eingesetzt werden, und wir haben die höchste Krebsrate. ... Ich habe keinen einzigen Nachbarn mehr, der keinen Krebs hatte, und nur einer von ihnen lebt noch. Ich selbst bin der einzige, der nicht krank geworden ist. Besonders alarmierend ist die Tatsache, dass man in Dörfern mit 400 oder 500 Einwohnern gar nicht so selten Kinder findet Babys unter einem Jahr – die schon an Krebs leiden, und es ist nicht ungewöhnlich, dass es in einem einzigen Dorf vier oder fünf solcher Baby gibt." (J. M Smith: „Trojanische Saaten")

Die bisher bekannten gesundheitlichen Risiken (Zunahme Allergien, Rindertod, Veränderungen bei Ratten, Missbildung bei der Geburt von Tieren, Nachweise in den DNAs,) werden billigend in Kauf genommen anstatt sie mit einer entsprechenden Langzeitforschung auszuschließen, bisherige Erkenntnisse werden einfach ignoriert oder die Studien wissentlich unter Verschluss gehalten

Durch den erhöhten Pestizideinsatz steigen auch die Berufskrankheiten, wie folgendes Beispiel verdeutlicht:

„Breitspektrum-Herbizide sind hochgradig giftig für Menschen und andere Spezies:

Gluphosinat-Ammonium und Glyphosat werden bei herbizidtoleranten transgenen Pflanzen ausgebracht, die gegenwärtig für weltweit 75 % aller transgenen Pflanzen verantwortlich sind. Beide sind systemische metabolische Gifte, von denen befürchtet wird, eine große Fülle an schädlichen Effekten zuhaben, die sich auch bestätigt haben. ... Glyphosat ist der am häufigsten anzutreffende Grund von Beschwerden und Vergiftungen in Großbritannien. Über Störungen vieler Körperfunktionen wurde nach dem Ausbringen gewöhnlicher Mengen berichtet. Der Kontakt mit Glyphosat verdoppelt annähernd das Risiko von späten und spontanen Schwangerschaftsabbrüchen, und Anwendern .. werden Kinder mit erhöhten nervlichen Verhaltensdefekten geboren. ... Roundup (Wirkstoff Glyphosat) verursachte Dysfunktionen der Zellteilung, die mit dem Entstehen von menschlichen Krebsarten in Verbindung gebracht werden können. Die bekannten Effekte ... sind ernsthaft genug, um jeden weiteren Gebrauch der Herbizide einzustellen!" *(„Plädoyer für eine gentechnikfreie zukunftsfähige Welt", ISP, 15.06.2003, S. 3)*

6. Verletzungen des Rechts auf Freiheit von Wissenschaft und Forschung (Art. 15)

Absatz 3: „Die Vertragsstaaten verpflichten sich, die zu wissenschaftlicher Forschung und schöpferischer Tätigkeit unerlässliche Freiheit zu achten."

Die Freiheit der Forschung ist nicht mehr gegeben! 95 % der WissenschaftlerInnen im Bereich der Gentechnik arbeiten für die Industrie. WissenschaftlerInnen, die im Bereich der Gentechnik forschen und „unliebsame Ergebnisse" veröffentlichen, werden abgestraft: Verlust der Anstellung und Forschungsmittelentzug sind die Folge. *(„Ein Film fürs Leben", Bertram Verhaag in : „Gefahr Gentechnik", Seite 183 – 186)*

„Für die weite Verbreitung der transgenen Pflanzen gibt es verschiedene Gründe. Eine umfassende Recherche zeigte, dass Manipulationen der Biotech-Industrie und deren enge Zusammenarbeit mit der Politik eine entscheidende Rolle für die zunehmende Anwendung der neuen Technologie in den USA spielen. So werden beispielsweise für gentechnisch veränderte Lebensmittel keine zusätzlichen Sicherheitstests verlangt, und eine Kennzeichnung ist ebenfalls nicht vorhanden. Hinzu kommt, dass kaum kritische Berichte veröffentlicht werden. Von Seiten der Industrie wird alles getan, um negative Einflussnahmen zu verhindern." (*„Der Gentech-Boom in den USA" Bauernzeitung der 49. Woche 2005*)

„Hier werden skrupellos Risiken kleingeredet, Forschungsergebnisse frisiert, Kritiker bedroht, Beweismittel gestohlen und Skeptiker zum Schweigen gebracht." Es wird gezeigt, „dass es der Einfluss der Industrie und nicht etwa zuverlässige wissenschaftliche Untersuchungen waren, die diesen Nahrungsmitteln den Markt geöffnet haben. ... Genauso atemberaubend wie die gewaltigen Pläne der Industrie sind ihre Manöver zur Verzerrung und Verschleierung über die Wahrheit."*(I M.Smith: „Trojanische Saaten")*

„Fast alle transgenen Pflanzen werden in den USA zugelassen. Dort erfolgen die Sicherheitsprüfungen jedoch lediglich auf der Grundlage „freiwilliger Konsultationen“ mit den Gentechnik-Konzernen. Diese entscheiden selbst, welche Daten sie den Behörden zukommen lassen. Im Endeffekt lassen sie sich ihre Produkte selber zu. ... Dieser skandalöse Zustand wird durch die Infiltrierung der Zulassungsbehörden durch die MitarbeiterInnen der Genindustrie noch verschärft. ...“ (*Gen-Pflanzen erfüllen Erwartungen nicht“, Andreas Bauer, Umweltnachrichten 100 / 2004*).

Wie wichtig aber die Unabhängigkeit der WissenschaftlerInnen ist zeigt nicht zuletzt die Diskussion um Interessenskonflikte in der Forschung. „Es gibt eine Geschichte der Fehlrepräsentation und Unterdrückung von wissenschaftlichen Beweisen ... Vielen Experimenten wurde nicht nachgegangen ... “ (*ISP „Plädoyer für eine gentechnikfreie zukunftsfähige Welt, 15.6.2003, S. 9.)*

Im Fall des Kuhsterbens beim ersten Versuchsgenbauern in Deutschland, Gottfried Glöckner wurden die eingeschickten Befunde gar nicht erst untersucht, sondern verschwanden, um keine nachteiligen Ergebnisse aufkommen zu lassen.

Bei Medikamenten wird 7 – 10 Jahre geforscht, bis sie zugelassen werden. Wie lang müsste dann ein Sicherheitstest erst für Lebensmittel sein, die als Nahrung für 450 Millionen Bürger gelten? Es gibt keine Umkehrung mehr! Einmal genverseucht ist immer genverseucht!

„Ebenso unglaublich wie das Fehlen von Langzeittests ist die Tatsache, dass bisher so gut wie alle Untersuchungen für die Zulassung von gentechnisch veränderten Pflanzen von den Antragstellern selbst durchgeführt wurden. ... Die Versuche stammen von den Gentechnikunternehmen ...oder von Firmen, die von den Konzernen beauftragt wurden. Von einer unabhängigen Prüfung kann somit keine Rede sein. ... Eine unabhängige Risikoforschung, die nicht von den Firmen selbst durchgeführt wird, gibt es fast gar nicht. Die wenigen Wissenschaftler, die sich diesem Thema zugewandt haben und die Effekte gefunden haben, die ein Gesundheitsrisiko nahe legen oder vermuten lassen, haben bald nach der Veröffentlichung der Daten ihren Job verloren." *(„Ausgeblendete Risiken", W. Müller und A. Velimirov in: „Gefahr Gentechnik", S. 237 / 239).*

Bereits 1998 enthüllte ein US-Anwalt interne Akten, aus denen hervorging, dass die amerikanische Regierung die Welt über Gesundheitsrisiken der GVO-Nahrung täuscht. Eine Veröffentlichung der Akten der amerikanischen Zulassungsbehörde für Lebensmittel und Medikamente (FDA) deckte auf, wie die Warnungen von FDA-Wissenschaftlern verheimlicht und Fakten falsch dargestellt wurden, um der Biotech-Industrie zu nützen. Wie aus den Akten ersichtlich wurde hat die FDA die Welt fast ein Jahrzehnt über die Risiken gentechnisch veränderter (gtv.) Lebensmittel getäuscht. Die FDA gab daraufhin zu, unter der Direktive zu arbeiten, die US-Biotech-Industrie zu fördern. Schriftliche Mitteilungen vieler FDA-Experten weisen ausdrücklich darauf hin, dass Laboruntersuchungen erhebliche Gesundheitsrisiken aufzeigten. Folglich warnten sie, ein gentechnisch erzeugtes Lebensmittel könne nicht als unbedenklich angesehen werden ... Die FDA ignorierte diese Aussagen jedoch und stellte die Richtlinie auf, gentechnisch veränderte Lebensmittel seien so unbedenklich wie konventionelle und erforderten daher keine Sicherheitsuntersuchungen. Die FDA verheimlichte die Aussagen ihrer eigenen Experten und behauptete, es gebe keinerlei Hinweise, dass gtv. Lebensmittel sich von anderen unterschieden! *(„US-Anwalt enthüllt: Amerikanische Regierung täuscht die Welt über Gesundheitsrisiken von Gentech-Nahrung", www.netlink.de/gen/druker.htm)*

Schöpferische Tätigkeit ist auch nicht mehr möglich für die LandwirtInnen, da durch die Patente keine eigenen Sortezüchtungen mehr erlaubt sind. Reduzierung sämtlicher Gemüsesorten auf einige wenige vorgeschriebene (z. B. Reispatent – in Indien werden (unrechtmäßig) auf Saatenbanken jetzt schon wieder über 200 Reissorten nachgezüchtet und angebaut ... was Monsanto zu verhindern versucht ... - die Bauern / Bäuerinnen werden abhängig gemacht von einigen wenigen Sorten, die für den Boden vor Ort gar nicht geeignet sind, dafür müssen sie dann hohe Lizenzgebühren zahlen... – Leibeigenschaft – Existenzbedrohung – kollektiver Selbstmord). Die LandwirtInnen werden zu Leibeigenen und Handlangern der Gentechnikkonzerne.

7. Maßnahmen zur Gewährleistung der Rechte von LandwirtInnen und VerbraucherInnen

- Endgültiges Verbot der Zulassung von Gentech-Weizen
- Entschädigung für die organischen Landwirte für die entstandenen Verluste durch die Entwicklung und Vermarktung von genmanipuliertem Raps
- Volle Verantwortung der Firmen für alle Konsequenzen
- Objektive und konzernunabhängige Kontrollen aller Lebensmittel auf GVO
- Verbot jeden Einsatzes von Gentechnik in Futter- und Nahrungsmitteln, bis durch ausführliche Langzeittests das Gefährdungspotential geklärt ist.
- Genaue Erforschung der bekannten gesundheitlichen Schädigungen und Risiken
- Langzeitforschung von wirklich unabhängigen Wissenschaftlern
- Verbot der Gentechnik in Landwirtschaft und Nahrungsmittelproduktion in Kanada
- Verbot des Importes von Genprodukten

- Kennzeichnungspflichtig für alle Genprodukte, auch für Tierprodukte aus Fütterung mit GVO.

- Einführung einer Haftung durch die Konzerne für alle Schäden bei Umkehr der Beweislast

- Besetzungen der Kommissionen mit Vertretern der NGOs, Nachweis der MitgliederInnen, unabhängig und nicht in Kontakt mit der Industrie zu sein

- Transparenz der Entscheidungen!

- Schutz und Gewährleistung der Interessen von LandwirtInnen und VerbraucherInnen an einer nachhaltigen Landwirtschaft und Nahrungsmittelversorgung gegenüber den Interessen von Gentechniklobbyorganisationen und –unternehmen.

- Änderung der Patentgesetze zugunsten der Rechte von Farmern

- Durchsetzung bestehender Gesetze zum Schutz der Farmer - Sicherstellung durch ausreichende Sicherheitskräfte und entsprechend funktionierende Gerichtsbarkeit, dass die Rechte der Landwirte ohne jegliche Ausnahmen gewahrt bleiben. Gesetzübertretungen (Diebstahl, Erpressung, Hausfriedensbruch, etc.) müssen umgehend und drastisch geahndet werden, um eine weitere Bedrohung der Bauern zu verhindern!

Zusammengefasst wird deutlich, das die Regierung von Kanada sowohl der Einhaltung ihrer nationalen Gesetze und der Verfassung, als auch auf internationaler Ebene seinen aufgelegten Verpflichtungen nicht nachkommt. Für das kanadische Volk bedeutet das eine existentielle und irreversible Bedrohung ihrer Ernährungssicherheit. Die Existenz vieler steht auf dem Spiel und wird durch Nicht-Einschreiten der Regierung der Vernichtung preisgegeben.

Wir fordern die kanadische Regierung deshalb auf ein Ansteigen der Arbeitslosigkeit und einen Abfall seiner Bevölkerung in Armut zu verhindern, den Zugang zu gesunder Nahrung, die Ernährungssicherheit nachhaltig sicherzustellen!

Wir bitten den Ausschuss deutlich seine Besorgnis zum Ausdruck zu bringen und dringend darauf hinzuwirken, dass die Menschenrechtsverletzungen für LandwirtInnen und VerbraucherInnen in Kanada abgestellt und die Einhaltung durch eine nachhaltige Gesetzgebung und die aufgezeigten Handlungsmöglichkeiten langfristig gesichert werden.

Reaktion des UN-Ausschusses:

Keine direkt, weil über 40 Gruppierungen allein gegen Kanada über Menschenrechtsverletzungen berichtet haben, und der Ausschuss dieses Pensum nicht komplett durcharbeiten konnte. Bei keiner anderen Anhörung hab ich jemals so viele Gruppen gegen ein Land berichten hören. Und das bei einem zivilisierten reichen Land wie Kanada!

Der Durchbruch: Indien März 2008 mit Vandana Shiva

Parallelbericht zum 2., 3., 4. und 5. Staatenbericht von Indien über die Umsetzung des Internationalen Paktes über wirtschaftliche, soziale und kulturelle Rechte

Soziale Menschenrechte in Indien

Menschenrechtsverletzungen - das Recht auf Nahrung – bei indischen Landwirten

vorgelegt durch: Navdanya, A-60, Hauz Khas, New Delhi

Kontakt:
Dr. Vandana Shiva und Dr. Vinod Kumar Bhatt
A-60, Hauz Khas, New Delhi
105, Rajpur Road, Dehraun.
vshiva@vsnl.com, navdanya@sancharnet.in

20. März 2008

Die in diesem Bericht vorgelegte Information konzentriert sich auf die Folgen einer sehr bedenklichen globalen Entwicklung, die in Indien bis heute bereits zu über 200.000 Bauernnselbstmorden geführt hat. Sie verletzt massiv die wirtschaftlichen, sozialen und kulturellen Menschenrechte von indischen Landwirten.

Vor allem Indien ist eins von den von dieser Entwicklung am meisten betroffenen Ländern weltweit. Das Land ist der 4. größte Produzent von genetisch veränderten Produkten, der großflächigen Kultivierung von Gen-Baumwolle.

Indien ist ein Land, das in den vergangenen Jahren große Entwicklungsschritte gemacht hat. Trotzdem hat die Landwirtschaft einen ernstzunehmenden Rückschlag erlitten.

Die Einführung der Gentechnik, vor allem BT-Baumwolle – hat eine drastische Steigerung vieler negativer Folgen für die Armen und die Menschen in der Landwirtschaft mit sich gebracht. Wachsende Exportraten und eine große Zunahme von Großkonzernen, die in Indien investieren, haben ebenfalls zu einer Zunahme von Armut und Abhängigkeit der Landwirte von Unterstützung der Saatgutkonzerne geführt.

Wir sind sehr besorgt über diese Entwicklung , die durch weitere geplante Schritte der Regierung, Gentechnik im großen Stil einzuführen und gleichzeitig die Biosafety-Konvention zu missachten, weiter zunehmen wird.

Als eine Konsequenz dieser Entwicklung der GMO`s werden die Rechte des Volkes auf Selbstbestimmung, das Recht auf Nahrung, das Recht auf Gesundheit und das Recht auf Schutz der Kinder in Indien bereits schon jetzt massiv verletzt.

Eine weitere Folge dieser Entwicklung sind die Selbstmorde von mehr als zweihundert-tausend Landwirten, weil sie keinen anderen Weg aus ihrer steigenden Verschuldung und ihrer Situation mehr sehen.

Deshalb fordern wir die indische Regierung auf:

- Die Einführung der Gentechnik in Lebensmittelproduktion und Landwirtschaft in Indien gesetzlich zu verbieten
- Schadensersatz zu leisten für die wirtschaftlichen Verluste der Landwirte, die bisher BT-Baumwolle angebaut haben und Missernten hatten

- Den Zugang zu Nahrungsmitteln auch für die ärmsten Menschen durch Sofortmaßnahmen sicherzustellen

- Kinderarbeit in der Produktion von BT-Baumwolle zu verbieten

Wir bitten das Komitee für wirtschaftliche, soziale und kulturelle Rechte seine Besorgnis über die Verletzungen der wirtschaftlichen, sozialen und kulturellen Rechte, die durch die Verwendung von BT-Baumwolle und die geplante Zunahme von Gen-Freilandversuchen in Indien verursacht werden, auszudrücken und Empfehlungen an die indische Regierung auszusprechen, wie diese Verletzungen beendet werden können.

Dr. Vandana Shiva

Inhaltverzeichnis:

1) Einleitung:

Die folgenden Texte verschiedenster internationaler Veröffentlichungen geben einen ersten Überblick über akute Menschenrechtsverletzungen in Indien:

Jean Ziegler schreibt in seinem Bericht über die Situation des Rechts auf Nahrung in Indien vom Sommer 2005: "Er ist besorgt, das Indien immer noch die höchste Anzahl von andauernd und chronisch unterernährten Menschen weltweit hat, und das Hunger und Unterernährung seit der zweiten Hälfte der Neunziger Jahre gestiegen sind" (Bericht S. 18).

Der momentane Stand der Unternährung ist wie folgt:

Untergewichtige Kinder unter 5 Jahren 43 %

Untergewichtige Kinder unter 5 Jahren 55 Millionen

Unterernährte unter 5 Jahren 47 %

(in Entwicklungsländern liegt der Stand bei 35 %)

Unterernährte unter 5 Jahren: 60 Millionen

Tod von Neugeborenen (1 – 28 Tage alt – weltweit 4 Millionen) 1 Million

Untergewichtig geboren (weniger als 2,5 kg – weltweit 19 Millionen) 8,3 Millionen

Anämische Kinder unter 3 Jahren 75 %

Indiens Bevölkerung mit Unsicherheit in der Nahrungsmittelversorgung 35 %

2006 – mehr als 200.000 Landwirte zum Selbstmord gezwungen ... und täglich werden es mehr ...

"Bauern-Selbstmorde in Indien:" Es wäre humaner, das Land zu bombardieren"

„Man gab ihnen genmanipulierte Saat und versprach ihnen reiche Ernten – nun verderben die Felder, und die Farmer schlucken die Pestizide selber" (SZ 4. / 5. Nov. 2006 S. 3)

Gourmet-Report 11.12.2007:
Gentech-Baumwolle treibt indische Bauern in den Tod
Gentech-Baumwolle hat den indischen Kleinbauern nicht das gebracht, was sie sich ursprünglich erhofft hatten. Das Hochleistungssaatgut hatte die Schädlinge nur wenige Jahre ferngehalten. Nach drei bis fünf Jahren begann der Ertrag erneut zu sinken, weil die Schädlinge gegen die Chemiegifte resistent geworden waren. Schließlich rieten die Chemieunternehmen zu noch mehr Einsatz.

Damit hat ein tödlicher Kreislauf begonnen, der darin endet, dass sich in den vergangenen Jahren zehntausende Bauern das Leben nahmen, weil sie die Schuldenlast nicht mehr ertragen konnten.

"**Monsanto BT- Baumwolle – Gentechnik und der Tod**" (www.finanso.de/blog/ monsanto-bt-contton-gentechnik-und-der-tod/): 521 Bauern haben sich in diesem Jahr schon umgebracht in Vidabha (ein Bundesland Indiens) vergangenes Jahr waren es über 1.200. Fast alle benutzten Pestizide, einige zündeten sich an.....über 6000 Farmer haben sich bereits in Vidarbha umgebracht, mehr als zwei Millionen Bauern sind verschuldet"

„Wie ... das Beispiel Indien zeigt, schafft die Agro-Gentechnik-Industrie keine Arbeitsplätze sondern vernichtet sie und schafft im Gegenteil soziale Misere. Nur wenige Mitarbeiter von Monsanto & Co sind in der Lage Landwirte auf der ganzen Erde zu tyrannisieren ... Die weit verbreitete Kultivierung einer genetisch veränderten Baumwollart – patentiert von Monsanto – hat weit verbreitete Missernten verursacht, welche tausende von indischen Baumwollbauern in Armut getrieben hat. Seit Monsantos Gen-Baumwolle eingeführt wurde haben viele Tausende von bankrotten Landwirten Selbstmord gemacht" (Science Review Letter 5 Nr. 64 15.11.2006)

‚"Die Gentech-Baumwolle hat sich für Millionen von Bauern als ruinöses Abenteuer erwiesen und Tausende wegen Überschuldung in den Selbstmord getrieben." („Gentechnik in Indien" Nachrichten 17.42007)

„Allein in Andrah Pradesh (ein weiteres Bundesland Indiens) nahmen sich im vergangenen Jahr mehr als 2.000 Menschen das Leben ...10. – 12.000 Familien stehen vor dem Nichts..." („Asiatischer Dämpfer für grüne Gentechnologen, 10.7.05)

„Heute sind die meisten Bauernselbstmorde genau in den Gebieten, in denen Monsantos Saatgut verbreitet ist.“ (Vandana Shiva, Times of India, www.lobbywatch.org Nr. 45 18.6.2007)

Diese weltweit agierenden Großkonzerne werden durch die US-Regierung unterstützt und stellen ihren Profit über die Gesundheit und das Wohlbefinden der Menschheit. „Beherrsche die Nahrung und Du beherrscht die Menschen“ ist ein Ausspruch Henry Kissingers.. Regierungen arbeiten nicht mehr in erster Linie für ihr Volk, sondern immer mehr für einige wenige multinationale Agrarkonzerne, die die weltweite Kontrolle der Nahrungsmittel anstreben

Diese Entwicklung endete bereits in vielen Tausenden von Menschenrechtsverletzungen in den Bereichen von Nahrung, Gesundheit, Selbstbestimmung und Arbeit in Indien - was bis hin zur Existenzvernichtung und zu einer Selbstmordrate von über Hunderttausend Landwirten (diese Zahl wurde vom Agrarminister im Mai 2006 präsentiert) geführt hat.

Wir hoffen sehr, dass das Komitee für wirtschaftliche, soziale und kulturelle Rechte fähig und willens ist weitere Suizide und Hunger sofort zu stoppen und die Rechte der Menschen durchzusetzen hilft, welche im Internationalen Pakt für wirtschaftliche, kulturelle und soziale rechte geschrieben stehen..

2) Situation in Indien – Gründe für die Menschenrechtsverletzungen:

Wie viele Menschen sind in Indien betroffen?

In Indien arbeiten über 59 % der über eine Milliarde Einwohner in der Landwirtschaft – ein wichtiger Sektor der indischen Wirtschaft. Mehr als jeder 2. Inder ist in der Produktion von Nahrungsmitteln oder Baumwolle tätig.

Indien ist das 7. größte Land der Erde und hat über eine Milliarde Einwohner – so ist es nach China das Land mit den meisten Einwohner weltweit.

Der Landwirtschaftssektor ist mit 59,4 % der größte Beschäftigungssektor in Indien. Der Agrarmarkt trägt mit über 21 % zur Finanzierung des indischen Haushaltes bei. Der größte Exportanteil sind landwirtschaftliche Produkte, vor allem Baumwolle, Weizen und Reis. Indien ist der 2. –größte Produzent von Weizen und Reis in der Welt.

Der oberste Richter das Uttar Pradesh Gerichtes sagte ... zum Recht auf Nahrung: ***„in einem Land, das voll ist mit Nahrungsmitteln ist jedes Kind, jede Frau und jeder Mann, der an Hunger stirbt, ermordet.“*** (Bericht von Jean Ziegler über das Recht auf Nahrung in Indien, Sommer 2005, s. 16)

Gründe für die die Menschenrechtsverletzungen in Indien:

„Die indische Landwirtschaft erlebt eine Übernahme durch Großkonzerne. Das heißt: Bauern verlieren ihr Jahrtausende altes Wissen und die Fertigkeit, mit der Erde und der Pflanzenvielfalt umzugehen. Wir erleben hier in Indien eine der größten menschlichen Tragödien. ... „(Deutsche Welle „Grüne Gentechnik – Fluch oder Segen? Teil 5: Indien, Jan. 2005).

„Die totale Synchronisierung der internationalen Landwirtschaft ist das Ziel der beiden Großen in diesem Geschäft, von Pioneer und Monsanto, die nach dem Aufkauf der wichtigsten Konkurrenten als die beiden einzigen Global Player in dem Gewerbe gelten dürfen. Die beiden Konzerne haben den Markt regelrecht aufgeteilt. ... Mittlerweile neunzig Prozent des weltweit verkauften gentechnisch veränderten manipulierten Saatgutes werden von Monsanto produziert und verkauft. Das zweite Standbein von Monsanto ist die Anmeldung von Patenten, vor allem auf Grundnahrungsmittel, die seit langer Zeit auf der Erde angebaut werden. Dieser Vorgang wird als Biopiraterie bezeichnet." (We feed the world S. 39) ....

„Die Weltmarktführer in der Saatgutbranche, Pioneer Hi-Bred und Monsanto, haben in den letzten Jahren viele Menschen um ihre materielle wie physische Existenz gebracht. „(We feed the world S.-52)

Ende März 2002 wurde der Anbau gentechnisch veränderter BT-Baumwolle von der indischen Zulassungsbehörde GEAC zugelassen. In Indien wachsen 25 % der jährlich weltweit produzierten Baumwolle. Indien hat mit über 8 Mio. Hektar die größte Baumwollanbaufläche der Welt, ist aber nur drittgrößter Produzent nach den USA und China. (FAZ 7.11.2007 S. N1)

Knapp ein Drittel der indischen Landwirte baut Baumwolle an - ... Heute dient Indiens Agrarwirtschaft, von der immer noch zwei Drittel der rund 1,2 Mia. Inder leben, nicht mehr nur der Selbstversorgung. Längst geht es um Anteile auf dem Weltmarkt. (Deutsche Welle „Grüne Gentechnik – Fluch oder Segen" Teil 5, Indien. Jan. 2005)

Hersteller der transgenen Baumwolle in Indien ist das Unternehmen Mahyco, an dem der amerikanische Saatguthersteller Monsanto zu 26 % beteiligt ist. (Bio-scope.org 16.4.2002 „Transgene Baumwolle in Indien zugelassen").

„Mehr als 2 ½ Mio. Kleinbauern ... haben ... dieses Jahr gentechnisch veränderte Baumwolle angebaut – auf mehr als 5 Mio. Hektar Land. Das entspricht einer Vervierfachung in weniger als drei Jahren. Nirgendwo auf der Welt hat die grüne Gentechnik so schnell reißenden Absatz gefunden wie hier in Indien". (FAZ 7.11.2007 S. N 1).

„IDE-India (International Development Enterprise), eine Partner-Organisation des Hilfswerks Misereor, hat nun ihren Bericht „BT-Cotton in India: Two Years of Failure" vier Studien zum Anbau der gentechnisch veränderten Baumwolle ausgewertet. Demnach war die Ertragssituation bei der BT-Baumwolle deutlich schlechter. Die gentechnische Veränderung schützte nur eingeschränkt vor dem Baumwoll-Kapselbohrer und war außerdem unwirksam gegen andere Schädlinge wie Blattläuse. Ertrag und Qualität der gentechnisch veränderten Baumwolle waren deutlich geringer als bei herkömmlicher BaumwOlle, so dass viele Bauern am Ende der Saison große Verluste zu verzeichnen hatten.“ („Gen-Baumwolle in Indien kein Erfolg“ v. 12.5.2004, www.vistaverde.de/news /Wissenschaft)

Ein Interview mit der Inderin Vandana Shiva, Trägerin des alternativen Nobelpreises, verdeutlicht die Situation in Indien:

Agrarkonzerne bedrohen Existenz der Kleinbauern

In den letzten zehn Jahren haben in Indien 150 000 Kleinbauern Selbstmord begangen. Weshalb?

VANDANA SHIVA: Die Selbstmorde der Kleinbauern konzentrieren sich auf den Baumwollgürtel der Provinzen Karnataka, Adhra Pradesh, Vidharbha und Punjab. Der Hauptgrund ist die Einführung des genetisch veränderten Saatguts der BT Baumwolle durch den monopolistischen Agrokonzern Monsanto. Die Vertreter von Monsanto kauften dort alle Saatgutfirmen auf, so dass auf dem Markt nur noch das BT Baumwollsaatgut von Monsanto angeboten wurde. Zudem kauften die Mittelsmänner von Monsanto bei den Kleinbauern das herkömmliche regionale Baumwollsaatgut auf und vernichteten es.

Was hatte das für Folgen?

SHIVA: Das herkömmliche regionale Saatgut konnten die Kleinbauern längere Zeit nachbauen. Das gentechnische veränderte Saatgut von Monsanto kann man dagegen nicht nachbauen. Es muss jedes Jahr neu gekauft werden. Da das gentechnische veränderte BT Baumwollsaatgut zehn Mal teurer ist, als das herkömmliche, mussten und müssen die Kleinbauern Kredite aufnehmen. Um diese Kosten wieder zu erwirtschaften, müssen sie mehr produzieren und damit beginnt der Teufelskreis. Die Mehrproduktion bedingt den verstärkten Einsatz von Spritzmittel und Dünger. Die Folgen: Die Kleinbauern verschulden sich immer mehr, können ihre Kredite nicht mehr zurückzahlen und begehen Selbstmord. Außerdem stiegen dadurch und durch den Einstieg der großen Lebensmittelketten wie Wal-Mart und Reliance die Lebensmittelpreise. Diese Konzerne verdrängen und bedrohen 40 Millionen kleine Lebensmittelgeschäfte und Lebensmittelverkäufer in Indien.

Warum bringt die ökologische Landwirtschaft den Kleinbauern eine höhere Produktivität und ein höheres Einkommen als den Bauern, die auf denselben Flächen Monokulturen anbauen?

SHIVA: Die ursprüngliche ökologische Landwirtschaft basiert speziell in den tropischen Ländern auf dem Anbau von Mischkulturen. Zudem werden in einer gesunden Fruchtfolge vielfältige Getreide- und Gemüsesorten gepflanzt. Untersuchungen - zum Beispiel die von Professor Jules Pretty der Essex University - haben gezeigt, dass die Bauern in Ländern wie Indien, Kenia, Brasilien, Guatemala oder Honduras ihre Erträge verdoppelt oder verdreifacht haben, wenn sie wieder auf ökologische oder halbökologische Bewirtschaftung umgestellt haben. In der industrialisierten Landwirtschaft und auf den Monokulturen ist durch den verstärkten Einsatz von Dünger, Spritzmittel, Wasser, von fossilen Brennstoffen und Energie (Maschinen) und so weiter der Input an verwendeten Ressourcen höher als der produzierte Output.

Durch die industrialisierte Landwirtschaft wird zunehmend die Arten- und Rassenvielfalt der Tiere und der Kulturpflanzen zerstört. Welche Auswirkungen hat die Zerstörung dieser so genannten Biodiversität?

SHIVA: Bauern, die Monokulturen wie Soja oder Baumwolle anbauen, sind bei einer Dürre oder anderen Klimaeinbrüchen verwundbarer als Bauern, die im ökologischen Anbau eine Vielfalt von Getreide, Gemüse und Früchten anbauen. Zum einen sind die ursprünglichen regionalen Sorten der ökologisch wirtschaftenden Bauern den extremen Klimabedingungen besser gewachsen, als das von der Agrochemie stammende Saatgut auf den Monokulturen. Zum anderen überstehen beim vielfältigen Ökoanbau der Bauern immer einige der ausgesäten Kulturpflanzen die Dürre, während in der Monokultur alles kaputt ist. *(Südwestpresse 29.08.2007)*

3) Verletzungen des Rechts auf Nahrung und dem Recht frei von Hunger zu sein (Artikel 11)

Wie Jean Ziegler in seinem Bericht „Das Recht auf Nahrung – Mission in Indien“ vom Sommer 2005 über die Situation des Rechts auf Nahrung in Indien schreibt: „... es gibt Anzeichen, dass Hunger und Unsicherheit in der Nahrungsmittelversorgung seit der zweiten Hälfte der 1990iger gestiegen sind ...“ (S. 5) „25 % leben unter der nationalen Armutsgrenze und 80 % leben von weniger als 2 US-Dollar täglich ... es wird geschätzt, dass die ärmsten 30 % der Haushalte weniger als 1.700 Kilokalorien pro Tag essen (internationaler Mindeststandard; 2.100 Kilokalorien pro Tag), trotzdem sie 70 % ihres Einkommens für Nahrungsmittel ausgeben.

... es gibt auch Anzeichen für steigende Nahrungsmittelunsicherheit unter den Ärmsten ... die Hungrigen ... sind vor allem die ... die in ländlichen Gebieten leben und abhängig sind von der Landwirtschaft. Sie arbeiten als ... Landwirte auf weniger als ein Hektar Land ... „ (S. 6)

Dieses Recht ist für die meisten Landwirte in Indien nicht mehr gewährleistet. Die größte Gefahr dieses Recht zu sichern ist die Zerstörung des Lebensunterhaltes als eine Folge des Baumwollanbaus mit Gen-Baumwolle.

Gentechnologie wird von den Konzernen als "einziger Weg zur Ernährung der Menschheit" weltweit durchgesetzt. „Trends und Wirkungen der Gentechnologie hat indes ergeben, dass die Gentechnologie in der Landwirtschaft ein Garant für Mangelerscheinungen und damit für zunehmende Lebensmittelknappheit ist ... ‚Tatsächlich kann die Gentechnologie nur die verschiedenen Nahrungsmittel, die die Lebensmittelversorgung in den verschiedenen Lebensräumen sichern, verdrängen und zerstören." (*V. S. in „Gefahr Gentechnik" S. 218*)

Jean Ziegler in seinem Indien-Bericht über das Recht auf Nahrung:

Der Trend vorwärts zu einer mehr Export orientierten Wirtschaft hat einen Wechsel von existenzsicherndem Nahrungsmittelanbau zu kommerziellem Anbau mit sich gebracht, der die Kultivierung von Getreide, Hülsenfrüchten und Hirse für den Eigenversorgung eines Haushaltes reduzierte. Der kommerzielle Anbau von Nahrungsmitteln verlangt zunehmend den Einsatz von teuren Produktionsmitteln wie z. B. spezielles Saatgut und Dünger, was viele Landwirte schwer in Schulden gestürzt hat und damit die die Krise der Farmerselbstmorde zu erklären scheint (es wurde berichtet, dass Ende des Jahres 2004 schon 10.000 Fälle erreicht wurden). Es brachte also größeren Druck ... die Landlosen-Haushalten stiegen dadurch in den 1990iger Jahren auf 45 % der ländlichen Haushalte.

Zusammen mit fallenden Löhnen in der Landwirtschaft und steigenden Nahrungsmittelpreisen scheint dieser Trend zur steigenden Unsicherheit in der Nahrungsmittelproduktion unter den Ärmsten, besonders in den ländlichen Gegenden, beigetragen zu haben" (S. 8).

Eine weitere Ursache für die Gefährdung des Rechts ist die drohende Abhängigkeit der Bauern von den Gentechgroßkonzernen, die sie mit falschen Versprechungen locken:

“Monsanto hatte den Farmern damals erklärt, dass es größere Erträge gäbe, dass alles nahrhafter wäre und das man weniger Chemikalien benötigen würde!“ (*P. Schmeiser, canadian farmer, in „“Gefahr Gentechnik“ v. M. Grössler, S. 194)*

Percy Schmeiser, ein kanadischer Landwirt, über die Situation der Landwirte weltweit, nachdem sie Gen-Saat benutzt haben :

“Somit war alles, was man uns über den Einsatz von weniger Chemikalien gesagt hatte, falsch und erfunden gewesen. Der Ertrag ... ist heute bereits um 6,4 % gesunken ... und die Ernte von Sojabohnen ist um mindestens 15 Prozent gefallen. Weiter verschweigen die Gentechnikfirmen, dass die Qualität ungefähr um die Hälfte schlechter ist als bei Herkömmlichen. ... Wir haben damit nun also weniger Ertrag, mehr Chemikalieneinsatz, ein neues Super-Unkraut und eine wesentlich geringere Qualität.“ *(„Gefahr Gentechnik“ v. M. Grössler, S. 196)*

„Die Erlöse aus dem Baumwollverkauf deckten nur noch knapp die Kosten für die Spritzmittel. Das war zu wenig, um genug Nahrungsmittel für die Familie kaufen zu können. Die Landwirte begannen bei jenen Firmen Geld zu leihen, die ihnen die Chemie für den Baumwollanbau verkauften und die gleichzeitig die Preise für die Baumwolle diktierten, weil sie auch der einzige Abnehmer waren. Eine unabhängige Studie, die fünf Prozent der Ernten aller Kleinbauern in der ersten Anbausaison der Bt-Baumwolle auswertete, kam auf folgende Zahlen: Bei gleichbleibenden Pestizidkosten und bei dreimal höheren Kosten für die genmanipulierte Bt-Baumwolle belief sich der Nettogewinn bei Bt-Baumwolle auf 73,5 Dollar und bei gentechnikfreier Baumwolle auf 305 Dollar pro Hektar. “(*Gourmet Report 11.12.2007 – Gentech-Baumwolle treibt indische Bauern in den Tod“*)

Eine Langzeitstudie in Andhra Pradesh/ Indien hat ergeben, dass die Gentech-Bauern / -Bäuerinnen in den vergangenen drei Jahren im Schnitt sogar 60 % weniger verdient haben als diejenigen, die auf das herkömmliche Saatgut gesetzt haben. Die mehr als 10.000 betroffenen Kleinbauern/-Bäuerinnen stehen nach dem kompletten Ausfall ihrer Ernte vor dem *Nichts.(www.heise.de / Artikel „Asiatischer Dämpfer für grüne Gentechnologen" von Gerhard Klas vom 10.07.05*

" Es wurden im August 110 Selbstmorde bei Bauern in Vidarbha gezählt, die nicht mehr in der Lage waren selbst aus ihrer zunehmenden Armut herauszukommen oder ihre Schulden zurückzuzahlen. Vidarbha Jan Andolan Samiti berichtet, das sich seit Januar 2007 im Staat Maharashtra sich mehr als 800 Landwirte das Leben genommen haben. Seit Juni 2005 haben sich mehr als 5.000 Bauern in Indien umgebracht und damit ihre Frauen und Kinder in eine noch schlechtere finanzieller Situation gebracht als wenn sie am Leben geblieben wären.

"Vidarbha war einst eine Goldmine. Wir gaben der Welt die beste Soft-Baumwolle. Unsere Baumwolle war bei den Europäern beliebt, weil sie billig war und die Pullover, die aus unserer Baumwolle gemacht wurden, sie warm hielt" sagte Tiwari.

Tiware erklärte, dass während die Kosten für Gesundheit, Erziehung und Nahrungsmittel alle gestiegen sind, die Einkommen der Bauern in den Minusbereich sanken. Er zitierte einen Regierungsbericht, der aufzeigte, dass ein Baumwollbauer aus Vidabha minus 400 Rupien verdient. „In anderen Worten" sagte Tiwari „er verdient überhaupt nichts."

Die Ursache der Tausende von Selbstmorden unter den Baumwollbauern aus Vidabha ist der Kreditdruck durch legitimierte Banken, die sie zwingen von illegalen Geldleihern abhängig zu werden, um das teure genetisch veränderte Saatgut , Pestizide und Dünger zu verwenden .Die Zentralregierung hat es versäumt ein Mindesteinkommen für Baumwollfarmer festzulegen, das die Produktionskosten deckt. Die Kombination von all diesen Faktoren treibt die Bauern in den Tod." *(Vidarbha Farmers' Suicides Inspire Highway Blockade Across India ENS, 3 October 2007 http://www.ens-newswire.com/ens/oct2007/2007-10-03-01.asp)*

„Die Folge der Missernten führte dazu, dass in Indien bereits 25.000 Bauern / Bäuerinnen in den Selbstmord flüchteten, weil sie keinen Ausweg aus der Schuldenspirale sahen und Haus und Hof aufgeben mussten. In Argentinien haben nach 10 Jahren Anbau von GVO 160.000 Bauern / Bäuerinnen ihren Job verloren und zu wenig zu essen.*"(www.proleben.at/unsl.htm)*

Ein weiteres Problem als Folge des Anbaus von BT-Baumwolle ruiniert die Lebens- und Nahrungsmittelgrundlage der Bauern:

„Ziegen und Schafe, die auf den abgeernteten BT-Baumwollfeldern gegrast haben, wurden tot gefunden – 2006 und die ersten beiden Monate von 2007. Die Regierung von Andrah Pradesh riet den Bauern ihren Tieren nicht mehr zu erlauben auf den BT-Baumwollfeldern zu grasen, nachdem 4 Institute bestätigten, das sie Gifte in den Böden fanden ... Die Tode haben zu gravierenden wirtschaftlichen Verluste für die Bauern geführt. *(www.hindustantimes.com/* 17. Juni 2007 "BT – Baumwolle kann Bauernhoftiere töten")

Das beweist, dass die Zukunft der Landwirtschaft ganz klar in der biologischen Landwirtschaft und nicht in der Kultivierung von genetisch veränderten Pflanzen gefunden werden muss. Die indische Regierung sollte darum sofort die Verwendung von BT-Baumwolle verbieten – um den Lebensunterhalt seiner Bauern zu sichern und eine weitere Verbreitung des Gen-Anbaus zu verhindern.

Artikel 11 (2):

a) " zur Verbesserung der Methoden der Erzeugung, Haltbarmachung und Verteilung von Nahrungsmittel durch volle Nut-

zung der technischen und wissenschaftlichen Erkenntnisse, ... sowie durch die Entwicklung oder Reform landwirtschaftlicher Systeme ... mit dem Ziel einer möglichst wirksamen Erschließung und Nutzung der natürlichen Hilfsquellen;"

b) „zur Sicherung einer dem Bedarf entsprechenden gerechten Verteilung der Nahrungsmittel der Welt unter Berücksichtigung der Probleme der Nahrungsmittel einführenden und ausführenden Länder".

Zusammenfassend konnte deutlich gemacht werden, dass Gentechnik nicht die richtige Methode ist, die Situation der Landwirtschaft und Nahrungsmittelsicherheit in der Welt zu steigern, darüber hinaus zerstört sie natürliche Ressourcen und minimiert die Ernten.

„Eine Propagandalüge der Gentech-Industrie ist entlarvt: Gentechnisch veränderte Kulturen benötigen nicht weniger, sondern jedes Jahr mehr chemische Pestizide gegen Unkräuter und Schädlinge." *(„Über Gentech-Pflanzen wird mehr Gift versprüht", wissenschaftliche Studie von Benbrook, Ökologo 1 / 2004 Seite 2).* Die Pestizidmenge steigt um 50 – 60 %. *(„Auf Dauer unwirtschaftlich" von K. Faissner in: „Gefahr Gentechnik", S. 234).*

Zehn Jahre nach der Einführung transgener Pflanzen in der Landwirtschaft kann man festhalten: Keine der Versprechungen der Gentechnikindustrie, angefangen bei höheren Erträgen bis zu einer Ökologisierung der landwirtschaftlichen Produktion hat sich bewahrheitet. Im Gegenteil sind gerade die ökologischen Konsequenzen des GVO-Einsatzes in der Landwirtschaft katastrophal. .. Unersetzliche Naturschätze werden einer kurz gedachten Profitmaximierung geopfert. Doch dieses Denken wird ein einer ökonomischen und ökologischen Katastrophe enden: Durch den unmäßigen Einsatz von Totalherbiziden werden die empfindlichen Böden so stark geschädigt, dass sie ... innerhalb weniger Jahre unvermeidlich ihre Ertragfähigkeit einbüßen; in der Folge wird es zu dramatischen Ernteeinbrüchen kommen." (*„Gen-Pflanzen erfüllen Erwartungen nicht" Andreas Bauer, Umweltnachrichten 100 / 2004 S. 25.*

Fazit: Durch Einführung der GVO ist in Indien die – auch in den FAO-Leitlinien geforderte -„Bewahrung und nachhaltige Bewirtschaftung der natürlichen Ressourcen" (*Teil II, Leitlinie 2, 2.5*) – in nicht mehr länger sichergestellt.

„Gentechnik zur Bekämpfung des Welthungers"

Wie schon Jean Ziegler feststellte:

Unsere Welt produziert so viele Nahrungsmittel, das wir das Doppelte der Menschen, die auf ihr leben, damit ernähren könnten – 12 Milliarden. Das Problem ist nicht, dass wir nicht genug zu essen für alle Menschen haben, das Problem ist seine richtige Verteilung, so dass alle genug haben würden.

„Groteskerweise trommeln gerade diejenigen Firmen für die Gentechnik als Lösung des Welthungers, die durch die aktive und aggressive Einführung der Industrie-Landwirtschaft in der Dritten Welt, von Hochertragssorten, Pestiziden und Kunstdünger zur Ertragssteigerung, wesentlich zu Hunger, zerstörten Böden, kaputten Ökosystemen und der Konzentration von Land und Macht in den Händen weniger beigetragen haben." (*„Gen-Pflanzen erfüllen Erwartungen nicht", Andreas Bauer, Umweltnachrichten 100 / 2004, S. 24)*

Die Weltbevölkerung könnte mit den vorhandenen Erträgen leicht satt werden – würden sie richtig verteilt werden. Dies gilt es zu lösen – die Gentechnik in Landwirtschaft und Nahrungsmittelproduktion verschärft diesen Konflikt aber weiterhin.

Die Entwicklungsländer haben festgestellt, „dass die Gentechnik die biologische Vielfalt .. zerstöre, das lokale Wissen und das nachhaltige landwirtschaftliche System gefährde, das die Bauern über Tausende von Jahren entwickelten. Damit untergrabe die Gentechnik die Möglichkeit der ... Bevölkerung, sich selbst zu ernähren. Auch entwicklungspolitische Organisationen wie Christian Aid oder Brot für die Welt betrachten die so genannte grüne Gentechnik eher als Fehlentwicklung, die Hunger und Armut weiter verschärft ...

FAZIT: Um die Welternährung zu sichern, muss man die sozialen und ökologischen Bedingungen verbessern. Eine kurzfristige Steigerung der Erträge mit technischen Mitteln, die auf Kosten der Umwelt und der Menschen geht, ist der falsche Weg. Ein zerstörtes Ökosystem wird die nachfolgenden Generationen nicht ernähren können. ... Eine nachhaltige Sicherung der Ernährung braucht eine Landwirtschaft, die die natürlichen Grundlagen bewahrt: gesunde und fruchtbare Böden, sauberes Wasser sowie eine Vielzahl an Pflanzen und Tieren.“ *(www.greenpeace.de/themen/gentechnik/ „Gentechnik – keine Hoffnung für die Hungernden“ vom 1.10.2004).*

Um Erzeugungsmethoden zu verbessern, Nahrungsmittel besser zu verteilen oder die Nutzung natürlicher Hilfsquellen wirksam zu erschließen und langfristig zu gewährleisten fordern wir von der kanadischen Regierung, die Verwendung der Gentechnik zu verbieten und in seiner Außenpolitik sich dafür einzusetzen, auf Gentechnik in Landwirtschaft und Nahrungsmittelproduktion zur Lösung des Welthungers zu verzichten und eine gerechte Verteilung der vorhandenen Lebensmittel zu forcieren.

4) Verletzungen des Rechts auf Gesundheit (Art. 12)

"Um den Ertrag wenigstens zu halten, mussten und müssen auch heute noch 18 Spritzungen pro Anbausaison vorgenommen werden", erklärt der Gentech-Experte Werner Müller von Eco-Risk. Mehr Chemie hieß mehr Kosten für die Bauern, viel mehr Gewinn für die Chemieunternehmen und deutlich mehr Schäden an der Umwelt und der Gesundheit der Landwirte.

Wie giftig die Chemikalien sind, schildert Müller anhand eines Beispiels. "Bei 38 Prozent der Spritzungen kommt es zu mittelschweren Symptomen wie Muskelkrämpfen oder Erbrechen. Bei sechs Prozent kommt es zu schweren Vergiftungen und bei zehn Prozent treten Vergiftungen mit neurotoxischen Symptomen auf." Auf nur 2,4 Prozent der Ackerflächen wird Baumwolle angebaut. "Dafür sind allerdings 24 Prozent der weltweit ausgebrachten Spritzmittel notwendig", erklärt der Wissenschaftler ... " (*Gourmet Report 11.12.2007 „Gentech-Baumwolle treibt indische Bauern in den Tod"*)

"Hautallergien und Lungenprobleme in Zusammenhang mit BT-Baumwolle" *(21.10.2007)*

Chandigarh, Dienstag, 16. Oktober 2007. Lehra Mohabbat / 15 . Oktober/ Manjeet Dhaliwal Nun sind die Bauern und die Landarbeiter gezwungen mit einem neuen Problem zu kämpfen. Viele Bauern und Arbeiter leiden nach dem Pflücken von BT-Baumwolle unter Hautallergien und Lungenkrankheiten.

Dr. Gurpiar Singh berichtete unserem Repräsentanten, das giftige Typen von Genen in der BT-Baumwolle verwendet worden sind. Das ist der Grund, warum die Bauern und die Arbeiter am meisten betroffen sind. Ihm sind viele Fälle bekannt. *(http://www.gmwatch.org/archive2.asp?arcid=8398)*

Diese Fakten zeigen weiter, dass die Verwendung von Gen-Pflanzen wie Bt-Baumwolle Verletzungen des Menschenrechts auf Gesundheit mit sich bringt – und durch die Regierung sofort gestoppt werden sollte.

5) Verletzungen des Rechts der Völker auf Selbstbestimmung (Art. 1)

Absatz 1: „Alle Völker haben das Recht auf Selbstbestimmung“

“Mit der Einführung der Gentechnik haben die ... Bauern jegliche Selbstbestimmung verloren. Ihr Land wurde .... kontaminiert – mit allen negativen Konsequenzen: Zerstörte Ernten, zerstörte Existenzen.“ *(www.thiele-und-thiele-consult.de/press Fakten der Agro Gentechnik 15.11.2006)*

Experten sprechen von „Wirtschaftskolonialismus internationaler Konzerne“ (bio.-scope.org v. 16.01.02), „ Das sind Zeichen einer Nahrungsmitteldiktatur.” (*V S. in Gefahr Gentechnik S. 231*)

“Frei sein von GVO ist ein Ausdruck unseres Grundrechts auf freie Nahrungsmittelwahl” (*Vandana S hiva in Gefahr Gentechnik S. 231).*

... das Ziel der Kontamination durch Freilandversuche ... das Ende jeglicher Selbstbestimmung :

„ Die Idee einer sogenannten „Koexistenz“ zwischen manipulierten und nicht manipulierten Pflanzen ist nicht praktikabel. Selbst in Ländern, in denen keine Genpflanzen angebaut werden, häufen sich Kontaminationen. Die Agro-Gentechnik ist längst außer Kontrolle geraten. Dieser Prozess ist von den Gentechnik-Konzernen beabsichtigt: „Die Industrie hofft darauf, dass der Markt im Laufe der Zeit so überschwemmt wird, dass man nichts mehr dagegen tun kann. Man kapituliert einfach.“ (*Don Westfall, counsellor of many GM technology corporations in „Contamination – GM plants out of control“ flyer of the Environment Institute München e. V.)*

Aus einem Interview mit Percy Schmeiser (*in The Ecologist May 2004*) über den Sinn der Freilandfeldversuche:

„ Welches Ziel hatten sie?“

P.S.: Für die Biotechnologie „ist das eine gute Möglichkeit, eine Zehe in die Tür zu bekommen, und dann natürlich den ganzen Fuß!"

„Besteht das eigentliche Ziel denn darin, die Nachbarfelder zu verunreinigen?"

P.S.: Das ist das Ziel! Es gibt keinen anderen Grund für diese Versuche."

„Glauben die Biotech-Firmen denn, wenn sie alle Felder der Welt mit ihrer Gensaat versucht haben, dann können sie auf ewig Lizenzgebühren kassieren?"

P.S.: Nein, aber das Ziel ist die Kontamination, und kürzlich hat Dale Adolphe, der Vorsitzende der Canadian Seed Growers Association, der Saatgut von Monsanto verkauft, gesagt: „Es gibt weltweit so viel Widerstand gegen jede weitere Freisetzung gentechnisch veränderter Pflanzen, dass die einzige Möglichkeit, damit weiterzukommen, in der Kontamination liegt." So etwas zu sagen ist wirklich ein starkes Stück. Es hat zugegeben: „Wir machen das so, dass die Leute keine Wahl mehr haben."

Ein weiteres Beispiel über diese Praktiken der Genkonzerne:

2005 wurden in ganz Rumänien Sojapflanzen getestet: es stellte sich heraus, dass 90 % der Pflanzen ohne Wissen der Behörden und der meisten Farmer gentechnisch verändert sind. Mangels Kontrollen und Labors versuchen die Gentechnikkonzerne illegal eine Situation zu schaffen, die nicht mehr rückgängig zu machen ist! Einmal kontaminiert – immer kontaminiert!

Fazit: Die einzige Möglichkeit das Recht auf Selbstbestimmung des indischen Volkes zu gewährleisten ist die Verwendung von Gentechnik in der indischen Landwirtschaft zu verbieten und alle laufenden Freiland-Feld-Versuche von BT-Pflanzen sowie alle Versuche mit weiteren Pflanzen, die 2008 geplant sind, sofort zu stoppen.

Absatz 2: „Alle Völker können für ihre eigenen Zwecke frei über ihre natürlichen Reichtümer und Mittel verfügen – in keinem Fall darf ein Volk seiner Existenzmittel beraubt werden!"

Die Bauern haben über Jahrtausende alte Traditionen und über viele Generationen praktizierte Anbaumethoden Sorten entwickelt, die den regionalen Bedingungen genau angepasst sind.

„Die industrielle Landwirtschaft hat bereits 75 % unserer Nahrungspflanzen verschwinden lassen. In Indien gab es einst 30.000 kultivierte Reissorten, heute spielen nur noch zehn eine Rolle" (*„Gentechnik: Keine Hoffnung für die Hungernden" Greenpeace 1.10.2004*)

Bauern werden von einer Industrie abhängig. Das ist ein modernes Beispiel für eine neue Form von Sklaverei oder Kolonialismus:

„Die Vertreter von Monsanto kauften .. alle Saatgutfirmen auf, so dass auf dem Markt nur noch das BT Baumwollsaatgut von Monsanto angeboten wurde. Zudem kauften die Mittelsmänner von Monsanto bei den Kleinbauern das herkömmliche regionale Baumwollsaatgut auf und vernichteten es. Das herkömmliche regionale Saatgut konnten die Kleinbauern längere Zeit nachbauen. Das gentechnische veränderte Saatgut von Monsanto kann man dagegen nicht nachbauen. Es muss jedes Jahr neu gekauft werden. Da das gentechnische veränderte BT Baumwollsaatgut zehn Mal teurer ist, als das herkömmliche, mussten und müssen die Kleinbauern Kredite aufnehmen" (*Vadana Shiva, s. S.7)*

„Besonders skandalös ist die Entwicklung der so genannten **Terminator-Technologie**. In mehr als 87 Ländern ist steriles Saatgut zum Patent angemeldet, also Saatgut, bei dem nicht mehr Teile der Ernte wieder ausgesät werden können, sondern für jede Aussaat neues Saatgut gekauft werden muss. Die Agrarkonzerne versprechen sich davon einen attraktiven Absatz- und Wachstumsmarkt. Übersehen – oder auch billigend in Kauf genommen – wird, dass Kleinbauern vielfach gar nicht in der Lage sind, jedes Jahr neues Saatgut zu bezahlen. Sie werden nicht nur um ihre Unabhängigkeit gebracht, sondern vielfach gezwungen sein, sich zu verschulden, mit dem Risiko durch eine Missernte ruiniert zu werden. ... Diese Entwicklung bedroht die Existenz von Millionen Bauern." (*Patent(ierte) Enteignung" von Marlies Olberz, Food First, S. 13*)

Der Lebensstandard des Anbauens wird weggenommen durch diese Praxis und durch das Patentieren von Pflanzen:

Auch über **Patente** der Genkonzerne werden die LandwirtInnen abhängig : Die Konzerne versuchen weltweit so viel Pflanzen wie möglich zu patentieren – z. B. Reis – was heißt, jeder der in Zukunft Reis anbauen will, muss das Saatgut dann bei Monsanto kaufen, natürlich jedes Jahr neu (Terminator-Samen) – und diesem für das Patent auch noch Lizenzgebühren bezahlen. Alleine in Indien aber haben die Landwirte über 200 Reissorten wieder nachgezüchtet und sind damit unabhängig, da sie ihr Saatgut aus ihren eigenen Ernten bestreiten – was nach einer Patentierung dann illegal ist und mit hohen Strafen belegt wird

Die Inderin Vandana Shiva, die für ihr Engagement gegen GVO und für die Unabhängigkeit der indischen Bevölkerung von einigen wenigen Großkonzernen den alternativen Nobelpreis erhalten hat, spricht sogar von Versklavung der Bauern! *(„Biopiraterie mit Reissaatgut", www.dradio.de, 8.7.04).*

6) Verletzungen des Rechts auf Arbeit (Artikel 6)

Absatz 2: „Die von einem Vertragsstaat zur vollen Verwirklichung diesen Rechts zu unternehmenden Schritte umfassen .... Schritte ... einer produktiven Vollbeschäftigung unter Bedingungen, welche die politischen und wirtschaftlichen Grundfreiheiten des Einzelnen schützen."

Die Einführung von GVO in Landwirtschaft und Lebensmittelproduktion steht in direktem Konflikt mit den Grundfreiheiten der Menschen – sie sind bedroht durch die Patente und dem Angebot von Terminatorsaatgut, was ihre Abhängigkeit von den großen Agro-Konzernen steigen lässt.

Indische Farmer sind jetzt gezwungen sich in direkte Abhängigkeit der großen Agrarkonzerne zu begeben,, eine neue und moderne Form der Sklaverei oder des Kolonialismus.

Um die Freiheit, Land, das Eigentum und die Rechte der Bauern sicherzustellen fordern wir, dass die indische Regierung die Landwirte vor den Interessen der Gentechkonzerne wie Monsanto und deren Methoden, die Kontrolle über die Farmer, über das Saatgut und das Land zu bekommen, geschützt werden. Nur so haben die Bauern und Bäuerinnen die Sicherheit auch langfristig ihre Grundfreiheiten und damit verbundene Unabhängigkeit gewährleistet zu bekommen.

7) Gefährdung des Kinderschutzes (Art. 10)

Jean Ziegler schreibt im Sommer 2005in seinem Bericht über die Nahrungsmittelsituation in Indien:

„Kinderarbeit besteht weiter und der Sonderberichterstatter war vor allem betroffen Berichte zu erhalten über Kinderarbeit auf Farmen, die transnationalen Konzernen angehören, solche wie die Baumwollsaatproduktion in Andhra pradesh, wo junge Mädchen beschäftigt wurden anstatt Männer um die Arbeitskosten zu senken". *(S. 7).*

Auch ein internationaler Bericht von GM-watch vom Juni 2007 beschreibt die Kinderarbeit:

"Monsanto und Bayer stehen noch hinter Kinderarbeitsproblemen *(11.6.2007)"*

NOTE das baut auf dem Skandal auf, der 2o03 veröffentlicht wurde: Über 17.ooo Kinder wurden von Monsanto und dem indischen Unterkonzern Mahyco benutzt – in gefährlichen Formen der Kinderarbeit in der Baumwollsaatproduktion in Indien..

Es wurden Kinder gefunden, die 13 Stunden am Tag arbeiten für weniger als 40 Eurocent (Rs. 20). Und was noch herausgefunden wurde: sie waren wiederholt giftigen Pestiziden ausgesetzt während ihrer Arbeit. Darüber hinaus bekamen sie keine Erziehung.

Mehr als 11.000 Kinder wurden auch gefunden, die unter ähnlichen Bedingungen für die folgenden multinationalen Konzerne arbeiten: Syngenta (Schweiz), Advanta (Deutsch-British) and Proagro (gekauft von Bayer, Deutschland)."
(http://www.mindfully.org/Industry/2003/Monsanto-Unilever-Child-Labour17may03.htm)

"Studien zeigten auch, dass die Ursachen des Kinderarbeitsproblems die sehr geringen Löhne sind, die diese Multis den Farmern für

Baumwollsaatkultivierung bezahlen. Die Bezahlung war so niedrig, dass die Farmer einen Nettoverlust machen würden, wenn sie aufhören Kinder zu benutzen und Erwachsene nach dem lokalen Mindestlohn anstellen und bezahlen würden. *(http://www.gmwatch.org/archive2.asp?arcid=5998)*

"INDIEN: Kinderarbeit noch ein Problem in der Baumwollsaatindustrie" 8 Juni 2007
(http://www.gmwatch.org/archive2.asp?arcid=5998)

Nach einem neuen Bericht, der heute veröffentlicht wurde, haben multinationale Konzerne noch viel Arbeit zu tun, um Kinderarbeit aus ihrer Baumwollproduktion zu verbannen.

Der Bericht mit der Überschrift „Saat des Wechsels) macht vor allem Bayer und Monsanto – der Welt größten Produzenten von Baumwollsaatgut – dafür verantwortlich es versäumt zu haben ausreichende Maßnahmen zu ergreifen, um Kinderarbeit von indischen Farmen, die Baumwollsaatgut herstellen, .auszumerzen.

Der Bericht des Internationalen Forums für Arbeitsrechte (ILRF), der mit Internationalen Partner wie OECD Watch, dem Indischen Komitee der Niederlande, Deutsche Welthungerhilfe und Eine Welt Netz NRW erstellt wurde, stellt fest, dass die Anzahl der Kinder, die in diesem Sektor arbeiten, zurückgegangen ist, seit die beiden Konzerne einen Aktionsplan entworfen haben, um das Problem anzugehen.

Aber er sagt auch aus, dass ihre Investitionen in die Erziehung nicht die Kinder erreichen, die früher auf Baumwollfarmen gearbeitet haben, und das Monsanto und Bayer es ebenfalls versäumt haben den Punkt mit aufzunehmen, den Farmern einen fairen Erzeugungspreis zu zahlen, was einen Hauptfaktor im Weiterbestehen der billigen Kinderarbeit darstellt."

8) Ausblick

Der Genkonzern Monsanto (mit 91 % Weltmarktanteil „Herrscher“ des Genfood-Marktes. *“Trojan seeds”, J. M. Smith p. 15*) versucht seitdem auch gentechnisch veränderten Reis auf den Markt zu bringen, was bis jetzt noch durch den Widerstand der Bauern und Konsumenten verhindert werden konnte. Das wäre das endgültige Aus für Indiens Landwirte, deren Schwerpunkt auf dem weltweiten Export von (gentechnikfreiem) Reis liegt.

„Baumwolle ist nur der Anfang

„Die Gentechnik ist, das lässt sich zehn Jahre nach dem Beginn der kommerziellen Biotechnik im Agrarsektor sagen, die bisher am schnellsten angenommene Technologie in der Landwirtschaft“, meint Clive James....

Schon im Laufe des kommenden Jahres wird die Zulassung der ersten gentechnisch veränderten Nahrungspflanze erwartet: eine Sorte Avokado, die besser als alles bisher Dagewesene gegen Stress und Schädlinge gefeit sein soll. Insgesamt sind 23 unterschiedliche Kulturpflanzen in den unterschiedlichsten Stadien der Entwicklung und Zulassung. Neben Avokados stehen Kartoffeln, Papayas, Reis und Tomaten ganz oben auf der Liste. Und dabei geht es längst nicht mehr nur um die Bildung von pflanzeneigenen Pestiziden durch Fremdgene, sondern um ganz unterschiedliche, neu eingeführte Eigenschaften: Dürretolerante Sorten etwa sind gefragt, weil man in der Regierung davon ausgeht, dass sich mit dem Klimawandel die Versteppung großer Landstriche Indiens beschleunigt. Und man arbeitet an Erntegut - Reis und Gemüse etwa.“ *(Text: F.A.Z., 07.11.2007, Nr. 259 / Seite N1)*

Indische Farmer leisten unnachgiebig Widerstand gegen die Einführung von mehr GVO-Pflanzen, angesichts der weitflächigen Kultivierung von einer gentechnisch veränderten Baumwollsorte, von Monsanto patentiert, die weitflächige Missernten verursacht hat und daran schuld ist, dass tausende von indischen Baumwollbauern in tiefe Armut gefallen sind.". (*Science Review Letter 5 Nr. 64 15.11.2006)*

„Indien ignoriert dramatische US-Reis-Kontamination:

In Indien bereiten die Pro-Gentechnik- Regierung, seine Verwaltung und Konzerne wie Monsanto für nächsten Monat den Start mit Freilandversuchen mit zerstörerischem Genanbau vor. Die Entscheidung ignoriert den Willen der Landwirte und Händler und sogar des Indischen Obersten Gerichtshofes.

Die Entscheidung bedroht auch die indische Basmatireis-Industrie, welche gezwungen ist genfrei zu bleiben. Viele der geplanten Gen-Freilandversuche werden genau dort durchgeführt wo direkt daneben Basmati wächst.... Wenn Ihr Reis kontaminiert wird sind es die Landwirte, Händler und Müller, deren Lebensunterhalt zerstört werden könnte.

USA: Kontaminierung kam von Freilandversuchen:

Die Kontaminierung war das Ergebnis der Experimentierversuche, die 2001 endeten – fünf Jahre bevor die Kontamination entdeckt wurde ... Indien, ein sogar größerer Reisexporteur als die USA, ist das neue Kampffeld für Gen Anbau. Die indische Regierung bereitet für nächsten Monat den Start von Freilandversuchen vor – zu dem Desaster, welches den Lebensunterhalt von tausenden von Menschen – vom Pflanzer zum Produzenten bis hin zum Verkäufer – zerstört hat. ... Wenn ihr Reis kontaminiert wird sind es die indischen Bauern, Händler und Müller, deren Lebensunterhalt zerstört werden könnte. Indien und der Rest der Welt müssen ihre Lektion aus dem US-Desaster lernen! *(www.gmwatch.org 6/11/2007 Costs of GM rice-scandal could exceed 1,2 billion USD)*

"Indiens Reis-Industrie warnt vor Gen-Versuchen

NEW DELHI (Reuters) – Indiens Top-Reis-Exporteure and Bauernverbände warnten die Regierung am Dienstag, dass weitere Freilandversuche mit gentechnisch verändertem Reis den Lebensunterhalt von Millionen von armen Bauern im ganzen Land zerstören könnte.

Die Warnungen kamen genau über eine Woche nach dem die Europäische Union entschied zwangsweise alle US-Schiffe mit Langkornreis zu testen. Dem folgte die Entdeckung, dass US-Importe nach Europa mit genetisch verändertem Reis kontaminiert sind...

Indien hat seit 2005 Freilandversuche mit meist Kurzkornreis an 10 verschiedenen Standorten über das ganze Land verteilt durchgeführt., aber der Oberste Gerichtshof verbot letzen Monat frische Tests für alle Anbauten bis zu einer weiteren gerichtlichen Anhörung .

Vorherige Versuche zeigen keine Anzeichen von Gen-Saat, die Reis-Exporte kontaminiert hat. Aber Importeure und Landwirte befürchten, dass die Risiken einer Kontamination durch das Vermischen von Saatgut während der Lagerung oder beim Transport das Vertrauen der Konsumenten beeinflussen und ebenso Indiens Reputation als ein „sauberer und vertrauenswürdiger" Reis-Exporteur.

„Indiens Reis ist genfrei und wir möchten, das das so bleibt," sagte R.S. Seshadri, Direktor der Tilda Riceland und ein Mitglied des Zusammenschlusses aller Reis-Exporteure Indiens (AIREA), welcher Exporteure wie Satnam Overseas, Sunstar, Kohinoor repräsentiert.

„Wir forderten sie auf keine weiteren Tests durchzuführen ... wir müssen angesichts dessen, was in der USA passiert ist, Regeln einführen und strikte Standards durchsetzen" erklärte er in einer kürzlichen Konferenz. Indien ist der größte Produzent und Exporteur von Basmati-Reis – einem Langkornreis, der preisgekrönt ist für sein charakteristisches feines Aroma und seinen köstlichen Geschmack – und exportierte 1,15 Millionen Tonnen, was im finanziellen Jahr 2005 / 2006 30,3 Milliarden Rupien einbrachte. Obwohl die meisten der Tests an Kurz-Korn-Reis stattfanden, sagen die Bauern, viele waren nicht über die Freilandversuche, die neben ihren eigenen Reisfeldern durchgeführt wurden, informiert. Wenn exportierten Waren kontaminiert würden, werden Käufer in Europa und dem Mittleren Osten indische Produkte boykottieren, " so spricht die Union. „Die Gentests, die in diesem Land durchgeführt werden, sind ein schlechter Witz, der hier mit uns gespielt wird" sagte Yudhvir Singh, ein Seniorvertreter der Bharatiya Kisan Union, einer Union, die hunderte von tausenden Farmern aus ganz Indien vertritt. „Wir riskieren, das hunderte von tausenden Landwirten ihren Lebensunterhalt verlieren, wenn Boykotte verhängt werden oder wir das Vertrauen der Konsumenten in unsere Produkte verlieren." *(Reuters, October 31 2006.*

http://in.today.reuters.com/news/newsArticle.aspx?type=businessNews&storyID=2006-10-31T191119Z_01_NOOTR_RTRJONC_0_India-274412-1.xml)

„Gen-Freilandversuche wurden die größte Quelle der Kontaminierung weltweit und regelmäßige Skandale über ungetestete und ungekennzeichnete (durch Vorschriften) Produkte, die die Verbraucherkette erreichen, sind jetzt schon Routine geworden. Kürzliche Skandale schließen Genreis-Kontamination in der USA und China mit ein. Indien wurde Zeuge verschiedenster Kontaminationsskandale in Verbindung mit Genanbauversuchen, die illegale schnelle Verbreitung lang bevor die Verwaltungsbehörden seine Kultivierung erlaubten.

Zivilgesellschaftliche Überprüfungen haben wieder und wieder herausgefunden, dass es Material – einschließlich Saatmaterial – aufgrund zu laxem oder sogar fehlendem Monitoring der Versuche durch die Regler erlaubt wurde in die Nahrungskette zu gelangen."

("BKU destroys GM rice trial in India" 29. Okt. 2006, www.gmwatch.org*)*

9) Schritte, um die Rechte für Landwirte und ihre Familien zu gewährleisten:

"Indien hat den Internationalen Pakts für wirtschaftliche, soziale und kulturelle Rechte, des wichtigsten internationalen Instruments, um das Recht auf Nahrung zu schützen, ratifiziert.. Die indische Regierung ist verpflichtet, das Recht auf Nahrung für alle Inder sicherzustellen.

... Das Recht auf Nahrung ist das Recht fähig zu sein sich selbst zu ernähren durch physischen und ökonomischen Zugang zu Nahrung, Teilhabe, Verfügbarkeit ... und der Zugang zu effektiven Heilmitteln muss sichergestellt sein auf allen Levels bei der Durchsetzung des Rechts auf Nahrung. Die indische Regierung hat die Verpflichtung das Recht auf Nahrung zu respektieren, zu schützen und zu erfüllen.

- Die Verpflichtung zu respektieren meint, dass die Regierung keine Schritte unternehmen soll, dass willkürlich Menschen das Rechts auf Nahrung beraubt werden.

- Die Verpflichtung zu schützen meint, dass die Regierung geeignete Gesetze in Kraft setzen sollte, die dritte Parteien, eingeschlossen mächtige Menschen und Konzerne, vor Gefährdung des Rechts auf Nahrung durch andere schützt.

- Schließlich, die Verpflichtung zu erfüllen (erleichtern und versorgen) meint, dass die Regierung positive Schritte verwundbare Gruppen zu identifizieren ergreifen sollte ... um ihren Zugang zu adäquater Nahrung und Wasser sicherzustellen, indem sie ihre Fähigkeit, sich selbst zu ernähren, erleichtert. *(J. Ziegler in seinem Bericht über das Recht auf Nahrung in Indien, Sommer 2005, S. 9)*

J. Ziegler erwähnt ebenso:

- Artikel 47 der indischen Verfassung, "Der Staat soll die Anhebung des Ernährungs- und Lebensstandards von seinen Bewohnern und die Verbesserung der öffentlichen Gesundheit als seine wichtigsten Pflichten betrachten"

- Artikel 21 der indischen Verfassung „... das Recht zu leben, garantiert in jeder zivilisierten Gesellschaft , beinhaltet das Recht auf Nahrung, Wasser, geeigneter Umwelt ..."eingeschlossen" das Recht in menschlicher Würde zu leben ..."

"So hat der Staat auch eine verfassungsmäßige Verpflichtung Schritte zu ergreifen, die ein würdevolles Leben für alle Individuen sicherstellt." (J. Ziegler in seinem Report für das Recht auf Nahrung in Indien, Sommer 2005, S. 10).

Er erwähnt auch in seinem Bericht bereits existierende Gesetze in Indien:

„viele Gesetze schützen den Zugang zu Ressourcen". So muss Indien gezwungen werden die Verpflichtungen seiner eigenen Verfassung und Gesetze zu erfüllen!

All diese Verpflichtungen können garantiert werden, wenn folgende Maßnahmen ergriffen werden:

Deshalb sind die folgenden Schritte notwendig, um diese Rechte zu gewährleisten:

- Volle Verantwortung der Firmen für alle Konsequenzen

- Volle Entschädigung für alle Verluste von Landwirten als eine direkte Folge von ausgesäten Genpflanzen oder Kompensation als Folge von Freilandversuchen – Einführung einer Haftung durch Agro Konzerne für alle Schaden

- Sofortiger Stopp aller noch arbeitenden und geplanten Freilandversuche mit Gen-Pflanzen

- Verbot der Verwendung und Verbot jeden Einsatzes von Gentechnik in Futter- und Nahrungsmitteln, bis durch ausführliche Langzeittests das Gefährdungspotentials öko-soziale Konsequenzen ausgeschlossen werden können.

- Verbot der Gentechnik in Landwirtschaft und Nahrungsmittelproduktion in Indien

- Sicherzustellen, dass Mitglieder von Kommissionen und Entscheidungsgruppen unabhängig von der GEN-Industrie sind und NGOs in Kommissionen aufnehmen

- Garantie der Transparenz von Entscheidungen!

- Schutz und Gewährleistung der Interessen von Landwirten und Verbrauchern an einer nachhaltigen Landwirtschaft und Nahrungsmittelversorgung gegenüber den Interessen von Gentechniklobbyorganisationen und –unternehmen sicherzustellen

- Änderung der Patentgesetze zugunsten der Rechte von Farmern

- Durchsetzung bestehender Gesetze zum Schutz der Farmer

Zusammengefasst wird deutlich, das die Regierung von Indien sowohl der Einhaltung ihrer nationalen Gesetze und der Verfassung, als auch auf internationaler Ebene seinen aufgelegten Verpflichtungen nicht nachkommt. Für das indische Volk bedeutet das eine existentielle und irreversible Bedrohung ihrer Gesundheit und Ernährungssicherheit. Die Existenz vieler Menschen ist gefährdet durch das Nicht-Einschreiten der Regierung, was zu Totalverlusten und den Tod von vielen tausenden von Indern führt.

Wir fordern von der indischen Regierung die Erfüllung der Rechte des Internationalen Pakts für alle indischen Einwohner zu garantieren und alle Schritte, die gegen die Menschen und für die Industrie arbeiten, zu stoppen.

Wir bitten den Ausschuss deutlich seine Besorgnis zum Ausdruck zu bringen und dringend darauf hinzuwirken, dass die Menschenrechtsverletzungen für Landwirte in Indien sofort gestoppt werden, um indische Familien vor weiteren Selbstmorden und Hunger zu schützen.

Reaktion des UN-Ausschusses:

Pressemitteilung 20.05.08:

„UN-Menschenrechtsauschuss rügt Einsatz von Gentechnik in der Landwirtschaft und fordert dringende Maßnahmen zum Schutz der Bauern vor Konzernen"

Gemeinsam mit der Inderin Vandana Shiva, der Trägerin des alternativen Nobelpreises, hat die Gautingerin Christiane Lüst, Gründerin der internationalen Organisation Aktion GEN-Klage, beim Menschenrechtsausschuss der Vereinten Nationen einen Bericht über dramatische Menschenrechtsverletzungen bei Bauern aufgrund der Nutzung der Agrogentechnik in Indien eingereicht - 200.000 Bauern haben sich dort deshalb schon das Leben genommen, weil sie nach dem Einsatz von Gentechnik in der Landwirtschaft keine Wahl mehr hatten aus zunehmenden Hunger und Schulden herauszukommen.

Geklagt wurde gegen die Indische Regierung auf sofortigen Stopp der Nutzung der Gentechnik in Indien zum Schutz der Bauern, Konsumenten - und der Menschenrechte.

Der UN-Menschenrechtsausschuss hat am gestrigen Montag nach 3-wöchiger Sitzung die concluding observations - die Aufforderungen an die indische Regierung Menschenrechts-verletzungen sofort zu beenden - ins Internet gestellt.

Erstmals wurde die Einführung der Gentechnik in der Landwirtschaft als Menschenrechtsverletzung gerügt und eine Regierung aufgefordert, den Zugang der Bauern zum alten wiederverwendbaren Saatgut zu schützen und die Abhängigkeit von Konzernen zu beseitigen:

Am Montag, den 28. April wurden Vertreter der Klage aus Indien, Schweiz und Deutschland persönlich vor dem UN-Menschenrechtsausschuss in Genf angehört.

"Das ist ein internationaler Durchbruch - erstmals wurde der Einsatz der Gentechnik in der Landwirtschaft von den Vereinten Nationen als Menschenrechtsverletzung gerügt und ein Staat aufgefordert seine Bauern vor multinationalen Konzernen zu schützen und den Zugang zum alten wiederverwendbaren Saatgut sicherzustellen!" - so Lüst über den grandiosen Erfolg. Lüst hat in der Vergangenheit bereits den kanadischen Bauern und alternativen Nobelpreisträger Percy Schmeiser sowie die österreichische Organisation Pro Leben vor dem UN-Ausschuss vertreten.

Der Originaltext der UN:

29)

Das Komitee ist tief besorgt, dass die exteme Not, die die Farmer erleiden müssen, zu einer steigenden Häufigkeit von Farmer-Selbstmorden über die vergangene Dekade geführt hat. Das Komitee ist besonders besorgt, dass die extreme Armut unter den Kleinbauern, verursacht durch den Mangel an Land, Zugang zu Krediten und adäquaten ländlichen Infrastrukturen, durch die Einführung von genetisch verändertem Saatgut durch multinationale Konzerne und die daraus resultierende Preiseskalation bei Saatgut, Dünger und Pestiziden, vor allem in der Baumwollindustrie, verschlimmert wurde.

68)

Das Komitee fordert die Regierung auf ... dringende Maßnahmen gegen die Armut und die Nahrungsmittelunsicherheit zu ergreifen.

...

69)

Das Komitee drängt die Regierung ... alle nötigen Maßnahmen zu ergreifen gegen die extreme Armut unter Kleinbauern und die landwirtschaftliche Produktion als eine wichtige Angelegenheit zu steigern ... finanzielle und andere Hilfsformen für Familien von Suizid-Opfern zur Verfügung zu stellen ... staatliche Unterstützung bereitzustellen, damit die Farmer vermehrungsfähiges Saatgut, dass sie wieder verwenden können, kaufen können mit dem Ziel, ihre Abhängigkeit von multinationalen Konzernen zu beseitigen. ...

http://www2.ohchr.org/english/bodies/cescr/cescrs40.htm

(Mai 2008 India – concluding observations)

Brasilien März 2009

mit Antonio Andrioli

Parallelbericht zum 2. Staatenbericht von Brasilien über die Umsetzung des Internationalen Paktes über wirtschaftliche, soziale und kulturelle Rechte

Soziale Menschenrechte in Brasilien

Menschenrechtsverletzungen - das Recht auf Nahrung – bei brasilianischen Landwirten

vorgelegt durch: Dr. Antonio Andrioli, Via Campesina Brazil

Kontakt:
Dr. Antonio Andrioli
Rua São Francisco 600 Apto. 402
CEP 98700-000 Ijuí – RS (Brazil)
Phone: +55 55 9618 4832

Via Campesina Brazil
SDS, Qd 6, Bl A, Edificio Carioca, sala 311
CEP 70325-900 - Brasilia – DF (Brazil)
Phone: +55 61 33225424

Christiane Lüst, Aktion GEN-Klage
Berengariastr. 5, 82131 Gauting, W-Germany
Phone: 0049 89 893 11 054

....

20. März 2009

Die in diesem Bericht vorgelegte Information konzentriert sich auf die Folgen einer sehr bedenklichen globalen Entwicklung, die Verwendung von genetisch veränderten Organismen (GMOs) in der Landwirtschaft, was in Brasilien bis jetzt dazu geführt hat, das 25 % der Bevölkerung Hunger leidet, Landlosigkeit und Gesundheitsschäden drastisch zunehmen und die natürlichen Ressourcen – Wasserquellen und Flüsse – zunehmend verseucht und nicht mehr verwendbar sind.
Sie verletzen massiv die wirtschaftlichen, sozialen und kulturellen Menschenrechte von brasilianischen Landwirten.

Vor allem Brasilien ist eins von den von dieser Entwicklung am meisten betroffenen Ländern weltweit. Das Land ist der größte Produzent von Soja, schätzungsweise 60 % % davon ist bereits jetzt Gen-Soja.

Brasilien ist ein Land, das in den vergangenen Jahren große Entwicklungsschritte gemacht hat. Trotzdem hat die Landwirtschaft einen ernstzunehmenden Rückschlag erlitten. Die Einführung der Gentechnik, vor allem Gen-Soja – hat eine drastische Steigerung vieler negativer Folgen für die Armen und die Menschen in der Landwirtschaft mit sich gebracht. Wachsende Exportraten und eine große Zunahme von Großkonzernen, die in Brasilien investieren, haben ebenfalls zu einer Zunahme von Armut und in eine steigende Abhängigkeit der Landwirte von Unterstützungen der Saatgutkonzerne geführt.

Wir sind sehr besorgt über diese Entwicklung, die durch weitere geplante Schritte der Regierung, den Gen-Anbau angesichts der steigenden Gewinne zu intensivieren, zunehmen wird.

Als eine Konsequenz dieser Entwicklung der GMO`s werden die Rechte des Volkes auf Selbstbestimmung, das Recht auf Nahrung und das Recht auf Gesundheit in Brasilien bereits schon jetzt massiv verletzt.

Deshalb fordern wir die brasilianische Regierung auf:

- Die Einführung der Gentechnik in der Landwirtschaft in Brasilien gesetzlich zu verbieten
- Den weiteren Abbau des Urwaldes unverzüglich zu stoppen
- Den Zugang zu Nahrungsmitteln, sauberen Wasser und Gesundheit auch für die ärmsten Menschen durch Sofortmaßnahmen sicherzustellen
- Den Zugang zum alten Saatgut sicherzustellen – gentechnikfrei und jedes Jahr wieder verwendbar ohne weitere Kosten
- Den Landbesitz der Kleinbauern und indianischen Ureinwohner zu sichern
- Den Kleinbauern und armen Leuten die Möglichkeit sicherzustellen ihr Land ohne Gen-Kontamination vom Nachbarn und ohne chemische Kontamination von Luft und Wasser durch die Herbizid-Sprayer der Gen-Plantagen zu bebauen.

Wir bitten das Komitee für wirtschaftliche, soziale und kulturelle Rechte seine Besorgnis über die Verletzungen der wirtschaftlichen, sozialen und kulturellen Rechte, die durch die Verwendung von Gen-Soja in Brasilien verursacht werden, auszudrücken und Empfehlungen an die brasilianische Regierung auszusprechen, wie diese Menschenrechtsverletzungen umgehend beendet werden können.

Dr. Antonio Andrioli
Marina dos Santos, Justina Cima, Gilberto Cervinski, Maria José da Costa
Via Campesina Brazil

<u>Inhaltverzeichnis:</u>

2.) Situation in Brasilien – Gründe für die Menschenrechtsverletzungen

3.) Verletzungen des Rechts auf Nahrung (Art. 11)

4.) Verletzungen des Rechts auf Gesundheit (Art. 12)

5.) Verletzungen des Rechts der Menschen auf Selbstbestimmung (Art. 1)

6.)Maßnahmen zur Gewährleistung der Rechte von Landwirten und Verbrauchern

1.) Einleitung

Brasilien ist der größte Sojaexporteur und das Land mit der momentan größten Ausbreitung von Gen-Saat weltweit. Brasilien - mit 21 % der gesamten Anbaufläche, und Paraguay führen die Liste der Länder an, die – ursprünglich durch aus Argentinien eingeschmuggeltes Saatgut – derzeit die größte Expansion mit Gensoja aufweisen. In Brasilien ist seit 2005 nicht nur die Gensoja erlaubt worden, sondern auch der Anbau der insektenresistenten BT-Baumwolle Bollgard, was inzwischen 20 % der gesamten Baumwollproduktion im Lande ausmacht.

2003 wurde Soja mit 51 Millionen Tonnen Export das Hauptexportprodukt Brasiliens, und zum ersten Mal exportierte das Land mehr als die USA. Brasilien erreichte einen Zuwachs von jährlich 27,5 %, Brasiliens Verdienste am Export steigen jährlich um 2,9 %. Der Sojaexport erbrachte dem Land 2003 8 Milliarden US-Dollar.

„Über 55 % der weltweiten Fläche mit transgenen Pflanzen entfallen auf die USA, weitere 30 % auf Argentinien und Brasilien. Dabei ist GV-Soja mit 60 % der weltweiten GV-Flächen mit Abstand die wichtigste transgene Kulturart. In den USA werden mittlerweile 89 % aller Sojaflächen mit GV-Kulturen bestellt, in Argentinien sind es sogar 98 %. ... Anders ist die Situation in Brasilien. Dort sind gentechnisch veränderte Sojabohnen erst seit 2005 zugelassen, haben aber starke Zuwachsraten." („Gentechnik – keine faulen Kompromisse!" Top-Agrar 9 / 2006).

„Im Jahr 2004 ist die bras. Agroindustrie um 5,3 % gewachsen, das ist der höchste Anstieg in der seit 1992 andauernden Wachstumsphase. Sojaexporte machen nach Aussagen vom ehemaligen Landwirtschaftsminister R. Rodrigues inzwischen 26 % der bras. Exporte und 32 % des landwirtschaftlichen Nationalprodukts aus. Die Sojaernte lag im letzten Jahr bei 49,2 Mio. Tonnen, die auf 21,5 Mio. Hektar angebaut wurden. ... Für dieses Jahr .... rechnet mit einer Gesamternte von gut 63 Mio. Tonnen auf 22, 9 Mio. Hektar. ... Nichtsdestotrotz wird für 2005 eine Ernte von 12 Mio. Tonnen Gensoja erwartet. Das sind drei Mal so viel wie im letzten Jahr und entspricht knapp 20 % der erwarteten Gesamternte. ... " (Gensoja in Brasilien, 25.2.05).

In Rio Grande do Sul, das südlichste Bundesland Brasiliens, wird 95 % der Ackerfläche des Landes für den Anbau von Gen-Soja genutzt.

Von den bereits auf dem Markt existierenden gentechnisch modifizierten Sorten besitzt Monsanto allein 90 % der Patentrechte. Lt. Monsanto selbst umfasst der gesamte Umsatz des Konzerns in Brasilien jährlich 750 Mio. US-Dollar.

Die Agro-Gentechnik beschleunigt das Aussterben von Kleinbauern, indem sie ihre Abhängigkeit von Inputs erhöht und die Zerstörung natürlicher Ressourcen zur Folge hat. Die Bauern produzieren immer mehr für den Markt und den Export und schränken dadurch die Selbstversorgung ein. Durch die Intensivierung der exportorientierten Landwirtschaft ist mit großer Wahrscheinlichkeit eine zunehmende Zerstörung der Natur und Vernichtung kleiner Betriebe zu erwarten. Durch den Einsatz der Gentechnik werden die Chancen für die kleinbäuerliche Familienlandschaft geringer, denn sie verfügt über eine geringe Investitionskraft, die verhindert, dass sie beim technischen Fortschritt mithalten kann.

Die Soja-Produktion trägt momentan mit über 21 % zur Finanzierung das brasilianischen Haushaltes bei. Der Sojaexport brachte dem Land wichtige Devisen um seine Auslandsschulden zu reduzieren.

Entwaldung, Zunahme des Pestizideinsatzes, Zerstörung der Lebensgrundlage von indigenen Völkern und Kleinbauern, Landkonzentration, Sklavenarbeit, Landflucht und Zunahme der Armut auf dem Land sind Auswirkungen, die eine andere Seite der Sojamonokultur deutlich machen.

Diese Entwicklung endete bereits in vielen Tausenden von Menschenrechtsverletzungen in den Bereichen von Nahrung, Gesundheit, Selbstbestimmung und Arbeit in Brasilien - was zur Existenzvernichtung der Landwirte führt.

Wir hoffen sehr, dass das Komitee für wirtschaftliche, soziale und kulturelle Rechte weitere Landlosigkeit und Hunger sofort stoppen und die Rechte der Menschen durchzusetzen hilft, welche im Internationalen Pakt für wirtschaftliche, kulturelle und soziale Rechte geschrieben stehen..

2.) Situation in Brasilien – Gründe für die Menschenrechtsverletzungen:

Wie viele Menschen sind in Brasilien betroffen?

Brasilien ist das 5.- größte Land der Erde und umfasst 47 % des südamerikanischen Kontinents. In Brasilien leben über 83 % der 186 Millionen Einwohner in den Städten. Die Wachstumsrate der Städte steigt jährlich um 3 % mit Menschen, die ihr Land verlassen und in die Stadt ziehen.

2,8 % der Landwirte haben zusammen 57 % der landwirtschaftlichen Fläche und über 90 % müssen sich 22 % der nutzbaren Fläche teilen. 5 Millionen sind ohne Land.

10,4 % der Wirtschaft nimmt die Landwirtschaft ein, Exporte bringen 109 Mia. US-Dollar und wachsen jedes Jahr über 100 %, Importe bringen 80 Milliarden Dollar. Die Armutsrate lag 2004 bei 22 %, die Rate der Menschen ohne Arbeit bei 9,5 %.

Die Wirtschaft wächst jährlich um 4,2 % (2007) (Brazil wikipedia). Die bras. Wirtschaft ist die am stärksten wachsende in Südamerika, die wichtigsten Exportprodukte sind Kaffee, tropische Früchte, Soja-Bohnen und Zucker.

In der bras. Landwirtschaft arbeiten die meisten Menschen auf den großen Plantagen unter sklavenähnlichen Bedingungen. *(www.Brazil wikipedia.de)* - 25 % der Bevölkerung ist hungrig – ("We feed the world") dass sind 40 Millionen Menschen.

55 % der Kleinbauern arbeiten in der Produktion von Sojabohnen.

Gründe für die die Menschenrechtsverletzungen in Brasilien:

Vor allem Brasilien ist eines der am meisten von Menschenrechtsverletzungen betroffenen Länder weltweit. Es ist eines der größten Produzenten von genetisch veränderten landwirtschaftlichen Produkten, des großflächigen Anbaus von Gen-Soja.

„Die Landwirtschaft erlebt eine Übernahme durch Großkonzerne. Das heißt: Bauern verlieren ihr Jahrtausende altes Wissen und die Fertigkeit, mit der Erde und der Pflanzenvielfalt umzugehen. Wir erleben hier ...eine der größten menschlichen Tragödien. ... " *(Deutsche Welle „Grüne Gentechnik – Fluch oder Segen? Jan. 2005).*

„Die totale Synchronisierung der internationalen Landwirtschaft ist das Ziel der beiden Großen in diesem Geschäft, von Pioneer und Monsanto, die nach dem Aufkauf der wichtigsten Konkurrenten als die beiden einzigen Global Player in dem Gewerbe gelten dürfen. Die beiden Konzerne haben den Markt regelrecht aufgeteilt. ... Mittlerweile neunzig Prozent des weltweit verkauften gentechnisch veränderten manipulierten Saatgutes werden von Monsanto produziert und verkauft. Das zweite Standbein von Monsanto ist die Anmeldung von Patenten, vor allem auf Grundnahrungsmittel, die seit langer Zeit auf der Erde angebaut werden. Dieser Vorgang wird als Biopiraterie bezeichnet." (We feed the world S. 39) ....

Die Weltmarktführer in der Saatgutbranche, Pioneer Hi-Bred und Monsanto, haben in den letzten Jahren viele Menschen um ihre materielle wie physische Existenz gebracht. „(We feed the world S.-52)

3.) Verletzungen des Rechts auf Nahrung und des Rechts frei von Hunger zu sein (Artikel 11)

Dieses Recht ist für die meisten Landwirte in Brasilien nicht mehr gewährleistet. Die Armutsrate steigt, 25 % der Bevölkerung leidet Hunger, und diese Zahl wächst jedes Jahr weiter.

Die größte Gefahr dieses Recht zu sichern ist die Zerstörung des Lebensunterhaltes als eine Folge des Anbaus von Gen-Soja. Eine Ursache für die Gefährdung des Rechts ist die drohende Abhängigkeit der Bauern von den Gentechgroßkonzernen, die sie mit falschen Versprechungen locken:

"Monsanto hatte den Farmern damals erklärt, dass es größere Erträge gäbe, dass alles nahrhafter wäre und das man weniger Chemikalien benötigen würde!" (*P. Schmeiser, canadian farmer, in „"Gefahr Gentechnik" v. M. Grössler, S. 194)*

Jetzt haben wir folgende Situation:

Abhängigkeit von den Konzernen

Mit der Hoffnung, die Unkrautbekämpfung durch die Anwendung von Herbizid und geringerem Arbeitseinsatz zu erleichtern, zu verbilligen und dadurch den Ertrag zu steigern, wird in immer größerem Umfang die herbizidresistente Soja angebaut. Indem gentechnisch verändertes Saatgut jedoch als Eigentum eines Agrarkonzerns patentiert ist und durch die Verseuchung von Feldern eine herkömmliche Produktion verhindert wird, wird die Abhängigkeit der Bauern vollständig. Durch das Inkrafttreten der Patentrechte der Pflanzenzüchter wurde für die großen Chemiekonzerne der Weg zur Kontrolle des Saatgut-Chemikalienmarktes geöffnet. Die Konzerne streben danach, die Landwirtschaft durch zu industrialisieren, und die Abhängigkeit der Bauern von den Chemikalien zu intensivieren. Mit Hilfe der Gentechnik wird versucht, Pflanzensorten zu entwickeln, die den Verkauf von Chemikalien besser stimulieren können. Das neue Saatgut soll besonders bei Bauern in den Entwicklungsländern durch Angebote eingeführt werden, die sie nicht ablehnen können, und zu Preisen, die sie nicht bezahlen können. Damit die Gentechnik sich als Sachzwang in der lateinamerikanischen Landwirtschaft durchsetzen konnte wurde mit der Taktik begonnen, zunehmend Felder durch eingeschmuggeltes Saatgut zu kontaminieren.

Die Existenz der Kleinbauern als individuelle Produzenten wird durch den Einsatz der Gentechnik in der Landwirtschaft in dem Maße erschwert, wie sie durch die schleichende gentechnische Verseuchung gezwungen werden, der Strategie der Agrarkonzerne zu folgen. Diese vertieft die Abhängigkeit, Verschuldung und Verarmung der Kleinbauern, deren tendenzieller Ausschluss vom Produktionsprozess die Landkonzentration vertieft, die Landflucht beschleunigt und die Zahl von Landlosen und zugleich Arbeitslosen erhöht, eine Tendenz, die stark zur wachsenden Ungleichheit in Brasilien beiträgt. Bauern, die in Brasilien noch auf kleinen Anbauflächen produzieren, werden durch die Ausbreitung der Genpflanzen am meisten betroffen. Passen sie sich der neuen Technologie an, werden sie noch abhängiger von den Konzernen. Leisten sie Widerstand, besteht die Gefahr, dass ihre Grundfläche von den Genpflanzen der Nachbarn kontaminiert wird, was es für sie unmöglich macht, herkömmliche Sorten zu produzieren. Die Privatisierung von natürlichen Ressourcen und von Wissen zugunsten multinationaler Agrarkonzerne und Großgrundbesitzer vertieft die soziale Ungleichheit. Während das Kapital insbesondere Betriebsmittel, Kredite zunehmend monopolisiert werden stehen die selbst arbeitenden Bauern unter dem Druck, mit Hilfe von Technik untereinander um ihr Überleben zu konkurrieren. Die kleinbäuerliche Familienlandwirtschaft neigt dazu, sich aufgrund der angeblichen Arbeitserleichterung und -ersparnis anzupassen und dadurch zerstört zu werden

Die Sojaproduktion verdrängt zunehmend die Kleinbauern, und dies stellt inzwischen die dramatischste Realität auf dem gesamten lateinamerikanischen Kontinent dar. Die Agro-Gentechnik beschleunigt jedoch das Aussterben von Kleinbauern, indes die ihre Abhängigkeit von Inputs erhöht und die Zerstörung natürlicher Ressourcen zur Folge hat.

Höhere Kosten, mehr Gift und weniger Erträge

Bei Gen-Soja drohen Patentgebühren als zusätzliche Kosten hinzu zu kommen, ferner zeigte sich bereits dass die gentechnische veränderte Soja um 5 bis 10 % weniger produktiv ist als die konventionelle.

Die Kosten des Saatgutes sind durchschnittlich 40 % höher als herkömmliches Saatgut. Die Preise schwanken zwischen 30 und 60 Dollar pro 40 kg, während der Preis für herkömmliches Saatgut 12 Dollar pro 40 kg ausmacht.

In Brasilien werden z. B. 25 % der Agrargifte in der Sojaproduktion eingesetzt. Das waren im Jahr 2002 schon 50 Tsd. Tonnen Pestizide, ein jährliches Wachstum an Pestizidverbrauch von 22 % im Zusammenhang mit der Zunahme von Sojaanbaufläche. Der Einsatz von Pestiziden hat sich seit 1999 in Rio Grande do Sul um 47,6 % erhöht. War der Herbizideinsatz 1996 geringer, so ist er ab 2001 sogar höher als bei den herkömmlichen Sojabohnen wird im Durchschnitt 11 % mehr gespritzt als bei den herkömmlichen Sojabohnen, und manchmal kam man schon auf mehr als 30 %.

Dazu kommt, dass für herkömmliche Sojabohnen in Brasilien im Durchschnitt 4 % höhere Preise erzielt werden, mancherorts sogar bis zu 10 %.

Studien und Praxiserfahrungen weisen mittlerweile nach, dass die Produktivität transgener Soja im Durchschnitt 2 – 8 % niedriger ist als die der herkömmlichen, bei herkömmlichem Soja waren die Erträge um 5 – 22 % höher. Auch in Brasilien ist der Ertrag von herkömmlichem Soja höher. Es gibt herkömmliche Sorten, die viel ertragreicher sind als die gentechnisch veränderten. Die Erfahrungen sind wie überall auf der Welt: Die Sorten sind nicht anpassungsfähig an die veränderten Boden- und Klimabedingungen. Es wurde eine geringere Keimfähigkeit, eine vorzeitige Blüte und ein niedriges Wachstum bei der gentechnisch veränderten Pflanze festgestellt. Das führte zur Verringerung ihres Ertrags im Vergleich zu den herkömmlichen Sorten. Die Versprechungen der Industrie – mehr Ertrag und damit mehr Einkommen für die Bauern – sind damit nirgendwo wahr geworden – im Gegenteil. Bauern, die durch die Kontamination zum Wechsel gezwungen wurden oder den Versprechungen geglaubt haben – haben meist sogar ihr Land verloren, weil sie ihre Schulden für das teure Saatgut und die vermehrten Pestizide nicht mehr zurückzahlen konnten und ihre Existenz dadurch zerstört worden ist.

Exporte statt Eigenversorgung

Die Exporte haben sich in fünf Jahren verfünffacht. Brasilien ist größter Sojaexporteur und eines der reichsten Agrarländer der Welt.

Die Bauern produzieren immer mehr für den Markt. Dadurch wird ihre Selbstversorgung eingeschränkt. Der Anbau für den Eigenbedarf mehr und mehr durch die Produktion für den Markt ersetzt. Durch die Intensivierung der exportorientierten Landwirtschaft ist mit großer Wahrscheinlichkeit eine zunehmende Zerstörung der Natur und Vernichtung kleiner Betriebe zu erwarten.

Die Flächen für den Eigenanbau werden reduziert. Urwald wird in großen Mengen abgeholzt, um neue Anbauflächen zu gewinnen. Urwaldbewohner und Kleinbauern werden von Guerillas der Großgrundbesitzer oft mit Gewalt von ihrem Grund vertrieben oder ermordet, um weitere Anbauflächen für sich zu gewinnen. Ausgleichszahlungen, Rückerstattungen usw. finden nur selten statt, da nur in wenigen Fällen und oft nur mit internationaler Hilfe von Menschenrechtsorganisationen vor Ort (FIAN usw.) eine juristische Verfolgung möglich wird, die meistens trotzdem zugunsten der Großgrundbesitzer ausgeht, denn auch die Gerichtsbarkeit wird oft aus den eigenen Reihen gestellt – so ist z. B. der Gouverneur von Mato Grosso der größte Soja-Produzent („We feed the World").

Gen-Pflanzen machen Eigenanbau unmöglich und vergiften das Trinkwasser

Durch die Kontaminierung durch den GEN-Anbau werden die Nachbarfelder ganzer Gegenden für den Eigenanbau unbrauchbar. Kanada war z. B. nach Einführung des Gen-Rapses nach 10 Jahren komplett kontaminiert. Ein Anbau von gentechnikfreiem Raps und verschiedenen Sorten von Gemüse sowie Honigproduktion ist dort nicht mehr möglich und wird es nie wieder sein. Eine Verseuchung genetischer Ressourcen ist für immer unwiderruflich.

Durch das Bespritzen der Felder mit Herbiziden (s. oben), meist aus Flugzeugen, werden die Nachbarfelder- und Dörfer mit besprüht, was zu schweren Gesundheitsschäden für Mensch und Tieren führt *(s. auch S. 13 / 14)* und dort alle anderen Pflanzen vernichtet.

„ Auf dem Land waren die Auswirkungen der Sojabohnen-Monokultur noch verheerender. Die traditionellen bäuerlichen Gemeinschaften in der Nähe der riesigen Sojabohnen-Plantagen waren ernstlich betroffen…. fanden die Bauern, die dort verschiedene Gemüse für ihren Eigenbedarf angebaut hatten, die gesamte Ernte vernichtet, nachdem die angrenzenden Felder … besprüht waren, einem Pestizid, das alle Pflanzen vernichtet, außer den speziellen, genmanipulierten Monsanto-Pflanzen, die „unkrautvernichtungsmittelresistent" sind. Eine Studie von 2003 zeigt, dass das Besprühen nicht nur ihre Felder vernichtet hatte. Ihre Hühner waren gestorben und andere Tiere vor allem Pferde erlitten Schaden." *(ZEIT-Fragen Nr. 43 v. 31.10.05 „Kann es in einer Welt mit „Gen-Food" Frieden geben?" v. F. W. Engdahl)*

Somit ist ein Eigenanbau von Gemüse usw. in der Nähe von Gensojaflächen für die Bauern nicht mehr möglich, auch Haus- und Nutztiere sind gefährdet. Dazu kommt die Vergiftung der Wasserquellen. Die Menschen sind aber auf das Trinkwasser angewiesen, trinken das verseuchte Schmutzwasser und bekommen u. a. regelmäßig Fieber.

Das beweist, dass die Zukunft der Landwirtschaft ganz klar in der biologischen Landwirtschaft und nicht in der Kultivierung von genetisch veränderten Pflanzen gefunden werden muss. Die brasil. Regierung sollte darum sofort die Verwendung von BT-Baumwolle verbieten – um den Lebensunterhalt seiner Bauern zu sichern und eine weitere Verbreitung des Gen-Anbaus zu verhindern.

Artikel 11 (2):

a)" zur Verbesserung der Methoden der Erzeugung, Haltbarmachung und Verteilung von Nahrungsmittel durch volle Nutzung der technischen und wissenschaftlichen Erkenntnisse, ... sowie durch die Entwicklung oder Reform landwirtschaftlicher Systeme ... mit dem Ziel einer möglichst wirksamen Erschließung und Nutzung der natürlichen Hilfsquellen"

Ab 1999 wurde die Strategie der Einführung der RR-Soja in Brasilien verstärkt. Der Konzern Monsanto versuchte sich durchzusetzen. Nach der brasil. Verfassung dürfen transgene Pflanzen nur dann freigesetzt werden, wenn Studien und Berichte über ihre Auswirkungen auf die Umwelt vorhanden sind, die beweisen, dass Naturschäden ausgeschlossen werden können. Eine Umweltverträglichkeitsprüfung wurde jedoch bisher nicht vorgelegt, und rechtlich gesehen ist der Anbau der RR-Soja weiter umstritten. Die Freisetzung von GEN-Soja verstößt somit gegen die Verfassung und drei Prinzipien des Umweltrechts, nämlich Vorsorge, Nachhaltigkeit und Schadenshaftung.

Dazu kommt, das seit vielen Jahren der Urwald gerodet wird für neue Soja-Anbauflächen – bereits jetzt eine Fläche von Frankreich und Portugal zusammengenommen. Der Boden ist aber für den Sojaanbau ungeeignet, Nährstoffe etc. werden darum künstlich hinzugefügt. Den Urwaldeinwohnern wird damit ihre Lebensgrundlage entzogen, sie haben nur noch die Möglichkeit als nunmehr Landlose in die Slums der großen Städte abzuziehen. Die Weltbank finanziert den Straßenbau zur Förderung des Urwaldabbaus und des Sojaanbaus. („We feed the world") Die Nutzung der natürlichen Ressourcen und damit die Lebensgrundlagen für die Einwohner werden damit unwiderruflich zerstört zugunsten der Gewinne einiger großer Agrarkonzerne.

Zusammenfassend konnte deutlich gemacht werden, dass Gentechnik nicht die richtige Methode ist, die Situation der Landwirtschaft und Nahrungsmittelsicherheit in der Welt zu steigern, darüber hinaus zerstört sie natürliche Ressourcen und minimiert die Ernten.

„Eine Propagandalüge der Gentech-Industrie ist entlarvt: Gentechnisch veränderte Kulturen benötigen nicht weniger, sondern jedes Jahr mehr chemische Pestizide gegen Unkräuter und Schädlinge.“ *(„Über Gentech-Pflanzen wird mehr Gift versprüht“, wissenschaftliche Studie von Benbrook, Ökologo 1 / 2004 Seite 2).* Die Pestizidmenge steigt um 50 – 60 %. *(„Auf Dauer unwirtschaftlich“ von K. Faissner in: „Gefahr Gentechnik“, S. 234).*

b) „zur Sicherung einer dem Bedarf entsprechenden gerechten Verteilung der Nahrungsmittel der Welt unter Berücksichtigung der Probleme der Nahrungsmittel einführenden und ausführenden Länder“

Wie schon genannt setzt die brasilianische Regierung mehr und mehr auf Export, die Möglichkeit der Eigenversorgung der Brasilianer wird dadurch zunehmend zerstört (s. vorherige Kapitel). Brasilien ist damit eines der reichsten Agrarländer der Welt – und trotzdem hungern 25 % der Bevölkerung – 40 Millionen Menschen - Tendenz stark steigend. Die riesigen und weiter steigenden Einnahmen dienen dazu die Auslandsschulden zu decken oder fließen in die Taschen von Monsanto und anderen Agrargiganten sowie den Großgrundbesitzern und kommen somit in keinster Weise der Bevölkerung zugute. Im Gegenteil: Mehr Export, mehr Einnahmen – mehr Hunger und Landlose. Internationale Organisationen wie die Weltbank unterstützen diese Politik auch noch.

Europa importiert 90 % seines Sojas aus Übersee, 40 % davon kommen allein aus Brasilien. Der Soja wird hier zunehmend zur Fütterung unserer Tiere verwendet – und in Brasilien verhungern zunehmend die Menschen. Unser Mais und Weizen wird – statt für unsere Ernährung oder als Tierfutter – zunehmend für Fernwärme verbrannt oder aber unsere Flächen liegen – von der EU subventioniert – brach. Unsere eigenen landwirtschaftlichen Betriebe reduzieren sich jedes Jahr drastisch, weil durch die gewaltigen Importmengen der Anbau hier unrentabel wird.

Der Steuerzahler muss die Folgen tragen – für zunehmende Arbeitslosigkeit usw.

Dieses Verteilungssystem schadet somit weltweit den Bauern vor Ort. Die einzigen Gewinner sind auch hier in Europa die Agrarkonzerne. Würden in jedem Land die Bauern vor Ort für ihre Eigenversorgung oder die Versorgung ihres Landes produzieren dürfen – wären alle die Gewinner.

Dazu kommt für Brasilien noch die Fehlpolitik mit dem Gensoja, denn mit dem Vorteil der herkömmlichen Soja hat Brasilien den Anteil am Markt erobert, den Argentinien und die USA wegen der Gentechnik verloren. Zwischen 1995 und 1999 hat Brasilien seine Sojaexporte nach Europa von 3 Mio. t auf 5,6 Mio. t erhöht. Brasilien ist unter den Sojaproduzenten das einzige Land, das noch in der Lage ist, große Mengen herkömmlicher Soja anzubieten. Brasilien ist der wichtigste Teil in diesem Spiel, denn wir sind der größte Produzent von herkömmlichem Sojasaatgut. Wenn wir auch mit dem Anbau von Gensoja beginnen, dann haben Europa, China und Japan nicht mehr die Möglichkeit, herkömmliche Soja zu kaufen. In dem Maß, wie Brasiliens Sojaexport stieg, in dem Maß sank der Anteil des Exportes in Argentinien und USA. Die Mehrheit der Verbraucher lehnt Gensoja ab. In Europa akzeptieren über 70 % der Verbraucher keine Gennahrungsmittel, auch in Brasilien haben Umfragen dasselbe ergeben. Daher täte die brasilianische Regierung gut daran, Gensoja zu verbieten und auf herkömmliches Soja zu setzen – das ist langfristig eine sichere Einnahmequelle.

„Gentechnik zur Bekämpfung des Welthungers“

Wie schon Jean Ziegler feststellte:

Unsere Welt produziert so viele Nahrungsmittel, dass wir das Doppelte der Menschen, die auf ihr leben, damit ernähren könnten – 12 Milliarden. Das Problem ist nicht, dass wir nicht genug zu essen für alle Menschen haben, das Problem ist seine richtige Verteilung, so dass alle genug haben würden.

„Groteskerweise trommeln gerade diejenigen Firmen für die Gentechnik als Lösung des Welthungers, die durch die aktive und aggressive Einführung der Industrie-Landwirtschaft in der Dritten Welt, von Hochertragssorten, Pestiziden und Kunstdünger zur Ertragssteigerung, wesentlich zu Hunger, zerstörten Böden, kaputten Ökosystemen und der Konzentration von Land und Macht in den Händen weniger beigetragen haben.“ (*„Gen-Pflanzen erfüllen Erwartungen nicht“, Andreas Bauer, Umweltnachrichten 100 / 2004, S. 24)*

Die Weltbevölkerung könnte mit den vorhandenen Erträgen leicht satt werden – würden sie richtig verteilt werden. Dies gilt es zu lösen – die Gentechnik in Landwirtschaft und Nahrungsmittelproduktion verschärft diesen Konflikt aber weiterhin.

Die Entwicklungsländer haben festgestellt, „dass die Gentechnik die biologische Vielfalt .. zerstöre, das lokale Wissen und das nachhaltige landwirtschaftliche System gefährde, das die Bauern über Tausende von Jahren entwickelten. Damit untergrabe die Gentechnik die Möglichkeit der .. Bevölkerung, sich selbst zu ernähren. Auch entwicklungspolitische Organisationen wie Christian Aid oder Brot für die Welt betrachten die so genannte grüne Gentechnik eher als Fehlentwicklung, die Hunger und Armut weiter verschärft ...

Die ersten Erfahrungen in Argentinien, Brasilien, Indien, Kanada, Panama und anderen Ländern zeigen exakt dieselbe Entwicklung: Gentechnik produziert Hunger.

FAZIT: Um die Welternährung zu sichern, muss man die sozialen und ökologischen Bedingungen verbessern. Eine kurzfristige Steigerung der Erträge mit technischen Mitteln, die auf Kosten der Umwelt und der Menschen geht, ist der falsche Weg. Ein zerstörtes Ökosystem wird die nachfolgenden Generationen nicht ernähren können. ... Eine nachhaltige Sicherung der Ernährung braucht eine Landwirtschaft, die die natürlichen Grundlagen bewahrt: gesunde und fruchtbare Böden, sauberes Wasser sowie eine Vielzahl an Pflanzen und Tieren." *(www.greenpeace.de/themen/gentechnik/ „Gentechnik – keine Hoffnung für die Hungernden" vom 1.10.2004).*

Um Erzeugungsmethoden zu verbessern, Nahrungsmittel besser zu verteilen oder die Nutzung natürlicher Hilfsquellen wirksam zu erschließen und langfristig zu gewährleisten fordern wir von der brasilianischen Regierung, die Verwendung der Gentechnik zu verbieten und in seiner Außenpolitik sich dafür einzusetzen, auf Gentechnik in Landwirtschaft und Nahrungsmittelproduktion zur Lösung des Welthungers zu verzichten und eine gerechte Verteilung der vorhandenen Lebensmittel zu forcieren.

4.) Verletzungen des Rechts auf Gesundheit (Art. 12)

Beim Sojaanbau wird hauptsächlich das Unkrautvernichtungsmittel Glyphosat eingesetzt.

Mehr Chemie hieß mehr Kosten für die Bauern, viel mehr Gewinn für die Chemieunternehmen und deutlich mehr Schäden an der Umwelt und der Gesundheit der Landwirte.

Wie giftig die Chemikalien sind, schildert Müller anhand eines Beispiels. "Bei 38 Prozent der Spritzungen kommt es zu mittelschweren Symptomen wie Muskelkrämpfen oder Erbrechen. Bei sechs Prozent kommt es zu schweren Vergiftungen und bei zehn Prozent treten Vergiftungen mit neurotoxischen Symptomen auf." *(Gourmet Report 11.12.2007 „Gentech-Baumwolle treibt indische Bauern in den Tod")*

Seit Anfang der neunziger Jahre wird Roundup in Brasilien als Herbizid verwendet.

Die Bevölkerung in den Anbaugebieten, und vor allem Landarbeiter, erleiden massive gesundheitliche Schäden. Das Herbizid wird meist vom Flugzeug aus versprüht „und verbreitete sich mitunter Hunderte von Metern außerhalb der Anbauflächen. Die US-Umweltschutzbehörde EPA nennt detailliert die Gesundheitsschäden: auf kurze Sicht „Lungenstauungen und Beschleunigung der Atmung", auf lange Sicht „Nierenschäden und Auswirkungen auf die Fortpflanzung." Der .. Arzt J. Kaczewer wertet seit mehreren Jahren die gesundheitsschädliche Wirkung von Glyphosat aus: Haut und Augenjucken, Übelkeit und Schwindelgefühl, Lungenödeme, sinkender Blutdruck, allergische Reaktionen, Unterleibsschmerzen, massiver Flüssigkeitsverlust im Magen-Darm-Bereich, Erbrechen, Ohnmacht, Zerstörung der roten Blutkörperchen, Nierenschäden und Nierenversagen.

Zwar wird das Herbizid inzwischen verstärkt von Bodenmaschinen versprüht, doch die armen Landarbeiter, die sich weder Schuhe noch Handschuhe leisten können, sind dem Gift weiterhin schutzlos ausgesetzt.

„Eine Studie von 2003 zeigt, dass das Besprühen nicht nur ihre Felder vernichtet hatte (s. S. 10). ihre Hühner waren gestorben und andere Tiere vor allem Pferde erlitten Schaden. Bei den Menschen führten die gesprühten Unkrautvernichtungsmittel zu schwerer Übelkeit, Durchfall, Erbrechen und Hautverletzungen. Aus Berichten geht hervor, dass Tiere in der Nähe von GVO-Sojabohnenfeldern mit Missbildungen geboren wurden. Man hörte von missgebildeten Bananen und Süßkartoffeln, von Seen, die plötzlich voller toter Fische waren. Bauernfamilien berichteten, nach dem Besprühen der nahe gelegenen Sojafelder bei ihren Kindern plötzlich seltsame Flecken auf dem Körper entdeckt zu haben." *(ZEIT-Fragen Nr. 43 v. 31.10.05 „Kann es in einer Welt mit „Gen-Food" Frieden geben?" v. F. W. Engdahl)*

In Brasilien haben Wissenschaftler bei 74 % der Proben bis zu 14 mg Rückstände des Herbizids per Kilogramm Gensoja nachgewiesen, was weit über dem Grenzwert liegt, der in der brasilianischen Pflanzenschutzgesetzgebung vorgeschrieben ist. Das Herbizid ist zum wichtigsten Verursacher von Intoxikationen in Brasilien geworden, mit allein 11,2 % der gesamten Vergiftungsfälle zwischen 1996 und 2002. Nach dem bras. Institut f. Umwelt und erneuerbare Ressourcen IBAMA ist der Verkauf des Wirkstoffs Glyphosat in Rio Grande do Sul zwischen 1998 und 2001 (Periode der Einführung der Gensoja) von 3,85 Tonnen auf 9,13 p. a. Tonnen gestiegen. Die offiziell registrierten Vergiftungsfälle sind nach dem toxikologischen Informationszentrum von Rio Grande do Sul zwischen 1999 und 2002 von 31 auf 119 gestiegen (IBAMA 2003))

Eine neue französische Studie der Universität Caen zeigt mittlerweile sogar, das Rückstände des Glyphosates, die bei den meisten auf dem Markt befindlichen Gentechlebens und -Futtermitteln nachweisbar sind, bei menschlichen Zellen schädlich und sogar tödlich wirken können – selbst bei sehr niedrigen Mengen. „Trotz einer 100.000 fachen Verdünnung führte der Einsatz zu einem völligen Zellsterben innerhalb von 24 Stunden, er blockierte die Zellatmung und verursachte DNA-Schäden." (Global 2000, 14.01.09)

Diese Fakten zeigen weiter, dass die Verwendung von Gen-Pflanzen wie Gen-Soja Verletzungen des Menschenrechts auf Gesundheit mit sich bringt – und durch die Regierung sofort gestoppt werden sollte.

5.) Verletzungen des Rechts der Völker auf Selbstbestimmung (Art. 1)

Absatz 1: „Alle Völker haben das Recht auf Selbstbestimmung"

„Mit der Einführung der Gentechnik haben die ... Bauern jegliche Selbstbestimmung verloren. Ihr Land wurde .... kontaminiert – mit allen negativen Konsequenzen: Zerstörte Ernten, zerstörte Existenzen." (www.thiele-und-thiele-consult.de/press *Fakten der Agro-Gentechnik 15.11.2006*)

Experten sprechen von „Wirtschaftskolonialismus internationaler Konzerne" (bio.-scope.org v. 16.04.02)), „ Das sind Zeichen einer Nahrungsmitteldiktatur." (*V S. in Gefahr Gentechnik S. 231*)

"Frei sein von GVO ist ein Ausdruck unseres Grundrechts auf freie Nahrungsmittelwahl" (*Vandana Shiva in Gefahr Gentechnik S. 231).*

Damit die Gentechnik sich als Sachzwang in der Landwirtschaft durchsetzt, wurde mit der Taktik begonnen, zunehmend Felder durch eingeschmuggeltes Saatgut zu kontaminieren. Die effektivste Taktik ist die weltweite schleichende gentechnische Verschmutzung.

Ein Beispiel über diese Praktiken der Genkonzerne:

2005 wurden in ganz Rumänien Sojapflanzen getestet: es stellte sich heraus, dass 90 % der Pflanzen ohne Wissen der Behörden und der meisten Farmer gentechnisch verändert sind. Mangels Kontrollen und Labors versuchen die Gentechnikkonzerne illegal eine Situation zu schaffen, die nicht mehr rückgängig zu machen ist! Einmal kontaminiert – immer kontaminiert!

In diesem Sinne wird die Strategie von Monsanto in Lateinamerika gezielt durchgesetzt, und sie vollzieht sich in folgenden Schritten: ein Gebiet auswählen und Kontamination erwarten (in diesem Fall ist Argentinien das Ausgangsland für Lateinamerika).

Auch in Mexiko wurde so vorgegangen: Von Nachbarländern aus gezielt kontaminiert, den Bauern GVO-Saatgut ohne deren Wissen geschenkt usw. und nun haben sie GVO-Mais überall und ihre eigenen Maissorten – der Reichtum Mexikos: die Vielfalt der Maissorten – sind durch die Kontamination – ohne deren Wissen und Einverständnis – bereits weitestgehend zerstört. Soviel zur Taktik von Monsanto weltweit Fakten zu schaffen – auch in Europa: über Kontamination durch Freiland-Forschung.

Fazit: Die einzige Möglichkeit das Recht auf Selbstbestimmung des brasil. Volkes zu gewährleisten ist die Verwendung von Gentechnik in der bras. Landwirtschaft zu verbieten.

Absatz 2: „Alle Völker können für ihre eigenen Zwecke frei über ihre natürlichen Reichtümer und Mittel verfügen – in keinem Fall darf ein Volk seiner Existenzmittel beraubt werden!"

Die Bauern haben über Jahrtausende alte Traditionen und über viele Generationen praktizierte Anbaumethoden Sorten entwickelt, die den regionalen Bedingungen genau angepasst sind.

„Die industrielle Landwirtschaft hat bereits 75 % unserer Nahrungspflanzen verschwinden lassen. In Indien gab es einst 30.000 kultivierte Reissorten, heute spielen nur noch zehn eine Rolle" (*„Gentechnik: Keine Hoffnung für die Hungernden" Greenpeace 1.10.2004*)

Bauern werden von einer Industrie abhängig. Das ist ein modernes Beispiel für eine neue Form von Sklaverei oder Kolonialismus:

„Besonders skandalös ist die Entwicklung der so genannten **Terminator-Technologie**. In mehr als 87 Ländern ist steriles Saatgut zum Patent angemeldet, also Saatgut, bei dem nicht mehr Teile der Ernte wieder ausgesät werden können, sondern für jede Aussaat neues Saatgut gekauft werden muss. Die Agrarkonzerne versprechen sich davon einen attraktiven Absatz- und Wachstumsmarkt. Übersehen

– oder auch billigend in Kauf genommen – wird, dass Kleinbauern vielfach gar nicht in der Lage sind, jedes Jahr neues Saatgut zu bezahlen. Sie werden nicht nur um ihre Unabhängigkeit gebracht, sondern vielfach gezwungen sein, sich zu verschulden, mit dem Risiko durch eine Missernte ruiniert zu werden. ... Diese Entwicklung bedroht die Existenz von Millionen Bauern.“ (*Patent(ierte) Enteignung“ von Marlies Olberz, Food First, S. 13*)

Der Lebensstandard des Anbauens wird weggenommen durch diese Praxis und durch das Patentieren von Pflanzen:

Auch über **Patente** der Genkonzerne werden die LandwirtInnen abhängig : Die Konzerne versuchen weltweit soviel Pflanzen wie möglich zu patentieren – z. B. Reis – was heißt, jeder der in Zukunft Reis anbauen will, muss das Saatgut dann bei Monsanto kaufen, natürlich jedes Jahr neu (Terminator-Samen) – und diesem für das Patent auch noch Lizenzgebühren bezahlen. Alleine in Indien aber haben die Landwirte über 200 Reissorten wieder nachgezüchtet und sind damit unabhängig, da sie ihr Saatgut aus ihren eigenen Ernten bestreiten – was nach einer Patentierung dann illegal ist und mit hohen Strafen belegt wird

Die Inderin Vandana Shiva, die für ihr Engagement gegen GVO und für die Unabhängigkeit der indischen Bevölkerung von einigen wenigen Großkonzernen den Alternativen Nobelpreis erhalten hat, spricht sogar von Versklavung der Bauern! *(„Biopiraterie mit Reissaatgut“, www.dradio.de, 8.7.04).*

6) Schritte, um die Rechte für Landwirte und ihre Familien zu gewährleisten:

“Brasilien hat den Internationalen Pakt für wirtschaftliche, soziale und kulturelle Rechte, des wichtigsten internationalen Instruments, um das Recht auf Nahrung zu schützen, ratifiziert. Die brasilianische

Regierung ist somit verpflichtet, das Recht auf Nahrung für alle Brasilianer sicherzustellen.

... Das Recht auf Nahrung ist das Recht fähig zu sein sich selbst zu ernähren durch physischen und ökonomischen Zugang zu Nahrung, Teilhabe, Verfügbarkeit ... und der Zugang zu effektiven Heilmitteln muss sichergestellt sein auf allen Levels bei der Durchsetzung des Rechts auf Nahrung. Die brasil. Regierung hat die Verpflichtung das Recht auf Nahrung zu respektieren, zu schützen und zu erfüllen.

- Die Verpflichtung zu respektieren meint, dass die Regierung keine Schritte unternehmen soll, dass willkürlich Menschen das Rechts auf Nahrung beraubt werden.

- Die Verpflichtung zu schützen meint, dass die Regierung geeignete Gesetze in Kraft setzen sollte, die dritte Parteien, eingeschlossen mächtige Menschen und Konzerne, vor Gefährdung des Rechts auf Nahrung durch andere schützt.

- Schließlich, die Verpflichtung zu erfüllen (erleichtern und versorgen) meint, dass die Regierung positive Schritte verwundbare Gruppen zu identifizieren ergreifen sollte ... um ihren Zugang zu adäquater Nahrung und Wasser sicherzustellen, indem sie ihre Fähigkeit, sich selbst zu ernähren, erleichtert.

(J. Ziegler in seinem Bericht über das Recht auf Nahrung , Sommer 2005, S. 9)

Die Freisetzung von GEN-Soja verstößt somit gegen die Verfassung und drei Prinzipien des Umweltrechts, nämlich Vorsorge, Nachhaltigkeit und Schadenshaftung. Somit muss Brasilien gezwungen werden die Pflichten der eigenen Verfassung zu erfüllen!

Deshalb sind die folgenden Schritte notwendig, um diese Rechte zu gewährleisten:

- Verbot der Gentechnik in der Landwirtschaft in Brasilien
- Volle Verantwortung der Firmen für alle Konsequenzen
- Volle Entschädigung für alle Verluste von Landwirten als eine direkte Folge von ausgesäten Genpflanzen oder Kontamination
- Einführung einer Haftung durch Agro-Konzerne für alle Schäden
- Verbot der Verwendung und Verbot jeden Einsatzes von Gentechnik in Futter- und Nahrungsmitteln, bis durch ausführliche Langzeittests des Gefährdungspotentials öko-soziale Konsequenzen ausgeschlossen werden können
- Sicherzustellen, dass Mitglieder von Kommissionen und Entscheidungsgruppen unabhängig von der GEN-Industrie sind und NGOs in Kommissionen aufnehmen
- Garantie der Transparenz von Entscheidungen!
- Schutz und Gewährleistung der Interessen von Landwirten und Verbrauchern an einer nachhaltigen Landwirtschaft und Nahrungsmittelversorgung gegen-über den Interessen von Gentechniklobbyorganisationen und –unternehmen sicherzustellen
- Durchsetzung bestehender Gesetze und der Verfassung zum Schutz der Farmer .
- der sofortige Stopp der Abholzung des Urwaldes für weitere Monokulturen für Großgrundbesitzer, um die Le-

bensgrundlage von Indigenen und Kleinbauern zu erhalten

- den Vorrang der Sicherstellung des Anbaus der Landwirte für den Eigenbedarf vor Anbau für den Export – und im Falle des Anbaus für den Export Ausgleichsflächen für die Farmer zu bieten, um sich und ihre Familien weiterhin selbst und unabhängig ernähren zu können

- Schutz der natürlichen Ressourcen wie Grund- / Trinkwasser und Böden vor Verseuchung, Kontamination und Vergiftung durch Herbizide etc.

Zusammengefasst wird deutlich, das die brasil. Regierung sowohl der Einhaltung ihrer nationalen Gesetze und der Verfassung, als auch auf internationaler Ebene seinen aufgelegten Verpflichtungen nicht nachkommt. Für das bras. Volk bedeutet das eine existentielle und irreversible Bedrohung ihrer Gesundheit und Ernährungssicherheit. Die Existenz vieler Menschen ist gefährdet durch das Nicht-Einschreiten der Regierung, was zu Totalverlusten, gesundheitlichen Schäden, Armut, Landflucht und zunehmendem Hunger führt – bei zunehmenden Exportraten, zunehmenden Gewinnen und in einem der reichsten Agrarländer der Welt!

Wir fordern daher von der brasil. Regierung die Erfüllung der Rechte des Internationalen Pakts für alle brasilianischen Einwohner zu garantieren und alle Schritte, die gegen die Menschen und für die Industrie arbeiten, zu stoppen.

Wir bitten den Ausschuss deutlich seine Besorgnis zum Ausdruck zu bringen und dringend darauf hinzuwirken, dass die Menschenrechtsverletzungen für Landwirte in Brasilien sofort gestoppt werden, um brasil. Familien vor weiteren Schäden und Hunger zu schützen.

Reaktion des UN-Ausschusses:

Pressemitteilung 4.06.09:

UN-Menschenrechtausschuss fordert Stopp von Menschenrechtsverletzungen in Brasilien:

Anbau von Gen-Soja in Brasilien führt zu zerstörten Ernten, Landlosigkeit, Gesundheitsschäden und Zunahme von Armut und Unterernährung

Via Campesina Brazil und die Gründerin der internationalen Aktion GEN-Klage aus Gauting bei München, Christiane Lüst, haben beim UN-Menschenrechtsausschuss in Genf über Menschenrechtsverletzungen als Folge der Agrogentechnik in Brasilien berichtet.

Der UN-Menschenrechtsausschuss hat nun - nach 3 -wöchiger Sitzung die concluding observations - die Aufforderungen an die brasilianische Regierung Menschenrechtsverletzungen sofort zu beenden - ins Internet gestellt.

(http://www2.ohchr.org/english/bodies/cescr/cescrs42.htm session May 2009 – Brazil)

Vom Ausschuss besonders kritisiert wurde die Zunahme der Entwaldung ganzer Gebiete mit den entstehenden Folgen für Indigene und Kleinbauern und die daraus resultierenden Verletzungen des Rechts auf Eigentum und Selbstbestimmung, die auch in der brasilianischen Verfassung gewährleistet sind. Die brasilianische Regierung wurde aufgefordert umgehend notwendige Gegenmaßnahmen zu ergreifen, um dies zu stoppen.

"Entwaldung führt zur Zerstörung der Lebensgrundlagen von indigenen Völkern und Kleinbauern, zu Landkonzentration, Sklavenarbeit, Landflucht und Zunahme der Armut auf dem Land und zeigen die andere Seite der Sojamonokultur. Die Flächen für den Eigenanbau werden reduziert. Urwald wird in großen Mengen abgeholzt, um neue Anbauflächen zu gewinnen. Urwaldbewohner und Kleinbauern werden von Guerillas der Großgrundbesitzer oft mit Gewalt von ihrem Grund vertrieben oder ermordet, um weitere Anbauflächen für sich zu gewinnen." so Antonio Andrioli von Via Campesina in dem vorgelegten Bericht.

Eine erste Maßnahme weitere Menschenrechtesverletzungen zu verhindern ist daher ein sofortiges Stopp der Agrogentechnik in Brasilien als eine Hauptursache für Entwaldung und Verletzungen des Rechts auf Eigentum und Selbstbestimmung.

„Schon letztes Jahr hat der UN-Ausschuss den Einsatz der Gentechnik in der Landwirtschaft als Menschenrechtsverletzung gerügt und das erste Mal gefordert die Bauern vor multinationalen Konzernen zu schützen und den Zugang zum alten wiederverwendbaren Saatgut sicherzustellen!

Nun wurde wiederum eine Regierung aufgefordert Rechte und Eigentum von Kleinbauern vor dem Zugriff von Konzernen zu schützen" berichtet Christiane Lüst in ihrer Pressemitteilung. „Den internationalen Pakt für Menschenrechte haben über 140 Länder ratifiziert – auch Deutschland und Brasilien. Damit haben sich die Länder auch verpflichtet den UN-Aufforderungen Folge zu leisten - was einen Stopp des Einsatzes der Agrogentechnik nun offiziell mit einschließt, um weitere Menschenrechtsverletzungen zu verhindern."

Lüst hat in der Vergangenheit bereits den kanadischen Bauern und alternativen Nobelpreisträger Percy Schmeiser, die indische alternative Nobelpreisträgerin Vandana Shiva sowie die österreichische Organisation Pro Leben vor dem Un-Ausschuss vertreten.

Kolumbien März 2010

Parallel Report to the Fifth State Report by the Republic of Colombia Concerning the Realization of the International Covenant on Economic, Social and Cultural Rights

Social Human Rights in Colombia

GENETICALLY MODIFIED ORGANISMS AND THE HUMAN RIGHTS OF INDIGENOUS PEOPLES IN COLOMBIA[1]

---

[1] Original document: *Cultivos contaminados, culturas amenazadas: La situación de los transgénicos y los derechos humanos en pueblos indígenas de Colombia. Un informe al Relator Especial de las Naciones Unidas sobre la situación de los derechos humanos y libertades fundamentals de los indígenas.* ["Contaminated Crops, Threatened Cultures: The Situation of Genetic Engineering and the Human Rights of Indigenous Peoples of Colombia. A report to the United Nations Special Rapporteur on the Situation of the Human Rights and Fundamental Freedoms of Indigenous Peoples."]

Originally presented by: Association of Indigenous Councils of Northern Cauca (Asociación de Cabildos Indígenas del Norte del Cauca, ACIN), Regional Indigenous Council of Cauca (Consejo Regional Indígena del Cauca, CRIC), Council of the Indigenous Reservation of San Andrés de Sotavento (Cacique Mayor del Resguardo de San Andrés de Sotavento), Agro-Ecological Network of the Caribbean (Red Agroecológica del Caribe, RECAR), Seeds Group (Corporación Grupo Semillas).

<u>Presented by:</u>

Seeds Group (*Corporación Grupo Semillas*)

Executive Summary

For indigenous peoples in Colombia, a diverse stock of native seeds not only provides a crucial source of food but also represents a fundamental element of their cultures, a source of health, and a key part of their traditional agro-ecological methods of farming, which protect and preserve the environment in which they live. Maize is so important to the cultures of indigenous peoples that it is part of how they refer to themselves: the Embera people are literally "the people of maize," and the Zenú people refer to themselves as "the children of maize."

The policies and practices of the Colombian State concerning genetically modified organisms (GMOs) have violated, and threaten to continue violating, the rights of indigenous peoples in Colombia, including their rights to self-determination, prior consultation, participation, property, culture, food, heath, and a healthy environment.

In 2005, the Colombian State issued a decree that regulates the approval of GMOs. Though indigenous peoples will be affected by the release of genetically modified (GM) seeds, they were not consulted before the approval of this decree; nor does the decree provide for any consultation during the approval process for each seed. Under this decree, the processes by which certain GM seeds

---

Originally presented in La María, Cauca, Colombia, on July 17, 2009.

have been approved have violated the Colombian State's obligation to apply the precautionary principle, and have not taken into account scientific studies that have demonstrated the threat that GM seeds pose to native seeds, human health, and the environment.

This reckless and unilateral approval process has led to the release, without any prior consultation with indigenous peoples, of a number of GM seeds that will permanently contaminate the stock of native seeds that are central to the culture, heath, and environment of indigenous peoples. The few positive measures that the government has taken are based on the results of flawed and incomplete scientific studies that were carried out by the State itself, without taking into account the full scope of current scientific knowledge. These measures are completely insufficient to prevent the contamination of native seeds through cross-pollination and/or food aid programs. While the State has not provided full information concerning the release of GM seeds, based on the information available it is clear that GM seeds have been planted so close to indigenous territories that genetic contamination could take place via pollination, or through other means such as agricultural support and food aid programs, the free flow of seeds between farmers, or commercial trade. The State has not managed to guarantee that indigenous peoples' native seeds will not be contaminated through each of these potential pathways.

As scientists have recognized, the genetic contamination of native seeds is irreparable. Thus the reckless policies and practices of the Colombian State will soon affect – and may already have affected – the culture and livelihood of indigenous peoples in Colombia. These peoples are mobilizing to protect their territories and their native seeds, but if the State does not immediately change its policies and practices it will continue to violate the rights of indigenous peoples.

This report asks the Colombian State to put an immediate halt on the release of GM seeds in Colombia, until appropriate biosafety rules have been adopted according to the required process of prior consultation with indigenous peoples, and until all necessary scientific studies have been carried out and show that GM seeds and food are completely harmless.

We call on the Committee on Economic, Social and Cultural Rights to study this issue as it concerns the realization of the rights to health and food in Colombia. Finally, we ask the Committee on Economic, Social and Cultural Rights to note the obligation of all states party to ILO Convention 169 to consult with indigenous peoples prior to issuing any policy concerning GMOs and prior to releasing any GM seed that might affect Indigenous peoples.

March, 2010

Introduction

The policies and practices of the Colombian State concerning genetically modified organisms (GMOs) have violated, and threaten to continue violating, the rights of indigenous peoples in Colombia, including their rights to self determination, prior consultation, participation, property, culture, food, health, and the protection of a healthy environment.

Part I describes the **importance of native varieties of seeds**, particularly maize landraces, to the cultures and livelihoods of indigenous peoples in Colombia. (Page 5)

Part II summarizes scientific findings concerning the **risks that genetically modified (GM) seeds pose for the genetic resources of native varieties of seeds, human health, and the environment**. This Part then describes how the limited studies conducted by the Colombian State prior to approving planting of GM seeds failed to take account of these risks and protect the rights of indigenous peoples. (Page 7)

Part III describes how, without any prior consultation with indigenous peoples, the Colombian State has issued decrees and approved the release of GM seeds that may already have affected — and, ultimately, will surely affect — indigenous peoples and their most important traditional resources. Despite the Colombian State's unwillingness to provide complete information regarding where GM seeds have been released, it is clear that such plantings have occurred without taking the necessary steps to protect the food and seed stocks of indigenous peoples from irreparable contamination. This part also summarizes attempts by indigenous people to protect their rights in the face of the State's disregard for those rights. (Page 13)

Part IV enumerates the rights violations that have taken

place or will soon take place as a result of the Colombian State's policies and practices concerning genetically modified organisms.

Part V concludes and recommends actions that the Colombian State should adopt. (p. 30)

I. The Importance of Native Seeds for the Cultures, Health, and Environment of Indigenous Peoples

> *We, the Zenú, are children of maize... native seeds have guaranteed our sources of food, and form part of our culture.*[2]

---

[2] Agro-Ecological Network of the Caribbean (Corporación Red Agroecológica del Caribe, RECAR), "Semillas Criollas del Pueblo Zenú: Recuperación de la memoria, del territorio y del conocimiento tradicional" [Native Seeds of the Zenú People: Recovering Memory, Territory, and Traditional Knowledge] (2008), page 36.

For indigenous peoples in Colombia, a diverse stock of native seeds provides not only a vital source of food, but also stands as a key component of their cultures, as a source of nourishment and health, as insurance against unpredictable climatic changes, and as a crucial element in the traditional system of agro-ecological farming that protects and preserves their environment. Living in the context of one of the world's biodiversity "hotspots"[3] that is home to a great diversity of native varieties of maize in particular,[4] indigenous peoples in Colombia are acutely aware of their special role in preserving and protecting biodiversity.

The importance of maize to the culture of indigenous peoples in Colombia is evident from their names and how they refer to themselves. The Embera are an indigenous people from western Colombia and eastern Panama; *emberá* literally means "the people of maize." The Zenú people, from the Caribbean coast of Colombia, refer to themselves as "the children of maize," and believe that they received maize from the hands of their creators, *Mexión* and *Manexka.*[5]

The importance of traditional seeds is also apparent in the cultural, economic, environmental, agricultural and food programs of various indigenous peoples in Colombia. The indigenous peoples who make up the Regional Indigenous Council of Cauca (CRIC) have

---

3 See Conservation International, "Biodiversity Hotspots: Tropical Andes", http://www.biodiversityhotspots.org/xp/hotspots/andes/Pages/default.aspx

4 See, for example, RECAR, op. cit.

5 Id.

as their objective the strengthening of the nutrition of the community, through the recovery of appropriate types of food, nutrition lessons, food preparation, and support for the diversification of family gardens with traditional seeds. For their part, the Association of Indigenous Councils of Northern Cauca (ACIN) has created an Indigenous Agro-environmental Research Center, whose objective is to recuperate and promote appropriate flatland agro-ecological production techniques. The center is dedicated to the research, design, validation, recuperation and improvement of agro-ecological systems and/or models with the spiritual accompaniment and orientation of the *thë wala* – their traditional healers – based on the cosmology of the Nasa people, the respectful use of land, and the laws of nature. The center emphasizes food security and the use and protection of natural resources through a seed bank, which has recuperated native varieties such as the *frijol selva* (wild bean), the *frijol rojo* (red bean), and the *maíz diente de caballo* (horse tooth maize).[6]

The *Cxa'cas'wala* (Great Force) Plan of Life of the Indigenous Reservation in Corinto, Cauca, also expresses an economic and environmental vision that seeks to "strengthen and conserve the processes of equilibrium and harmony with nature and respect for mother earth," through the implementation of indigenous production systems for food autonomy, the strengthening of organic production, and the protection of sovereignty over the seeds themselves.[7]

---

[6] Association of Indigenous Councils of Northern Cauca (ACIN), "Centro Indígena de Investigación Agroambiental del Nilo" [Indigenous Agroenvironmental Research Center of the Nilo], http://www.nasaacin.org/cian_investigaciones.htm

[7] ACIN, "Plan de Vida *Cxa'cas'wala* (Fuerza grande) del Resguardo

The experience of the Zenú people provides an illustrative example of the importance of native varieties of seeds for indigenous peoples in Colombia. A recent publication by the Agro-Ecological Network of the Caribbean (Red Agroecológica del Caribe, RECAR), an organization comprised of Zenues, stated:

> We, the Zenú, are children of maize, and it is thus with good reason that this product has become the icon of this indigenous people's resistance. We have rescued a great variety of native maize seeds, which are transformed by the hands of indigenous women into a countless number of appetizing foods that send us to times past, and that continue to set us on the course of the path of food sovereignty that we have decided to travel. El Dorado was not an infinite treasure of gold horded by indigenous peoples that drove the conquistadors crazy; rather, El Dorado was nothing more than the grains of sunlight that clothe themselves in maize, and that we Zenues have been recovering not only for ourselves, but also for the entire Colombian people and humanity in general. This publication is not just a study of maize, but also must be seen as just recognition of this product that we received from the hands of *Mexión* and *Manexka*.
>
> Native seeds have guaranteed us food and form part of our culture. Native varieties of maize are adapted to our environment in that they survive droughts and pests and thrive in poor soils; moreover, they can be stockpiled for long periods, which is not possible with 'improved' seeds that rot very quickly.

Indígena de Corinto, Cauca" [*Cxa'cas'wala* (Great Force) Plan of Life of the Indigenous Reservation in Corinto, Cauca], http://www.nasaacin.org/proyecto_chachaguala.htm

> Our food sovereignty has been guaranteed during many years due to a diversified system of production. *Mexión* and *Manexka* taught us the practice of the associated planting of yucca, maize and *ñame* (a variety of yam). For the Zenú it is more profitable and productive to grow native seeds than monocultures of maize, because apart from being healthy it is much more economical. One doesn't need huge amounts of money because the practice is to save and re-use seeds, and our agro-ecological practices have kept us free of chemical inputs. Even in the toughest of conditions, native seeds guarantee production, as opposed to 'improved' varieties that are susceptible and less resistant to pests and disease.
>
> We conserve and recognize twenty-six native varieties of maize, of which the market tends to prefer those that are yellow or white. The variety known as cariaco, which is used in making an exquisite chocolate drink, is very sought after; varieties also exist in many colors, which together span the rainbow: *negrito*, *azulito*, *panó* (pink), *piedrita* (violet), *cariaco* (yellow and red stripes), *tacaloa* (orange), *sangre toro* (red), *cucaracho* (striped), *berrendo* (a mix of colors), and *huevito* (white with black stripes).[8]

Further evidence comes from the *Convite Pijao,* or Invitation of the Pijao, the life plan of this people from southern Tolima, in which they conceive of social and community activity toward land as akin to making *chicha* (a traditional fermented drink brewed from maize):

> So that the land may be peopled and maintained according to the principles of the *Chicha*: If the form by with we relate to the land seems ever more like the way in which we pre-

[8] RECAR, op. cit.

> pare *Chicha*, we will be able to take steps against the threats to our territory made by the state, multinationals, armed actors, and reestablish the equilibrium with nature... The traditional drink of the Pijao people, the maize *chicha*, is like a person. It accompanies people during festivals, but also at work, engagements and meetings. It is a person akin to *Mohán*, because it is balanced, having heat and coolness, receiving the benefit of the arid land, but also of water and the sun. The process of preparing *Chicha* is like a traditional art that our grandfathers and grandmothers have passed down from generation to generation.[9]

One also encounters references to the centrality of maize in the life plans of the Kamentzá,[10] Nasa,[11] Inga and Yanakona peoples.

The importance of native seeds for the cultures and livelihoods of indigenous peoples in Colombia is clear. What is also clear, unfortunately, is the threat that GM seeds pose to indigenous culture and livelihood. The next section explores these threats.

II. Potential Effects of GMOs on the Sources of Food, Health and Environment of Indigenous Peoples

For years, scientific studies have been demonstrating the risks that GM seeds pose not only for the permanent contamination

---

[9] ONIC, AC-CRIT, Almáciga. *El Convite Pijao.* Bogotá: Ediciones Turdakke (2003).

[10] "Plan integral de vida del pueblo Camëntsá / Camëntsá biyang ca jëbtsenashecuastonam: 'Continuando las huellas de nuestros antepasados.'" [Holistic Life Plan of the Kamentzá People: 'Continuing the Traces of Our Ancestors'" 2004.

[11] Asone'Wesx. *Kuesx Nasa fin'zeñi* (2004).

of native varieties, but also for human health, and for the health of the environment. This section describes important conclusions of leading scientists who have studied the various impacts of GM varieties. These conclusions demonstrate that the Colombian State should abide by its legal duty to apply the precautionary principle, which establishes that "the lack of scientific certainty should not be used as a reason to delay the adoption of effective remedies."[12]

II.A. Genetic Contamination

Genetic contamination of native seed varieties by GM seeds is irreversible; in the absence of adequate methods to remove inserted transgenes, once the seeds are genetically contaminated, it will be nearly impossible to recover the original uncontaminated seed stock.[13] Such contamination would irreversibly alter the traditional seed stock of the indigenous peoples of Colombia, and with it their culture, their traditional property, and their environment.

In the case of maize, a crop central to the culture of indigenous peoples in Colombia, the potential vectors for genetic contamination are not fully understood. Maize is generally but not exclusively pollinated by the wind, and scientific studies have suggested that GM maize can contaminate native varieties at great distances – several kilometers – when strong winds or convective

---

12 See Law 99 of 1993. See also Decision 391 of the Cartagena Protocol (Common Regime on Access to Genetic Resources), Article 13, and Law 740 of 2002, which ratifies the Cartagena Protocol on Biosafety to the Convention on Biological Diversity.

13 See Arpad Pusztai, "National Regulations Should Reflect Risks of GE Crops", *BioSpectrum* (Jan. 6 2006), http://biospectrumindia.ciol.com/ content/columns/10601061.asp

conditions are present.[14]

Scientific studies have also shown that as the density of GM maize planted in a landscape increases, the distance over which native varieties can be contaminated also increases.[15] In certain circumstances maize is bee-pollinated, and scientific studies have shown that pollinating bees can travel great distances, as far as ten kilometers.[16] As later sections will explain, those limited studies that

---

14 See Boehm, M, Aylor, D.E. and Shields, E.J., "Maize Pollen Dispersal under Convective Conditions" *J. Applied Meteorology & Climatology*, 47.1 (Jan. 2008) 291-307, 291. This article explains that maize pollen is principally released under dry conditions from mid-morning until the early afternoon, a time of day that, during fair weather, the atmospheric boundary layer is becoming more and more convective. Under convective conditions, turbulence within the atmospheric boundary layer is dominated by rising and falling air currents that extend from near ground level up to the upper part of the boundary layer, at an altitude typically of 500-2000 meters above ground level. These large currents can transport maize pollen from its point of release near the ground to the upper level of the convective boundary layer and back to the ground, at a distance of several kilometers from its point of release, in the course of tens of minutes.

15 See "The Bigger Picture: GM Contamination Across the Landscape", *Science for Environment Policy: European Commission DG Environment News Alert Service*, Edited by SCU, The University of the West of England, Bristol, special edition 10 (Dec. 2008); Lavigne, C., Klein, E.K., Mari, J-F. et al. (2008). "How Do Genetically Modified (GM) Crops Contribute to Background Levels of GM Pollen in an Agricultural Landscape?" *Journal of Applied Ecology*. 45: 1104-1113.

16 See "Bee Behaviour Helps Us Understand Transgene Escape",

have been conducted by the Colombian State have failed to take into account any of this scientific evidence.

It is also important in the Colombian context to take into account the fact that the genetic contamination of native varieties of maize could be driven by human factors, such as government food aid and agricultural support programs, which fail to sufficiently ensure that GM food and seeds are not distributed; such contamination has already come to pass in Mexico, the center of origin of maize.[17] Contamination can also take place through the customary and continual indigenous practice of exchanging and experimenting with seeds from other places.

II.B. Human Health Effects

Scientists have demonstrated that genetic engineering technology has negative health effects both as food for human consumption and as a result of its mode of production. Barring any change in the policy and practice of the Colombian State, the contamination of native seeds by GM seeds will — and may already have begun to — negatively affect the health of indigenous peoples in Colombia, whether by contaminating their food stock and/or by contaminating the fields next to which they live.

Genetically modified foods have been shown to have signifi-

Science for Environment Policy: European Commission DG Environment News Alert Service, edited bySCU, The University of the West of England, Bristol, special edition 10 (Dec. 2008).

[17] Commission for Environmental Cooperation of North America (Secretariat Report), "Maize and Biodiversity: The Effects of Transgenic Maize in Mexico" (2004), http://www.cec.org/maize/index.cfm

cant and severe adverse effects on animal health, and according to health authorities it is very plausible that similar effects could be had on human health. The American Academy of Environmental Medicine described these health effects when it issued a recent statement[18] summarizing the scientific evidence:

> There is more than a casual association between GM foods and adverse health effects. There is causation as defined by Hill's Criteria in the areas of strength of association, consistency, specificity, biological gradient, and biological plausibility.[19] The strength of association and consistency between GM foods and disease is confirmed in several animal studies.[20]

---

[18] American Academy of Environmental Medicine, "Genetically Modified Foods Position Paper" (May 8, 2009), http://www.aaemonline.org/gmopost.html

[19] Hill, AB. "The environment and disease: association or causation?" *Proceeding of the Royal Society of Medicine* (1965) 58:295-300.

[20] Smith, J.M., *Genetic Roulette*. (2007) p. 10; Finamore A., Roselli M., Britti S., et al., "Intestinal and Peripheral Immune Response to MON 810 Maize Ingestion in Weaning and Old Mice". *J Agric. Food Chem.* (2008), 56(23): 11533-11539; Malatesta M., Boraldi F., Annovi G., et al., "A Long-Term Study on Female Mice Fed on a Genetically Modified Soybean: Effects on Liver Ageing" *Histochem Cell Biol.* (2008), 130: 967-977; Velimirov A., Binter C., Zentek J., "Biological Effects of Transgenic Maize NK603xMON810 Fed in Long Term Reproduction Studies in Mice" Report of the Austrian Ministry of Health, Family and Youth (2008); Ewen S., Pustzai A., "Effects of Diets Containing Genetically Modified Potatoes Expressing *Galan-*

Specificity of the association of GM foods and specific disease processes is also supported. Multiple animal studies show significant immune dysregulation, including upregulation of cytokines associated with asthma, allergy, and inflammation.[21] Animal studies also show altered structure and function of the liver, including altered lipid and carbohydrate metabolism as well as cellular changes that could lead to accelerated aging and possibly lead to the accumulation of reactive oxygen species (ROS).[22] Changes in the kidney, pancreas and spleen have also been documented.[23] A recent 2008 study links GM corn with infertility, showing a significant decrease in offspring over time and significantly lower litter weight in mice fed GM corn.[24] This study also found that over 400 genes were found to be expressed differently in the mice fed GM corn. These are genes known to control

---

thus Nivalis Lectin on Rat Small Intestine" *Lancet* 354: 1353-1354; Kilic A., Aday M., "A Three Generational Study with Genetically Modified Bt Corn in Rats: Biochemical and Histopathological Investigation", *Food Chem. Toxicol.* (2008), 46(3): 1164-1170; Kroghsbo S., Madsen C., Poulsen M., et al., "Immunotoxicological Studies of Genetically Modified Rice Expression PHA-E lectin or Bt toxin in Wistar Rats", *Toxicology* (2008), 245: 24-34.

21 Finamore A., Roselli M., Britti S., et al., op. cit.; Kroghsbo S., Madsen C., Poulsen M., et al., op. cit.

22 Malatesta M., Boraldi F., Annovi G., et al., op. cit.; Velimirov A., Binter C., Zentek J.; Kilic A., Aday M., op. cit.

23 Finamore A., Roselli M., Britti S., et al., op. cit.; Velimirov A., Binter C., Zentek J.; Kilic A., Aday M., op. cit.

24 Velimirov A., Binter C., Zentek J., op. cit.

protein synthesis and modification, cell signaling, cholesterol synthesis, and insulin regulation. Studies also show intestinal damage in animals fed GM foods, including proliferative cell growth[25] and disruption of the intestinal immune system.[26]

Other scientific studies have suggested that during pollination Bt maize can lead to illness in people living close to the fields.[27]

Aside from their direct effects, the use of certain GM seeds that are resistant to herbicides has been found to be associated with increased use of toxic chemical herbicides, particularly glyphosate.[28] Glyphosate has been shown to have severe adverse health effects. For example, studies suggest glyphosate induces a variety of functional abnormalities in fetuses and pregnant rats.[29] Also in recent mammalian research, glyphosate has been found to interfere with an enzyme involved testosterone production in

---

25 Ewen S., Pustzai A., op. cit.

26 Finamore A., Roselli M., Britti S., et al., op. cit.

27 Reuters, "More on Allergic Reactions of Philippine Farmers to Monsanto's GE Corn: Filipino Farmers Show GM Pollen Reaction-Scientist", http://www.organicconsumers.org/corn/philippine.cfm

28 Friends of the Earth, "Who Benefits from GM Crops? The Rise in Pesticide Use" (Jan. 2008). http://www.foei.org/en/resources/food-sovereignty/publications

29 Daruich J, Zirulnik F, Gimenez MS., "Effect of the Herbicide Glyphosate on Enzymatic Activity in Pregnant Rats and Their Fetuses," *Environ Res.* 85(3):226-31 (Mar. 2001).

mouse cell culture[30] and to interfere with an estrogen biosynthesis enzyme in cultures of human placental cells.[31] The health of communities living downstream of from plantings of GM Bt maize, soy or cotton are thus subject to negative health effects resulting from the increased exposure to glyphosate associated with Bt crops. To the best of our knowledge, the Colombian State has conducted no studies to assess the risks associated with glyphosate and other agricultural chemicals associated with the cultivation of GM crops.

II.C. Effects for the Health of the Environment

Genetically modified crops that have been altered to be toxic to pests are also toxic to 'non-target' organisms. For example, long-term exposure to pollen from GM maize that expresses the Bacillus thuringiensis (Bt) toxin has been found to cause adverse effects on the behavior[32] and survival [33] of the monarch butterfly in North

---

30 Walsh et al. "Roundup Inhibits Steroidogenesis by Disrupting Steroidogenic Acute Regulatory (StAR) Protein Expression" *Environ Health Perspectives* 2000 108: 769–776.

31 Richard et al., "Differential Effects of Glyphosate and Roundup on Human Placental Cells and Aromatase" *Environmental Health Perspectives* 113 (6): 716-720.

32 Prasifka, P.L., Hellmich, R.L., Prasifka, J.R. & Lewis, L.C. 2007. "Effects of Cry1Ab-Expressing Corn Anthers on the Movement of Monarch Butterfly Larvae," *Environ Entomolology* 36: 228 33.

33 Dively, G.P., Rose, R., Sears, M.K., Hellmich, R.L. Stanley-Horn, D.E. Calvin, D.D. Russo, J.M. & Anderson, P.L.. 2004. "Effects on Monarch Butterfly Larvae (Lepidoptera: Danaidae) After Continuous Exposure to Cry1Ab Expressing Corn During Anthesis," *Environmental Entomology* 33: 1116-1125.

America.

GM crops are also toxic to other, beneficial insects. Bt crops have been demonstrated to adversely affect seven insects that are important in the natural control of maize pests, such as green lacewings.[34] There are also concerns that Bt maize may affect the learning performance of bees,[35] which are important pollinators. Studies have raised concerns that the type of short-term direct toxicity testing normally employed in risk assessments is not sufficient to determine any possible sub lethal effects (i.e. any effects that impair health or function, but do not kill) on beneficial insects. Sublethal effects such as effects on learning ability are crucial because they may affect the functionality of beneficial insects.

Genetically modified crops also affect soil and water ecosys-

---

[34] Andow, D.A. and A. Hilbeck. 2004. "Science-Based Risk Assessment for Non-Target Effects of Transgenic Crops," *Bioscience* 54: 637-649; Obrist, L.B., Dutton, A., Romeis, J. & Bigler, F. 2006. "Biological Activity of Cry1Ab Toxin Expressed by Bt Maize Following Ingestion by Herbivorous Arthropods and Exposure of the Predator Chrysoperla Carnea," *BioControl* 51: 31-48; Harwood, J.D., Wallin, W.G. & Obrycki, J.J. 2005. "Uptake of Bt Endotoxins by Non-Target Herbivores and Higher Order Arthropod Predators: Molecular Evidence from a Transgenic Corn Agroecosystem," *Molecular Ecology* 14: 2815-2823; Lövei, G.L. & Arpaia, S. 2005. "The Impact of Transgenic Plants on Natural Enemies: A Critical Review of Laboratory Studies," *Entomologia Experimentalis et Applicata* 114: 1-14.

[35] Ramirez-Romero, R., Desneux, N., Decourtye, A. Chaffiol, A., Pham-Delègue, M.H. 2008. "Does Cry1Ab Protein Affect Learning Performances of the Honey Bee Apis mellifera L. (Hymenoptera, Apidae)?" *Ecotoxicology and Environmental Safety* 70: 327-333.

tems. The toxin exuded by Bt maize has been shown to remain biologically active while persisting in the soil.[36] The same toxin can enter streams where it might be toxic to aquatic insect life. In the United States, agricultural waste from Bt maize has been shown to enter streams.[37] This exposure pathway for Bt toxin has not been previously considered and is not part of the current environmental risk assessments of Bt crops, although this could be significant to the aquatic food web and ultimately the health of aquatic ecosystems. Glyphosate, the pesticide used in combination with many GM crops, is toxic to frog larvae (tadpoles),[38] and has been found to

---

[36] Baumgarte, S. & Tebbe, C.C. 2005. "Field Studies on the Environmental Fate of the Cry1Ab Bt-Toxin Produced by Transgenic Maize (MON810) and its Effect on Bacterial Communities in the Maize Rhizosphere," *Molecular Ecology* 14: 2539–2551; Stotzky, G. 2004. "Persistence and Biological Activity in Soil of the Insecticidal Proteins from Bacillus thuringiensis, Especially from Transgenic Plants," *Plant and Soil* 266: 77-89; Zwahlen, C. Hilbeck, A. Gugerli, P. & Nentwig, W. 2003. "Degradation of the Cry1Ab Protein Within Transgenic Bacillus thuringiensis Corn Tissue in the Field," *Molecular Ecology* 12: 765-775.

[37] Rosi-Marshall, E.J., Tank, J.L., Royer, T.V., Whiles, M.R., Evans-White, M., Chambers, C., Griffiths, N.A., Pokelsek, J. & Stephen, M.L. 2007. "Toxins in Transgenic Crop Byproducts May Affect Headwater Stream Ecosystems," *Proceedings National Academy of Sciences* 41: 16204–16208; Griffiths, N.A., Tank, J.L., Royer, T.V., Rosi-Marshall, E.J., Whiles, M.R., Chambers, C.P., Frauendorf, T.C. & Evans-White, M.A. 2009. "Rapid Decomposition of Maize Detritus in Agricultural Headwater Streams," *Ecological Applications* 19: 133-142.

[38] Relyea, R.A. 2005. "The Impact of Insecticides and Herbicides on the Biodiversity and Productivity of Aquatic Communities," *Ecological Applications* 15: 618-627; Relyea, R.A. 2005. "The Lethal Impact

leach in significant levels through the root zone and into drainage waters in certain types of soil.[39]

There is overwhelming scientific data to support concerns of insect pest resistance to Bt crops.[40] If widespread resistance were to occur, the insect-resistant properties of GM crops would become ineffective, and the application of new and even more toxic chemical pesticides would be inevitable. Likewise, glyphosate-resistant weeds are occurring in direct association with GM crops in many parts of the US, the result of the dramatically increased use of glyphosate in the ten years since herbicide-resistant GM crops were introduced.[41] In Argentina, new weeds thought to be resistant to

---

of Roundup on Aquatic Terrestrial Amphibians," *Ecological Applications*, 15: 1118–1124; Relyea, R.A., Schoeppner, N.M. & Hoverman, J.T. 2005. "Pesticides and Amphibians: The Importance of Community Context," *Ecological Applications*, 15: 1125–1134.

39 Jeanne Kjær, Annette E. Rosenbom, Preben Olsen, René K. Juhler, Finn Plauborg, Ruth Grant, Per Nygaard, Lasse Gudmundsson and Walter Brüsch. "The Danish Pesticide Leaching Assessment Programme: Monitoring Results May 1999–June 2007" (2008), p. 81, www.pesticidvarsling.dk

40 See, for example, Andow, D.A. 2001. "Resisting Resistance to Bt Corn." *In* Genetically Engineered Organisms: Assessing Environmental and Human Health Effects. Letourneau, D.K. and B.E. Burrows, eds. Boca Raton, FL: CRC Press.

41 Baucom, R.S. & Mauricio, R. 2004. "Fitness Costs and Benefits of Novel Herbicide Tolerance in a Noxious Weed," *Proceedings of the National Academy* 101: 13386–13390; van Gessel, M.J. (2001) "Glyphosate-Resistant Horseweed from Delaware," *Weed Science*, 49: 703-705, http://www.weedscience.org/Summary/UspeciesMOA.

glyphosate are replacing the usual weeds found in the fields, as a result of cultivation of GM soy.[42] Increasing amounts of herbicide have to be used to control these weeds,[43] or else different more toxic herbicides have to be used to supplement glyphosate.[44]

III. Colombian Regulation of GM Seeds: Approved Without Prior Consultation with Indigenous Groups and Utterly Insufficient to Protect Their Rights

The Colombian State did not consult with indigenous peoples before issuing Decree 4525 (2005), which regulates the manner in which GMOs are approved in Colombia, or before the approval of any of the various crops that have been approved until now. Pursu-

---

asp?lstMOAID=12&FmHRACGroup=Go; Zelaya, I.A., Owen, M.D.K. (2000). "Differential Response of Common Water Hemp (Amaranthus rudis Sauer) to Glyphosate in Iowa," *Proc. North Cent. Weed Sci. Soc.*, 55, 68; Patzoldt, W.L., Tranel, P.J., & Hager, A.G. (2002) "Variable Herbicide Responses Among Illinois Waterhemp (Amaranthus rudis and A. tuberculatus) populations", *Crop Protection*, 21: 707-712.

http://www.weedscience.org/Case/Case.asp?ResistID=5269

42 Vitta, J.I., Tuesca, D. & Puricelli, E. 2004. "Widespread use of glyphosate tolerant soybean and weed community richness in Argentina". *Agriculture, Ecosystems and Environment*, 103: 621-624.

43 Duke, S.O. 2005 "Taking stock of herbicide resistant crops ten years after introduction". *Pest Management Science* 61: 211–218.

44 http://farmindustrynews.com/mag/farming_saving_glyphosate/index.html

ant to the procedures of Decree 4525, numerous GM crops have been approved, and have been planted within range of indigenous territories, raising the possibility that native varieties of seeds central to indigenous peoples' cultures and livelihoods have already been or will soon be contaminated.

This section describes the regulatory framework established by Decree 4525, and the legal deficiencies inherent in that framework. It then describes the process by which particular GM varieties were approved, and the legal and scientific flaws with those approvals. Because the Colombian State has so far refused to disclose all relevant information, it is impossible to map precisely where GM varieties have so far been planted; nevertheless, it is clear from the information available that some GM plantings are within a distance that could contaminate indigenous peoples' native seeds. The section concludes by describing efforts by indigenous peoples and their allies in civil society to defend their rights in the face of the State's deliberate disregard.

III.A. The (Non-)Regulation of GMOs under Decree 4525

In Colombia, the granting of licenses for GMOs takes place in accordance with Decree 4525 of 2005. This Decree provides for regulations that implement Law 740 of 2002, in which Colombia ratified the Cartagena Protocol on Biosafety. These regulations were decreed without prior consultation with indigenous peoples, who will be directly affected by the release of GM seeds.

Decree 4525 creates three independent Technical Committees for Biosafety: the Agricultural Technical Committee, within the Ministry of Agriculture, which approves GM technologies related to agriculture, livestock, forestry and agribusiness; the Environmental Technical Committee, within the Environment Ministry, which approves GM technologies for environmental uses; and the Health Technical Committee, within the Ministry of Social Protection, which approves GM technologies related to health and destined for human consumption. Yet under this Decree, biosafety analyses do not comprehensively evaluate environmental, socioeconomic and health impacts; GM technology ends up being reviewed and approved only by agricultural authorities.

A major problem with Decree 4525 was the lack of prior consultation and participation of citizens in general. Article 23 of Law 740 ostensibly guarantees public awareness and participation, finding that citizen participation should not stop at the level of information dissemination, but also monitoring and joint decision-making. Article 37 of Decree 4525 likewise provides for public participation, stating "the competent authorities shall inform the public of the applications in progress and the decisions taken, using the institutional means of dissemination. Similarly, the competent authorities shall promote public participation in the decision-making process for development of activities with genetically modified organisms."

But the implementation of public participation is not developed by the Decree, and in no technical committee are representatives of indigenous peoples or the general public involved in decision making. In the case of GM crops approved under Decree 4525, the State was obligated by the mandates of the Colombian Constitution, ILO Convention 169 (ILO 169), and other national laws to consult with indigenous peoples and Afro-Colombian communities, since such crops might affect them both directly and negatively. The indigenous, Afro-Colombian and peasant communities have not been taken into account and were not consulted during decision-making concerning the introduction of GM technologies, although they may be most affected by the introduction of GMOs. In many parts of Colombia these communities and other sectors of society have strong views on the impacts GMOs could have on their territory and their food sovereignty.

Apart from the lack of prior consultation, Decree 4525 is plagued by other related legal problems that render it wholly insufficient to protect the rights of the Colombian population as a whole, and those of indigenous peoples in particular. Together with the lack of prior consultation, these defects are the basis of a legal action filed by Grupo Semillas that seeks to annul the Decree.

III.B. Approval and Release of GM seeds in Colombia: Lacking Prior Consultation with Indigenous Peoples, Risk Assessments, or Positive Measures Necessary to Protect Indigenous Rights

Currently, eight varieties of GM cotton and three varieties of GM maize have been approved for commercial planting in Colombia. None of these approvals took place according to the prior consultation process mandated by ILO Convention 169 for projects that directly affect indigenous peoples. This sub-section describes the timeline of approvals of GM crops,[45] and analyzes the flaws in the research that served as the basis for the government's determinations concerning restrictions on the release of GM varieties, particularly its finding that a 300-meter buffer zone would be sufficient between a planting of GM maize and the boundary of an indigenous reservation.

---

[45] Although this section focuses on the approval process and testing of GM maize, other varieties of food and non-food crops are also worrying. For example, 2008 saw a failure of GM cotton in the departments of Tolima and Cordoba, although data from the scale of the crisis are not yet evaluated. Several indigenous farmers in southern Tolima engaged in cotton cultivation without sufficient information on impacts, after the violation of their rights to be informed and consulted. All their crops failed, with serious economic and social effects.

It is evident that such a narrow buffer zone is ineffective in the Colombian context, where the full ancestral territories of indigenous peoples are far greater in area than those reservations currently recognized by the State, where recognized reservations are scattered widely in disconnected sections, and where in many cases indigenous lands are often bordered by lands exploited by agribusiness or farmed by non-indigenous peasants, which under current regulations can be freely planted with GM crops. In its studies, the government failed to take into account the sources of genetic contamination discussed above. To take into account such evidence, however, would demonstrate that a 300-meter buffer zone is wholly insufficient to protect the rights of indigenous peoples.

III.B.1 Timeline of GM Maize Approvals

In February 2007, the Colombian Agricultural Institute (Instituto Colombiano Agropecuario, ICA) approved the "controlled" commercial planting of three varieties of GM maize: Monsanto's YieldGuard Bt MON 810 maize and its Roundup Ready maize, and Dupont's Herculex I Bt maize, which is tolerant to the herbicide ammonium glufosinate. These plantings were authorized for the departments of Córdoba, Sucre, Huila and Tolima, all of which are home to many indigenous communities. This decision was taken hastily and unilaterally without first consulting the indigenous peoples who will be affected, without having heard the voices of refusal to these cultures expressed by indigenous, peasant and environmental groups, and without having conducted full and comprehensive studies to demonstrate the safety and appropriateness of these technologies to the country and its farmers. ICA argues that an advertisement that appeared for 60 days on its website was sufficient notification and consultation with indigenous peoples and the public at large.

ICA later approved the "controlled" planting of four more varieties of GM maize. In August 2007, ICA Resolution 220 approved a variety that bundles Monsanto's YieldGuard technology (MON 810) with its Roundup Ready technology (NK 603). In March 2008, ICA Resolution 878 approved a variety that brings together Herculex I technology (TC 1507) with Roundup Ready technology (NK 603). Resolution 1677, from May 2008, approved Herculex I maize, which had been submitted by Dow AgroSciences of Colombia, S.A. And in March of 2008, Resolution 877 approved Syngenta's GA21 maize. As before, these permits allowed commercial planting without first consulting with affected peoples and conducting the required biosafety studies.

In addition, between December 2006 and February 2008 ICA approved the use of various types of GM maize, rice and soybeans as raw materials for food production for consumption by livestock, through the following resolutions:

-- Resolution 3746 (Dec. 15, 2006): YieldGuard maize (MON 810) by Monsanto;

-- Resolution 3745 (Dec. 15, 2006): Herculex I maize (TC 1507) by Dupont;

-- Resolution 309 (Feb. 11, 2008): Bt11 maize tolerant to the herbicide ammonium glufosinate, by Syngenta;

-- Resolution 308 (Feb. 11, 2008): Rice tolerant to ammonium glufosinate, (Llrice62) by Bayer CropScience S.A.;

-- Resolution 2367 (Aug. 28, 2007): YieldGuard Two maize (MON 89034) by Monsanto; and

-- Resolution 2942 (Nov. 06, 2007): Roundup Ready Soybeans tolerant to glyphosate, by Monsanto.

III.B.2. Flawed Government Studies Have Resulted in Insufficient Buffer Zones

The Colombian State's conclusion that a 300-meter buffer zone is sufficient to protect indigenous peoples and their lands from contamination by GM crops was based on studies conducted by ICA and companies applying for permits that employed limited tests of the distance at which maize can cross-pollinate. These studies are incomplete and insufficient to protect the biodiversity so important to indigenous peoples.

With respect to GM maize, ICA limited its studies to a distance of 400 meters, and failed to take into account or investigate the possibility that maize can cross-pollinate at greater distances. However, scientific studies have demonstrated that in areas of high convection, maize pollen can travel many kilometers during time that it remains viable.[46] Despite the ready availability of meteorological information concerning wind speeds and other relevant data for the regions where GM seeds have been approved,[47] ICA neither considered the scientific evidence concerning convection nor investigated how these findings might apply in the Colombian context. Likewise, ICA did not consider scientific studies that have shown that as the density of GM maize planted in a landscape increases, the distance over which native varieties can be contaminated also

---

[46] See Boehm, M, Aylor, D.E. and Shields, E.J., "Maize Pollen Dispersal Under Convective Conditions," *J. Applied Meteorology & Climatology*, 47.1 (Jan. 2008) 291-307, 291.

[47] See, for example, Hydrology, Meteorology and Environmental Studies Institute (Instituto de hidrología, meteorología y estudios ambientales, IDEAM), *Atlas de Viento y Energía Eólica de Colombia*. [Colombian Atlas of Winds and Aeolian Energy]

increases.[48]

Though it is true that maize is generally wind-pollinated, ICA did not consider the possibility that genetic contamination of maize could also proceed by other vectors. For example, some amount of maize is bee-pollinated, and scientific studies have shown that pollinating bees can travel great distances, including up to ten kilometers.[49] From the information we have received, there is no evidence that ICA considered this possibility or investigated its relevance to the Colombian context. Nor is there evidence that ICA considered the problems posed or the potential lessons to be learned from taking into account various studies from Mexico, which have shown that a simple ban on the planting of GM seeds is not necessarily sufficient to prevent the genetic contamination of native land-

---

[48] Lavigne, C., Klein, E.K., Mari, J-F. et al. (2008). "How do Genetically Modified (GM) Crops Contribute to Background Levels of GM Pollen in an Agricultural Landscape?" *Journal of Applied Ecology.* 45: 1104-1113; "The Bigger Picture: GM Contamination Across the Landscape," *Science for Environment Policy*, European Commission DG Environment News Alert Service, edited by SCU, The University of the West of England, Bristol.

[49] Pasquet, R. S., Peltier, A., Hufford, M.B. et al. (2008). "Long-distance pollen flow assessment through evaluation of pollinator foraging range suggests transgene escape distances". *Proceedings of the National Academy of Sciences.* 105(36): 13456-13461; "Bee behaviour helps us understand transgene escape", *Science for Environment Policy*: European Commission DG Environment News Alert Service, edited bySCU, The University of the West of England, Bristol.

races.[50]

Nor did ICA take into account a technical paper issued by the Ministry of Environment and Territorial Development (MAVDT); this paper was presented during the application process before the Ministry of Agriculture's Technical Committee on Biosafety concerning GM maize produced by the Colombian Agricultural Company Ltd. (a Monsanto subsidiary) and Dupont de Colombia S.A. That paper stated that the biosafety studies conducted by ICA were insufficient. Such a finding demonstrates the lack of seriousness and absence of scientific rigor that characterized how decisions of vital importance for the country have been handled.

The Ministry of Environment's technical paper states that the biosafety studies that were conducted did not include a comprehensive and complete environmental impact assessment, which would cover all the biological, ecological, social, economic and cultural issues implicated by GMOs. It also notes that studies only touched on agricultural and biological issues. Nor in these assessments have socio-economic, cultural or productive analyses been brought to bear on impacts for the production chains, different production systems, or various types of farmers and social and cultural groups. There is no up-to-date national inventory of native maize varieties that would permit the definition and implementation of measures for the protection and conservation of maize both in situ and ex situ, as well as the clarification and prioritization of areas of the country that should be declared to be GM-free due to the high concentration of native varieties. Moreover, the Ministry of

---

[50] Dyer G.A., Serratos-Hernández J.A., Perales H.R., Gepts P, Piñeyro-Nelson A., et al. (2009) "Dispersal of Transgenes through Maize Seed Systems in Mexico." *PLoS ONE* 4(5): e5734, doi:10.1371/journal.pone.0005734

the Environment noted that the process of evaluating and approving GM maize failed to take into account the obligations created by Articles 23 and 26 of the Cartagena Protocol on Biosafety, concerning dissemination of information and public participation in the decision-making process, as well as attention to socioeconomic issues.

The above leads us to conclude that it is urgent to undertake appropriate biosafety studies; yet there remains no indication that the government has any interest in performing such studies.

III.B.3. The Lack of Positive Measures to Prevent Genetic Contamination Through Agricultural Development Programs and Food Aid

The State has not established the positive steps necessary to ensure that seeds and foods purchased for agricultural development programs and food aid in indigenous territories are not genetically modified. The Colombian Family Welfare Institute (Instituto Colombiano de Bienestar Familiar, ICBF) does not require either in its 2006 terms of reference for proposals to provide supplemental food to seniors,[51] or in its 2008 operations manual for the State feeding program for the elderly[52] that purchased food for food aid programs in indigenous territories not be transgenic.

Without contractual terms prohibiting the purchase of GM seeds and GM food by state agencies for distribution in indigenous territories, and without undertaking the necessary tests to verify if

---

[51] Convocatoria pública [Public Invitation for Bids] ICBF-CP-105-06, available via the Colombian State's General Portal for Contracting, http://www.contratos.gov.co/puc/

[52] Available via the General Portal for Contracting, http://www.contratos.gov.co/puc/

these seeds and food are in fact free from genetic modifications, one easily can see how the native seeds and food of indigenous peoples will soon be contaminated – if such contamination has not already occurred.

III.C. The Commercial Release of GM Seeds in Colombia: An Out-of-Control Situation in Which the Government Neither Shares Information with Indigenous Peoples, nor Takes into Account Critical Views

Since 2007, various GM seeds have been commercially released in several geographic regions of Colombia, including the humid Caribbean coast, the arid Caribbean coast, the upper Magdalena river valley, the Cauca river valley, and the eastern plains. Although the Colombian State claims that this release consists only of "controlled plantings," it is unclear how exactly the government is controlling the release, for the only requirement demanded to sow GM seed is that a farmer enroll with ICA and sign a contract with the company that owns the GM technology. When indigenous groups have requested information, the government has failed to comply with its duty under Colombian law to provide a full and complete response. What can clearly be discerned from the information available is that GM seeds have been planted close enough to indigenous reservations – and, without a doubt, even within traditionally indigenous territories – that they could contaminate stocks of indigenous peoples' native seeds, and that the State has failed to guarantee that native seeds will not be contaminated through agricultural support and food aid programs. In summary, control mechanisms to prevent genetic contamination by destroying crops that could affect native seeds.

In April 2009, the traditional leader of the Zenú people and the legal representative of the Agro-Ecological Network of the Caribbean (RECAR) presented a *derecho de petición* (request for official information) to ICA for information concerning the release of GM maize in their region, the procedures carried out for prior consultation, the approval process for these GM crops, and the mechanisms implemented by the ICA to prevent contamination of native seeds. In important respects the government response was incomplete and evasive.

The Zenues requested full information regarding the location, area and type of GM maize planting in the departments of Cordoba and Sucre, since the time of approval. The government responded with incomplete information concerning plantings by one company during one semester and plantings by another company in a different semester, rather than providing complete information about all plantings in all semesters by each of the four companies authorized by ICA to distribute GM maize.

The Zenues also requested studies and biosafety assessments conducted on GM varieties of maize and their effects on the biodiversity of native maize varieties. The government responded with studies undertaken mainly to assess agronomic efficiency of the new GM technologies (Bt incorporation and herbicide resistance) and the potential for cross-pollination with certain commercial hybrids, rather than evidence concerning cross-pollination with landraces.

The Zenues also requested information concerning socioeconomic studies evaluating the effects on indigenous production systems and farming in the Caribbean region. ICA replied that "there were no socioeconomic studies of the impacts of these technologies on indigenous production systems because the licenses for controlled plantings do not cover these territories and are freely-adopted technologies, so that there is no obligation for their use, [such use] only depending on the interests of farmers who freely choose a mode of production and adopt technologies to use." That is, ICA ignores the possibility that native seeds can be contaminated across great distances, and above all ignores the fact that GM seeds can arrive through agricultural development programs and food aid, which may create negative socioeconomic impacts for indigenous peoples.

The Zenues requested information concerning the mechanisms and procedures for risk assessment and control employed by ICA to prevent GM maize from reaching indigenous reservations, given that the Zenues' indigenous reservations are noncontiguous and are surrounded by land used for commercial maize cultivation. ICA replied that it requires companies to provide information on the location of their plantings, and requires a buffer zone of 300 meters between GM maize and conventional maize. It noted that the harvest of GM seeds is meant exclusively for human or animal consumption, and that it is "forbidden to keep, save, exchange and/or sell any seed in order to use them for planting." ICA explained that the resolutions approving controlled plantings obligate companies to monitor the planting of GM seeds, to comply with a biosafety and management plan, and to send ICA bi-monthly reports of all actions required for follow-up monitoring. Which begs the question: why does ICA not then deliver this complete information so that the Zenú people might assure proper control? This leads us to the conclusion that there are no real and effective mechanisms in the region to control illegal plantings that could contaminate native seed stocks.

Based on this incomplete information, there is no certainty that to date GM maize has not been planted within indigenous peoples' lands, since contamination may take place through many routes. What is known from available information is that GM maize has been planted in areas close to the Zenú people's San Andres de Sotavento reservation, in the departments of Córdoba and Sucre.

III.D. Responses by Indigenous Peoples and Civil Society

Faced with the fact that the government action is insufficient to protect their rights, indigenous groups and civil society organizations have assumed the responsibility to defend their rights and challenge government policy. Two notable efforts discussed in more detail below are a growing movement to declare indigenous territories to be GMO-free zones, and legal challenges to the government's approval of GM maize.

As a response to the planting of GM crops, the deepening agricultural crisis, and failures of models based on the "green revolution," several indigenous organizations from different regions of the country are promoting and implementing agro-ecological and productive projects based on managing biodiversity and promoting native seeds and traditional knowledge. Indigenous farmers understand that if they allow their seeds to be lost or to fall under the control of a few seed companies that would like to impose a standardization of agricultural techniques, then farmers and indigenous peoples will lose control of their seeds, their production systems, and their food sovereignty as a whole.

Currently indigenous peoples are constructing strategies to address the problem of GMOs, including actions such as:

- Pressuring the government to allow indigenous peoples and citizens generally to exercise the their right to participate in the process of evaluating, monitoring and decision making concerning the release of GMOs; to allow access to the true and complete information about these technologies; and to consult with local communities in making decisions about the release of GM crops.

- Recovering, managing and exchanging at a local level

both native seeds and methods of maintaining traditional production systems free of GM seeds.

- Rejecting government or private agricultural development projects or food aid that promote or use GM seeds and foods.

- Raising awareness among and providing training to the general public on the issue of GMOs, through workshops, seminars, meetings and fairs; promoting public debate and disseminating information on the subject.

- Coordinating actions, campaigns, and the establishment of strategic partnerships with different sectors of society involving local organizations and communities, farmers and consumers, the media, the scientific and academic communities, and movements and environmental NGOs, among others.

- Filing and supporting lawsuits challenging the introduction of GM crops in Colombia.

Local initiatives by indigenous peoples have been made independently, without government support and often in defiance of government policy. They aim not only to defend local seeds, maize in particular, but also to prevent the introduction of GM maize on their territories and recover and consolidate traditional production systems and food security.

III.D.1. GMO-Free Territories

The declaration of GMO-Free Territories is based on indigenous peoples' right to exercise the powers of government, autonomy and territorial control, and to make decisions concerning the actions and projects that affect them, consistent with the special rights conferred by ILO Convention 169 and also the Colombian Constitution and laws. In 2005, the Reservation of San Andrés de Sotavento was the first indigenous territory declared to be GMO-free.[53] Currently in the country several indigenous organizations – particularly communities in Cauca that are part of CRIC and ACIN, and the Embera Chami people from the Cañamomo Reservation near Riosucio in Caldas – are moving toward declaring their territories to be free of GMOs. This decision is very important, because it creates a dynamic in these indigenous communities that promotes implementing actions to prevent GMOs from entering their territories, and goes far beyond the government prohibition on planting GM maize in indigenous reservations, and its 300-meter buffer zone.

The Zenú indigenous reservation of San Andrés de Sotavento straddles the departments of Cordoba and Sucre, in Colombia's Caribbean coastal region. Colonial in origin, the territory covers 83,000 hectares (205,000 acres), although only around 20,000 hectares of this territory is legally titled. The reservation is made up of 177 councils located in six municipalities. Per the Political Constitution of Colombia and ILO Convention 169, this indigenous territory has the autonomy to exercise its own governance and is entitled to a special territorial jurisdiction.

The Zenú people have a strong agricultural tradition, and so their territory includes a wide variety of crops that sustains their food sovereignty and their culture. Currently the Zenú preserve and cultivate more than 25 maize landrace varieties, and have a broad culinary culture based on this sacred food. It is due to this that they consider themselves the "children of maize."

---

[53] See the Declaration of the Indigenous Reservation of San Andrés de Sotavento as a GMO-Free Territory, Annex.

For almost 10 years various communities and indigenous organizations in the area have been carrying out activities to recover and manage native seeds and traditional and agro-ecological production systems. In 2001, together with other organizations in the Caribbean region, they launched the "Seeds of Identity" campaign, through which they have promoted the rescue of landrace maize varieties and other traditional seeds.

One of the biggest concerns that the Zenú people have with GM crops is the fact that the center of maize diversity in the Zenú region is located near the area where technologically intense plantings of maize have been established in the Caribbean region, which is where the government and multinational seed companies are now introducing GM maize. This has created great uncertainty concerning the genetic contamination of the diverse native varieties of maize, would follow from the commercial release of GM maize in the Caribbean region. For the past several years, this uncertainty has spurred the Zenú people to begin a process of training, discussion and information sharing on this subject, in which communities, producer associations and indigenous authorities from the reservation participate.

In October 2005, during a regional meeting attended by representatives from 170 councils, the Zenú indigenous communities from Cordoba and Sucre – comprised of council captains, indigenous authorities and producer associations – declared the indigenous reserve of San Andrés de Sotavento to be a "GMO-free territory." This decision was momentous for the Caribbean region and for Colombia as a whole: it was the first time a zone in Colombia was declared GMO-free. The declaration was protected by the constitutional rights held by the Zenú people, which allow them to take steps to protect their land, their biodiversity and their food sovereignty from the real threat posed by the large industrial-scale plantings of GM maize and cotton established close to their traditional territory.

The Zenú people hope and expect that state institutions and government authorities will support and respect their decision, and will take the necessary measures to ensure that agricultural development programs and food aid directed towards indigenous peoples neither promote nor deliver GM seeds or GM food. The Zenú also hope for support and solidarity from civil society organizations and the media.

III.D.2. Judicial Complaints Against GM Maize Permits

Given the irregular way in which the planting of various types of GM maize was approved in Colombia, in May 2007 Grupo Semillas filed two *acciones de nulidad* (procedures seeking the nullification of a regulation or permit) in the *Consejo de Estado* (a national adjudicatory body). The actions challenged the ICA's authorizations of Monsanto's YieldGuard Bt maize and Dupont's Herculex I maize. The complaints argue that ICA's resolutions violate Article 23 of Law 740 of 2002, which ratified the Cartagena Protocol on Biosafety and its provision that "the public should be consulted in all decisions taken in relation to GM organisms." Clearly, the ICA did not consult with the public in allowing these plantings of GM maize, and failed in particular to consult with indigenous, Afro-Colombian and peasant communities who are most directly affected by the decision. In May 2008 the Consejo de Estado agreed to review the challenge to the approval of Dupont's Herculex I maize; it agreed to review the approval of Monsanto's YieldGuard Bt maize in April 2008. Currently, proceedings are underway in each case.

IV. The Colombian State's Reckless Policy and Practice with Regard to GMOs Has Violated, is Violating, and Threatens to Continue Violating the Rights of Indigenous Groups in Colombia.

Because the government is not undertaking studies to assess the extent of genetic contamination, and at present indigenous groups and their allies in civil society do not have the resources necessary to carry out such studies on their own, it is impossible to say precisely which indigenous rights have already been violated and which will be violated in the future if the Colombian State's current policies and practices remain the same. What can be said is that the government has already violated and continues to violate indigenous peoples' rights to self determination, prior consultation, and participation in actions to protect their rights, culture, resources and environment. The policies and practices concerning the introduction of GMOs into the country also threaten to violate indigenous peoples' rights to life, property, culture, food, health, and a healthy environment. This section enumerates the relevant rights and how they are impacted by the government policy on GM seeds.

IV.A. The Right to Self Determination

The right to self determination is guaranteed by Article 1 of the International Covenant on Economic, Social and Cultural Rights (CESCR),[54] and by Article 1 of the International Covenant on Civil

---

[54] CESCR Art. 1:

> 1. All peoples have the right of self-determination. By virtue of that right they freely determine their political status and freely pursue their economic, social and cultural development.
>
> 2. All peoples may, for their own ends, freely dispose of their natural wealth and resources without prejudice to any obligations arising out of international economic co-operation, based upon the principle of mutual benefit, and international law. In no case may a people be deprived of its own means of subsistence.

and Political Rights (ICCPR).[55] At all relevant times, Colombia was a party to both treaties.

The right of self determination is a collective right that has been considered applicable to indigenous peoples,[56] though not a valid basis for individual human rights claims.[57] The Colombian State's policy concerning GM seeds, which as currently formulated will result in the contamination of indigenous territories, has violated indigenous peoples' rights to "freely determine their political status and freely pursue their economic, social and cultural development." Moreover, it has affected and will continue to affect to an increasing degree indigenous peoples' ability to freely dispose of their natural wealth and resources, and threatens to deprive them of their own means of subsistence.

---

55 The language of the ICCPR provision is identical to that of the CESCR provision.

56 See, for example, Concluding Observations on Canada, paragraph 8. UN doc. CCPR/C/79/Add.105 (1999); Concluding Observations on Mexico, UN doc. CCPR/C/79/Add.109 (1999); Concluding Observations on Norway, UN doc. CCPR/C/79/Add.112 (1999); Concluding Observations on Australia, UN doc. CCPR/CO/69/AUS (2000); Concluding Observations on Denmark, UN doc. CCPR/CO/70/DNK (2000).

57 *A.D. v. Canada* (Communication No. 78/1980), Views adopted 20 July 1984, Report of the Human Rights Committee, GAOR, Thirty-ninth Session, Suppl. No. 40 (A/39/40), pp. 200–204. *Ivan Kitok v. Sweden* (Communication No. 197/1985), Views adopted 27 July 1988, Report of the Human Rights Committee, GAOR, Forty-third Session, Suppl. No. 40 (A/43/40), pp. 221–241.

IV.B. The Right to Prior Consultation

The right to prior consultation is protected by Articles 6 and 7 of ILO Convention 169 (ILO 169). At all relevant times, Colombia was a party to ILO 169.

Article 6.1(a) requires that "In applying the provisions of this Convention, governments shall: (a) consult the peoples concerned, through appropriate procedures and in particular through their representative institutions, whenever consideration is being given to legislative or administrative measures which may affect them directly." In this case, the Colombian State did not consult the peoples concerned, either in regard to Decree 4525 or during the process of approving the release of any GM seed. The government has provided no justification for not consulting with indigenous peoples before issuing Decree 4525, an administrative measure that approved technologies likely to directly affect them.

With respect to the various approval processes for GM seeds, the position of the Colombian State is that the indigenous peoples will not be directly affected because the GM seeds may not be planted in indigenous territories and there is a 300-meter buffer zone mandated between the release of GM seeds and indigenous territories. However, as was demonstrated above, this position is based on a mistaken and reckless argument by the State, which is based on incomplete and flawed scientific studies that suggested that a 300m buffer zone is sufficient, and which ignores indigenous peoples' legitimate claims to their traditional territories.

Article 6.1(c) requires state parties to "establish means for the full development of these peoples' own institutions and initiatives, and in appropriate cases provide the resources necessary for this purpose." In this case, the Colombian State has recognized the declaration by the Zenú people that their territory is GMO-free, but has established neither the means nor the resources in government institutions for the full implementation of this decision. Considering that any contamination of indigenous peoples native seed stocks would cause irreversible damage to their culture and livelihood, the State has an obligation to implement the necessary measures to protect the genetic patrimony of the nation as well as the territories and native seeds of indigenous peoples.

ILO Convention 169, Article 7.1, provides that "The peoples concerned shall have the right to decide their own priorities for the process of development as it affects their lives, beliefs, institutions and spiritual well-being and the lands they occupy or otherwise use, and to exercise control, to the extent possible, over their own economic, social and cultural development. In addition, they shall participate in the formulation, implementation and evaluation of plans and programmes for national and regional development which may affect them directly." In this case, the indigenous peoples of Colombia are trying to control the process of development with respect to the protection of seeds that are central to their culture and their livelihoods. However, this control is jeopardized by the fact that they have not been included in the formulation, implementation and evaluation of the national and regional development plans and programs that are likely to directly affect them.

Article 7.3 of ILO Convention 169 directs that "Governments shall ensure that, whenever appropriate, studies are carried out, in co-operation with the peoples concerned, to assess the social, spiritual, cultural and environmental impact on them of planned development activities. The results of these studies shall be considered as fundamental criteria for the implementation of these activities." Here, the Colombian State has resolutely refused to accept the fact that the release of GM seeds into the ecosystems surrounding indigenous peoples' territories will affect those indigenous peoples' social, cultural and spiritual situation, as well as their environment. Rather than conduct the sort of studies required by ILO 169, the Colombian State conducted flawed scientific studies to support its conclusion that GM seeds would not contaminate indigenous peoples' native seed stocks.

IV.C. The Right to Participate in Actions to Protect Indigenous Peoples' Rights, Culture, Resources and Environment

Articles 2, 4, 7 and 15 of ILO Convention 169 together provide that indigenous peoples must be able to participate in the process of developing policies and actions that respect and protect their economic, social and cultural rights, including their social and cultural identity, their environment and the natural resources on their territories.

Article 2 provides that: "Governments shall have the responsibility for developing, with the participation of the peoples concerned, co-ordinated and systematic action to protect the rights of these peoples and to guarantee respect for their integrity,"[58] and that "[s]uch action shall include measures for... promoting the full realisation of the social, economic and cultural rights of these peoples with respect for their social and cultural identity, their customs and traditions and their institutions."[59] In this case, the Colombian State has developed an action that it claims will protect the rights of indigenous peoples, but has failed to do so with the participation of interested peoples. As such, the government has adopted certain measures that, it asserts, are sufficient to protect indigenous resources, cultures and environments, but has neither complied with

---

[58] ILO Convention 169, Art. 2.1.

[59] ILO Convention 169, Art. 2.2(b).

what is required by Article 4.1 — "Special measures shall be adopted as appropriate for safeguarding the persons, institutions, property, labour, cultures and environment of the peoples concerned" — nor has acted in consonance with the desires expressed by interested peoples, as required by Article 4.2: "Such special measures shall not be contrary to the freely-expressed wishes of the peoples concerned." The desires clearly stated by the Zenú people, among others, are that GM seeds and food not infringe on their territories, and that the State adopt measure that are sufficient to prevent the genetic contamination of their native seeds.

Likewise, Article 7.4 states that "Governments shall take measures, in co-operation with the peoples concerned, to protect and preserve the environment of the territories they inhabit." Here, the State has taken measures, but without the cooperation of interested peoples; had the government consulted with and acted in cooperated with indigenous peoples, the measures would surely have been more likely to effectively protect and preserve the environment of indigenous peoples' territories.

Finally, Article 15 provides that "The rights of the peoples concerned to the natural resources pertaining to their lands shall be specially safeguarded. These rights include the right of these peoples to participate in the use, management and conservation of these resources." The government has violated the right of indigenous peoples to participate in the policies and actions taken to conserve one of their most important natural resources, their native seeds; as a result, the right to special protection of those resources is in jeopardy.

IV.D. The Right to Life

The right to life is protected by Article 3 of the Universal Declaration on Human Rights (UDHR),[60] Article 6 of the ICCPR,[61] and Article 4 of the American Convention on Human Rights (ACHR).[62]

The Interamerican Court of Human Rights, in its decision in *Yakye Axa v. Paraguay,*[63] understood the right to life in relation to other rights necessary for a dignified life. The question is whether the policies and practices of the State are "generat[ing] conditions that obstruct or make difficult a dignified existence." The State has to take positive measures to protect the right to a dignified existence, adequately taking into account "the situation of special vulnerability to which [indigenous peoples] have been placed, affecting their different form of living (systems of understanding the world that are different from those of western culture, including the broad relation that they maintain with the land), and their life project, in both its individual and collective dimensions."[64]

According to *Yakye Axa*, these positive measures should be

---

60 UDHR Art. 3: "Everyone has the right to life."

61 ICCPR Art. 6: "Every human being has the inherent right to life. This right shall be protected by law. No one shall be arbitrarily deprived of his life."

62 ACHR Art. 4: "Every person has the right to have his life respected. This right shall be protected by law and, in general, from the moment of conception. No one shall be arbitrarily deprived of his life."

63 *Caso Comunidad Indígena Yakye Axa c. Paraguay*, Sentencia del 17 de Junio de 2005, Serie C no. 125.

64 *Yakye Axa*, para. 163.

evaluated "in light of the international *corpus juris* that exists concerning the special protection that members of indigenous communities require, in light of what is expressed in Article 4 of the Convention in relation with the general duty to guarantee [life] contained in Article 1.1 and with the duty of progressive development contained in Article 26; and [in light] of Articles 10 (Right to Health), 11 (Right to a Healthy Environment), 12 (Right to Food), 13 (Right to Education) and 14 (Right to the Benefits of Culture) of the Additional Protocol to the American Convention concerning Economic, Social and Cultural Rights, and the pertinent statements in ILO Convention 169." [65]

The positive measures taken by the Colombian State are insufficient to assure the protection of the native seeds, cultures and livelihoods of indigenous peoples; they are insufficient to protect the right of indigenous peoples to a dignified existence.

IV.E. The Right to Property

The right to property is protected by Article 17 of the UDHR[66] and Article 21 of the American Convention.[67] Colombia is a party to

---

[65] *Yakye Axa*, para. 163.

[66] UDHR Art. 17: 1. Everyone has the right to own property alone as well as in association with others. 2. No one shall be arbitrarily deprived of his property.

[67] ACHR Art. 21:

> 1. Everyone has the right to the use and enjoyment of his property. The law may subordinate such use and enjoyment to the interest of society.
>
> 2. No one shall be deprived of his property except upon

these instruments.

The policies of the Colombian State concerning GM seeds threatens to violate the collective right of indigenous peoples to their native seeds, a form of cultural property, as well as the individual rights of members of these peoples. Although no studies have confirmed or disconfirmed the contamination of indigenous peoples native seeds, it can be stated that the government's positive measures to protect those rights are insufficient. Because the arbitrary deprivation of indigenous peoples' property in the form of native seeds will be permanent and irreversible, it will not be reparable by a simple payment of compensation.

According to the jurisprudence of the Interamerican Court on Human Rights, the Colombian State also violated the right to property of indigenous peoples when it approved the use of GM seeds. Those approvals will affect the environment in traditionally indigenous territories, and took place without prior consultation or consent by the indigenous communities that will be affected by the use of GM seeds.[68]

IV.F. The Right to Culture

The right to culture is guaranteed by Article 15 of the CESCR,[69] Article 27 of the ICCPR,[70] and Article 14 of the Additional

---

> payment of just compensation, for reasons of public utility or social interest, and in the cases and according to the forms established by law.

[68] See *Caso del Pueblo Saramaka v. Suriname*, Sentencia de 28 de Noviembre de 2007. Serie C No. 172.

[69] CESCR Art. 15: "The States Parties to the present Covenant recognize the right of everyone... To take part in cultural life."

Protocol to the American Convention on Human Rights in the Area of Economic, Social and Cultural Rights ("San Salvador Protocol").[71] At all relevant times, Colombia was a party to each of these treaties.

Under the jurisprudence of the Committee on Civil and Political Rights, minorities groups' right to "enjoy their own culture" has been interpreted so as to include "a particular way of life associated with the use of land resources, especially in the case of indigenous peoples. That right may include such traditional activities as fishing or hunting and the right to live in reserves protected by law."[72] The policies of the Colombian State concerning GM seeds threaten to violate indigenous peoples' rights to the benefits of their culture, and may have done so already, by depriving indigenous peoples of the cultural benefits of their native seeds through the creation of conditions by which their native seeds may be contaminated.

IV.G. The Right to Food

---

[70] ICCPR Art. 27: "In those States in which ethnic, religious or linguistic minorities exist, persons belonging to such minorities shall not be denied the right, in community with the other members of their group, to enjoy their own culture, to profess and practise their own religion, or to use their own language."

[71] San Salvador Protocol Art. 14: The States Parties to this Protocol recognize the right of everyone... to take part in the cultural and artistic life of the community.

[72] ICCPR General Comment No. 23: The rights of minorities (Art. 27), adopted on 8 April 1994, CCPR/C/21/Rev.1/Add.5, para. 7.

The right to food is guaranteed by Article 25 of the UDHR,[73] Article 11 of the CESCR,[74] and Article 12 of the San Salvador proto-

---

[73] UDHR Art. 25: "Everyone has the right to a standard of living adequate for the health and well-being of himself and of his family, including food."

[74] CESCR Art. 11:

> 1. The States Parties to the present Covenant recognize the right of everyone to an adequate standard of living for himself and his family, including adequate food, clothing and housing, and to the continuous improvement of living conditions. The States Parties will take appropriate steps to ensure the realization of this right, recognizing to this effect the essential importance of international co-operation based on free consent.
>
> 2. The States Parties to the present Covenant, recognizing the fundamental right of everyone to be free from hunger, shall take, individually and through international co-operation, the measures, including specific programmes, which are needed:
>
> > (a) To improve methods of production, conservation and distribution of food by making full use of technical and scientific knowledge, by disseminating knowledge of the principles of nutrition and by developing or reforming agrarian systems in such a way as to achieve the most efficient development and utilization of natural resources;
> >
> > (b) Taking into account the problems of both food-importing and food-exporting countries, to ensure an equitable distribution of world food

col.[75] At all relevant times, Colombia was a party to each of these treaties.

"The availability of food in a quantity and quality sufficient to satisfy the dietary needs of individuals, free from adverse substances, and acceptable within a given culture" is implied by the core content of the right to food.[76] The policy and practice of the Colombian State concerning GM seeds threatens to contaminate indigenous peoples' native seed stocks with adverse substances that are unacceptable to their cultures. Because the transmission of these adverse substances is imperceptible without appropriate technology currently inaccessible to indigenous peoples, it is clear that contamination will alter the natural state of traditional seeds and foods, but it remains unclear if indigenous peoples' right to culturally appropriate food has already been violated, or whether such a violation is simply imminent.

IV.H. The Right to Health

The right to health is guaranteed by Article 12 of the CESCR:

> 1. The States Parties to the present Covenant recognize the right of everyone to the enjoyment of the highest attainable

---

supplies in relation to need.

[75] San Salvador Protocol Art. 12: "Everyone has the right to adequate nutrition which guarantees the possibility of enjoying the highest level of physical, emotional and intellectual development."

[76] Committee on Economic, Social and Cultural Rights, General Comment 12: The right to adequate food (Art.11) : E/C.12/1999/5. (Twentieth session, 1999), http://www.unhchr.ch/tbs/doc.nsf/0/3d02758c707031d58025677f003b73b9?Opendocument

standard of physical and mental health.

2. The steps to be taken by the States Parties to the present Covenant to achieve the full realization of this right shall include those necessary for... The improvement of all aspects of environmental and industrial hygiene.

The right to health is also guaranteed by Article 10 of the San Salvador Protocol, which provides that "Everyone shall have the right to health, understood to mean the enjoyment of the highest level of physical, mental and social well-being." At all relevant times, Colombia was a party to the ICESC and the San Salvador Protocol.

Scientific studies have demonstrated that there is cause to believe contamination of the food supply and the environment by GM seeds and their associated technologies such as glyphosate has severe negative impacts on human health. The Colombian State has disregarded this evidence in developing and implementing its policy concerning GM seeds, as well as in its policy of fumigation that relies on glyphosate. It has violated the right of indigenous peoples, and indeed all Colombian citizens, to enjoy the "highest attainable standard of physical health" by disregarding its duty to adopt necessary measures based on the application of the precautionary principle to protect the environment and public health.

IV.I. The Right to a Healthy Environment

The right to a healthy environment is protected by Article 11 of the San Salvador Protocol, which provides that:

1. Everyone shall have the right to live in a healthy environment and to have access to basic public services.

2. The States Parties shall promote the protection, preservation, and improvement of the environment.

With respect to its policy concerning GM seeds, the Colombian State has violated its duty to protect, preserve and improve the environment, in violation of its citizens' right to live in a healthy environment.

V. Conclusions and Recommendations

V.A. Conclusion

The policy and practice of the Colombian State concerning GM foods and crops has been developed and applied in a unilateral manner, without any prior consultation with or participation of the indigenous peoples whose cultures and livelihoods will be directly affected. This constitutes a violation of the rights of indigenous peoples to self-determination, prior consultation, and participation in the development of means of protecting their rights to their culture and their natural resources.

This policy has been based on incomplete scientific studies that have failed to take into account the real likelihood that GM seeds will contaminate native seeds, and the real likelihood that they will negatively affect human health and the environment. Studies have not been carried out to examine the socioeconomic or cultural impact of the release of GM seeds into traditionally indigenous territories. The policy and practice of the Colombian State, if not immediately changed, threatens to violate – and may already have violated – the rights of indigenous peoples to life, property, culture, food, health, and a healthy environment.

Taking into account these violations of indigenous peoples' collective and individual rights, we respectfully ask the Committee on Economic, Social and Cultural Rights consider the following recommendations for the Colombian State:

V.B. Recommendations for the Colombian State

A. Recognize the scientific evidence concerning the threat GMOs pose for the contamination of native seed stocks, human health, and the environment, and establish a **total moratorium** on further planting of GM seeds, until scientific proof establishes their complete safety and harmlessness.

B. Provide to the general public complete and true information concerning the GM crops that are expected to be released; conduct processes of prior consultation with indigenous peoples in particular, as is required by domestic and international law.

C. Carry out scientific, socioeconomic and cultural studies to fully assess the risks and impacts generated by the release of GM seeds which may affect the rights of all Colombians, and in particular those of indigenous and afro-Colombian peoples. Evaluate the results of these studies and make decisions according to the precautionary principle, as is required by Colombian and international law; permit access and disseminate all results to all citizens.

D. Repeal Decree 4525, which regulates the Cartagena Protocol, and enact in its place a biosafety law that considers all environmental, socioeconomic and health concerns in a holistic and scientifically rigorous manner, and which takes into account the process of prior consultation with the indigenous peoples who will be directly affected.

E. Repeal all authorizations that have been issued for the commercial introduction and release of GM foods and crops anywhere in Colombian territory, and adopt all necessary positive measures to protect the rights of all Colombians, especially indigenous peoples, to participate in decision making concerning the introduction of GMOs.

F. Recognize on behalf of state institutions and in all applicable regulation the right that indigenous peoples have to declare their territories free from GMOs, and support the carrying out and application of such citizen initiatives.

Association of Indigenous Councils of Northern Cauca

(Asociación de Cabildos Indígenas del Norte del Cauca, ACIN)

Regional Indigenous Council of Cauca

(Consejo Regional Indígena del Cauca, CRIC)

Council of the San Andrés de Sotavento Indigenous Reservation

(Cacique Mayor del Resguardo de San Andrés de Sotavento)

Seeds Group (Corporación Grupo Semillas)

March, 2010

ANNEX

Declaration of the Zenú Indigenous Reservation, Cordoba and Sucre,

as a GMO-Free Territory

San Andrés de Sotavento, October 7, 2005

More than 300 Zenú indigenous leaders and officials from 177 Councils located in the municipalities of San Andrés de Sotavento,

Sampués, San Antonio de Palmito, Purisima, San Antero, Lorica and Momil in the departments of Cordoba and Sucre; as well as the producer organizations ASPROAL, ASPROINSÚ, ASPROINPAL, APRALSA, Association of Artisans of San Andrés de Sotavento, and the Agro-Ecological Network of the Caribbean (RECAR); and educational institutions, teachers and students belonging to the Zenú Reservation of San Andrés de Sotavento gathered during the October 6th and 7th, 2005 in San Andrés de Sotavento. We make the following determinations:

Given that

1. The Zenú Indigenous Reservation of Cordoba and Sucre was created by royal letter No. 1060 of 1773, with an area of 83,000 hectares.
2. According to Law 89 of 1890, the Political Constitution of Colombia, and Law 21 of 1991 ratifying ILO Convention 169, the territories of indigenous peoples are inalienable and indefeasible, and these peoples have the autonomy to exercise their own government, the right to special territorial jurisdiction, the right to social, legal, economic, spiritual and cultural control over the territory, its resources and their knowledge, and the right to prior consultation and to take measures and actions against projects and activities affecting their cultural integrity.
3. Colombia and especially the Caribbean region is an important center of diversity for maize and other crops, where there is an enormous diversity of native varieties, the fruit of collective work of thousands of generations of farmers, who have developed these varieties adapted to different regions and to particular cultural, socioeconomic and productive conditions.
4. For Zenú indigenous communities, maize is a key element of and means of support for our culture, for our production systems, and for the food sovereignty of our people. Cur-

rently we conserve and cultivate more than 25 native varieties of maize, and we possess a broad-based culinary culture based on this sacred food; it is because of this that we consider ourselves to be the "children of maize."

5. The center of diversity for maize in the Zenú region is located near the area where technologically intensive plantings of maize have been established in the Caribbean region. Given that maize is a crop that is easily cross-bred, a real threat exists that GM seeds are will cross with and contaminate our native varieties.
6. In the world there are questions and doubts about the potential risks and impacts of GM crops and foods. Additionally, not enough studies have been conducted to ensure the safety and benefits of GM seeds and foods for the country and its indigenous communities.
7. Currently there exist strong pressures for the privatization of biodiversity through patents held by multinationals, with the support of the state.
8. The Free Trade Agreement that the Government of Colombia will sign with the United States will allow free entry of maize and other imported GM products, which will lead to negative impacts on our seeds, agriculture and food security.
9. In its policy for the agricultural sector, the national government has prioritized the commercial release of GM crops, ignoring the concerns and critical perspectives posed by civil society, indigenous and peasant organizations, and environmental organizations.
10. Many regions throughout the world – in Europe, America, Asia and Latin America – have declared GMO-free zones.

Based on the foregoing, we declare: "Our Zenú indigenous reservation in Cordoba and Sucre is a GMO-Free Territory." To achieve this goal, we adopt the following determinations and take actions such as:

In government

We demand that municipal, regional, and national government:

1. Respect and adopt the decision of Zenú indigenous peoples to declare their territory to be GMO-Free, and support the reservation's indigenous authorities in the activities of control and monitoring of GM crops and food that may enter the territory.
2. Take the measures necessary to ensure that government programs and agricultural development aid directed towards indigenous people neither promotes nor delivers GM seeds or food.
3. Support indigenous communities' development and production programs and initiatives that are based on the use of native seeds and agro-ecological farming.
4. The food aid programs of ICBF (Colombian Institute of Family Welfare) and other institutions should ensure that GM foods are not used, especially those based on soy, bienestarina (a protein powder distributed by the ICBF), and maize. Food aid should be based on the use of healthy products that are produced locally.
5. We do not accept the intention of the national government, Monsanto, and DuPont to introduce GM maize into the country, especially in the Caribbean region, since it is a center of diversity.
6. We reject the permits issued by ICA for field trials with different types of GM maize, which have been genetically modified to resist pests (Bt and/or herbicides).
7. We ask local authorities (mayors' offices and municipal agricultural extension units (UMATAS)), regional authorities (Colombian Family Welfare Institute (ICBF), Sinu Valley Regional Development Authority (CVS), Sucre Regional Development Authority (CARSUCRE), National Training Service (SENA), and universities) and national authorities (Techni-

cal Committees (CTN), Colombian Agricultural Institute (ICA), the Ministry of Environment) to establish mechanisms for controlling, restricting and monitoring necessary to prevent GM maize and other GM products from entering our territory.

Civil society organizations:

1. We ask the civil society organizations to respect, assume, disseminate and support the declaration of the Zenú Indigenous Reservation as a GMO-Free Territory.
2. We ask the media to support this initiative and to disseminate at the regional and national levels.
3. We invite other indigenous, Afro-Colombian, and peasant organizations to declare their territories free of GMOs.

As indigenous authorities and communities we commit ourselves to:

1. Recover, preserve and defend our seeds, traditional production systems, culture and food sovereignty based on sustainable agro-ecological systems.
2. Conduct training activities and disseminate information about strategies to control and defend our seeds against the introduction of GM foods and crops in our reservation.
3. In each community and council, and in the reservation, we will be vigilant and attentive to any situation related to the introduction of GM seeds and food in our territory.
4. Draw up internal rules for the Zenú Indigenous Reservation, which will establish mechanisms for the control and protection of traditional seeds, as we confront the privatization of life and bio-piracy, and as we seek to prevent the introduction of GM seeds and food in our territory.

5. Publicly denounce cases that run counter to this determination and seek to ensure that competent authorities in the field take the necessary measures.

Done in San Andrés de Sotavento on October 7, 2005

Attached signatures:

Regional Chief (Regional Council)

Municipal Chief (Municipal Council)

Board of Councils of San Pedro de Alcantara

Board of Councils of San Antonio de Palmito

Indigenous Governing Council of Sucre

Reaktion des UN-Ausschusses:

UN-Menschenrechtsausschuss fordert Stopp von Menschenrechtsverletzungen in Kolumbien:

Stopp von Gen-Mais in Kolumbien reduziert Zunahme von Armut und Unterernährung und garantiert die Erhaltung der Lebensgrundlagen der Ureinwohner

Christiane Lüst von der Aktion GEN-Klage hat gegen das fünfte Land Klage wegen Menschenrechtsverletzungen durch Nutzung der Agro-Gentechnik vor dem Menschenrechtsausschuss der Vereinten Nationen eingereicht – gemeinsam mit der kolumbianischen NGO Grupo Semilla gegen die kolumbianische Regierung.

Der UN-Menschenrechtsausschuss hat nun nach 3 -wöchiger Sitzung die concluding observations - die Aufforderungen an die kolumbianische Regierung Menschenrechtverletzungen sofort zu beenden - ins Internet gestellt.

Das Komitee fordert darin die kolumbianische Regierung auf die Armut, vor allem Hunger und Unterernährung, effektiv zu bekämpfen und zu reduzieren. Der Ausschuss fordert, dass die Regierung in ihrer Landwirtschaftspolitik die Nahrungs-mittelproduktion für den Eigenbedarf – und nicht für den Export - absolut an oberste Stelle stellt und dazu grade die Kleinbauern fördert und in ihrer Unabhängigkeit unterstützt.

„In Kolumbien hat die Regierung in den letzten Jahren den Anbau u. a. von verschiedenen Sorten von Genmais erlaubt. Die kolumbianischen Ureinwohner und Kleinbauern haben rund 30 Maissorten, durch deren Anbau sie ihre Ernährungsgrundlagen sichern. Diese ist durch die Kontamination durch Genmais nun unwiderruflich bedroht. Die vorgeschriebenen Sicherheitsabstände von 300 Metern schützen nicht, wie Beispiele - Mexiko, Kanada usw. - beweisen." so German Velez. "Die Aufforderung des Ausschusses an die Regierung bedeutet den sofortigen Stopp von GVO-Saaten. Nur so kann die Ernährungssouveränität - die alten Maissorten - geschützt werden, um die Erhaltung der Lebensgrundlagen der Ureinwohner zu garantieren. In Kolumbien wird bereits jetzt 70 % der Nahrungsmittel importiert - Tendenz steigend - Landflucht und Armut steigen drastisch."

Geklagt hat Christiane Lüst in den vergangenen Jahren bereits gegen die Folgen der Agro-Gentechnik in Österreich, Kanada, Indien und Brasilien vor dem UN-Menschenrechtsausschuss.

Mit Erfolg:

"Der UN-Ausschuss hat gegen Indien erstmals die Einführung der Gentechnik in der Landwirtschaft als Menschenrechtsverletzung gerügt und eine Regierung aufgefordert, den Zugang der Bauern zum alten wiederverwendbaren Saatgut zu schützen und die Abhängigkeit von Konzernen zu beseitigen - sowie letztes Jahr gegen

Brasilien durch einen Stopp der Abholzung der Urwälder - meist für Anbauflächen von Gensoja – weitere Zerstörung der Lebensgrundlagen von indigenen Völkern und Kleinbauern, Landkonzentration, Sklavenarbeit, Landflucht und Zunahme der Armut zu verhindern." so Lüst.

Den Originaltext finden Sie unter:

http://www2.ohchr.org/english/bodies/cescr/cescrs44.htm (May 2010 Colombia concluding observations)

Deutschland März 2011:

Parallelbericht zum fünften Staatenbericht der Bundesrepublik Deutschland über die Umsetzung des Internationalen Paktes über wirtschaftliche, soziale und kulturelle Rechte

Soziale Menschenrechte in Deutschland

Menschenrechtsverletzungen in der Landwirtschaft,

- das Recht auf Selbstbestimmung
- auf Nahrung
- auf Gesundheit
- auf Freiheit von Wissenschaft und Forschung

bei Imkern und VerbraucherInnen

Die in diesem Bereich vorgelegte Information konzentriert sich auf die Folgen einer sehr bedenklichen globalen Entwicklung, die ohne Rücksicht auf wissenschaftliche Erkenntnisse und weltweite Praxiserfahrungen in vielen Ländern die wirtschaftlichen, sozialen und kulturellen Menschenrechte von LandwirtInnen und KonsumentInnen bereits bis hin zum Tod massivst verletzt: Die Einführung der Gentechnik in Lebensmittelproduktion und Landwirtschaft. Viele Länder haben in den letzten Jahren bereits Berichte über die Folgen und Menschenrechtsverletzungen vor dem Ausschuss eingereicht, der Ausschuss hat diese Verletzungen auch schon anerkannt und gerügt. (Österreich, Kanada, Indien, Brasilien, Kolumbien).

Auch in Europa ist der Damm bereits gebrochen - immer mehr gentechnisch veränderte Lebensmittel und Pflanzen werden erlaubt, angebaut und importiert.

In Deutschland

- ist der Anbau der Gen-Kartoffel Amflora erlaubt, obwohl die Kartoffel über Antibiotikaresitenzenmarkern verfügt, welche die Behandlung von schweren Krankheiten vereiteln kann.

- die Gen-Maissorte MON 810 soll 2011 wieder erlaubt werden, obwohl bereits einige europäische Länder aufgrund der unkontrollierbaren Folgen diese schon länger verboten haben, und auch die BRD vor 2 Jahren die Anbauerlaubnis aufgrund derselben besorgniserregenden Folgestudien vorübergehend aufgehoben haben. Erschwerend kommt hinzu, dass die Entscheidung hierzu offenbar ohne jede Transparenz in einem Fachgespräch unter Ausschluss der Öffentlichkeit stattfinden soll.

- unsere Tiere werden mit Gen-Futter in großen Mengen gefüttert – Forschungsergebnisse zeigen massive bis hin zu lebensbedrohlichen gesundheitlichen .Beeinträchtigungen dadurch auf –

- und in Lebensmitteln werden immer mehr gentechnisch veränderte Zusatzstoffe erlaubt.

- Dazu kommt die Freilandforschung, deren Pollenflug nicht kontrollierbar ist.

Vorgeschriebene Sicherheitsabstände schützen nicht, die Trennung bei Transport und Verarbeitung funktioniert nicht und die ersten Gensaaten gehen unkontrolliert in ganz Deutschland auf. Darüber hinaus häufen sich jedes Jahr mehr die Skandale, in denen kontaminiertes Saatgut, das nicht erlaubt ist, in Umlauf kommt oder in Umlauf gebracht wird.

Die Behörden sind mit den Fällen, die bekannt werden, meist überfordert.

Das alles passiert vor dem Hintergrund nach wie vor ungeklärter Risiken. Es werden Forschungsgelder ausschließlich in die Pro-Gentechnik-Forschung gesteckt und fehlende Langzeittests verhindern jeglichen objektiven Einblick in mögliche Folgen. Einzelne Studien, die doch ab und an längere Testzeiten aufweisen, zeigen durchweg erschreckende Ergebnisse über die Folgen. Anstatt jedoch hier weiterzuforschen werden die Forscher, die diese Studien veröffentlichen, diskreditiert, verlieren meist ihren Job und bekommen Redeverbot.

In anderen Ländern sind diese Folgen schon durch den langjährigen Anbau sichtbar und sollten uns warnen – in Europa wird das alles konsequent ignoriert. Nicht ignorieren darf man dabei aber auch die Voreingenommenheit der Verantwortlichen – immer mehr Schlüsselpositionen bei den GVO-Genehmigungen haben einschlägige

Kontakte zu den großen GEN-Konzernen – sowohl bei der Genehmigungsbehörde der EU, der EFSA, als auch in Deutschland.

Das hat auch bei uns mittlerweile schon weitreichende Konsequenzen, die nie wieder rückholbar sind – einmal ausgesetzt versamen sich Genpflanzen immer weiter - und verletzt damit auch bei uns schon jetzt die Rechte des Volkes auf Selbstbestimmung, das Recht auf Nahrung, das Recht auf Gesundheit und das Recht auf Freiheit von Wissenschaft und Forschung. Die Justiz schützt meistens die Täter, oder aber Zahlungen für entstandene Folgeschäden sind viel zu niedrig angesetzt und längst nicht kostendeckend – ganz zu schweigen von den Folgen der Kontaminierung, die nicht wieder zu stoppen ist.

Wir sind daher sehr besorgt über diese Entwicklung , die durch weitere geplante Schritte der Regierung, Verunreinigungsgrenzen hochzusetzen, weitere Sorten zu genehmigen usw. weiter zunehmen wird.

Wir fordern die deutsche Regierung daher auf:

- Die Einführung der Gentechnik in Tierfütterung, Lebensmittelproduktion und Landwirtschaft umgehend zu verbieten

- Die Kennzeichnungspflicht für alle genmanipulierten Veränderungen in Lebensmitteln - auch für Tierfutter und tierische Produkte - einzuführen, bis dieses generelle Verbot Gültigkeit hat.

- Sämtliche Gen-Freilandversuche in Deutschland umgehend einzustellen

- Die Saatgutreinheit von 100 % zu erhalten und keine Gen-Anteile darin gesetzlich zu erlauben.

Wir bitten das Komitee über wirtschaftliche, soziale und kulturelle Rechte seine Besorgnis über die Einführung der Gentechnik in Deutschland auszudrücken und Empfehlungen an die Bundesrepublik auszusprechen, wie diese Verletzungen beendet werden können.

2. Mai 2011

Christiane Lüst
Aktion GEN-Klage
Berengariastr. 5, 82131 Gauting, Tel.: 0049 / 89 / 893 11 054
www.stopptgennahrungsmittel.de
Mail: christiane.luest@t-online.de

Inhaltsverzeichnis:

1.) Einleitung

Die folgenden Veröffentlichungen geben einen ersten Überblick über die Situation:

- **<u>Saatgutskandale:</u>**

  In den letzten Jahren kamen immer wieder Gen-Saatgut-Funde überall in Deutschland in die Schlagzeilen – von in Europa verbotenen Gen-Pflanzen. Die Behörden reagieren oft zu langsam oder manchmal auch gar nicht. Deswegen wurde das Bundesland Niedersachsen letztes Jahr gerichtlich angezeigt.

Verunreinigung von Saatgut - Genmais für alle

Die Verbraucher stehen der fortschreitenden Verunreinigung von Saatgut mit Samen gentechnisch veränderter Pflanzen machtlos gegenüber.

Der Fund von verunreinigtem Saatgut zeigt nun aber deutlich, wie machtlos Konsumenten in Wahrheit sind. Auch wenn die Behörden die Körner diesmal gerade noch rechtzeitig entdeckt haben und der Mais an Biogas-Kraftwerke geliefert werden sollte, der Fall ist ein Warnsignal: Obwohl gentechnisch veränderter Mais in Deutschland nicht ausgesät werden darf, finden die Körner ihren Weg hierher - und das nicht zum ersten Mal.

Schon 2009 gab es in Baden-Württemberg und Rheinland-Pfalz ähnliche Fälle. Und anderswo fanden sich Spuren von Gentechnik in Lebensmitteln, die sich nicht mehr zurückholen ließen. Die Verunreinigung von Saatgut ist ein Problem. *(08.06.2010, Süddeutsche Zeitung S. 4)*

- **Amflora-Skandal – Aussaat von verbotenen Gen-Kartoffeln in Europa:**

  „Die Freisetzungsskandale von verbotenen Gen-Kartoffeln im Sommer 2010 zeigen, dass BASF nicht einmal den Anbau von Amflora im Griff hat – das Statement von BASF: „Wir stellen uns die Frage, wie das passieren konnte" (SZ) beweist nun endlich vollständig, dass die von der Politik immer wieder betonte mögliche „Koexistenz" nicht haltbar ist! Nix haben wir im Griff – sämtliche Freisetzungen von GEN-Pflanzen sind nicht kontrollierbar und daher umgehend zu stoppen!" *(Spendenaufruf Aktion GEN-Klage Sommer 2010)*

- **Urteil Imker Bablok „ Gen-Mais-Anbau macht Honig unverkäuflich**

Das Verwaltungsgericht Augsburg hat am 30. Mai 2008 festgestellt, dass Honig, welcher Blütenpollen des gentechnisch veränderten Mais MON810 enthält, nicht verkauft werden darf. Auch geringste Spuren solcher Blütenpollen führen zum Verlust der Verkehrsfähigkeitvon Honig, da der Gen-Mais der Firma Monsanto keine Zulassung als Lebensmittel hat. Darüber hinaus ist es ein großer Erfolg, dass das Gericht in dem Maisanbau eine „wesentlicheBeeinträchtigung" im Sinne des Gentechnikgesetzes für den Imker sieht. Die Richterin sprach bei der Urteilsverkündung offen an, dass die Imkerschaft bei der Ausweitung des Gen-Mais-Anbaues in eine ausweglose Situation gerät. Dies zu lösen, sei jedoch eine Frage der Politik....

Der Imker macht sich strafbar, wenn er Honig mit Pollen dieses Gen-Mais verkauft oder verschenkt. Für solch einen Fall sind Haftstrafen bis zu drei Jahren oder Geldstrafen vorgesehen. Das Problem der Verunreinigung unseres Honigs beschränkt sich im Moment überwiegend nur auf diesen Mais. Bienen fliegen aber auch auf Blüten von gentechnisch veränderten Kartoffeln oder sogenannte Pharma-Crops, welche Rohstoffe für die Industrie liefern sollen. Das gleiche gilt für die in Entwicklung befindlichen gentechnisch veränderten nachwachsenden Rohstoffe und Energiepflanzen, die nicht als Lebensmittel zugelassen sind. Auf den Anbau dieser Pflanzen hat der Verbraucher keinen Einfluss über sein Kaufverhalten bei Lebensmitteln.

Deshalb soll mit solchen Pflanzen versucht werden, Gentechnik durch die Hintertür einzuführen, bis der Prozess sowieso nicht mehr umkehrbar ist. Und zwar gegen den Willen der Bevölkerung, die zu über 70 % eine Landwirtschaft frei von Gentechnik wünscht." *(ADIZ/db/IF 7/2008 s. 8 – 9)*

Bienen müssen ins Exil

„keinerlei Risiken. Wir haben alles im Griff."

Die Wirklichkeit hat diese grandiose Fehleinschätzung eingeholt. Denn erstens ist klar geworden, dass Bienen auch auf Mais fliegen; zweitens, dass sie dabei keinen Unterschied machen zwischen dem im Staatsgut Kaisheim ebenfalls angebauten normalen Mais und dem mittendrin gepflanzten Versuchs-Genmais; dass, drittens, ein Fluginsekt – und der Wind schon gleich – sich nicht an „Sicherheitsabstände" hält, auch nicht an die im Bundesgentechnikgesetz verankerten Distanzen für Felder von Landwirten, die Genmais anbauen: 150 Meter zum Normalmais, 300 Meter zum Ökomais. Bienen sind in einem Radius von fünf Kilometern und noch weiter unterwegs.

Zwar hat Mon 810 eine EU- Zulassung als Futtermittel für Tiere, die das transgene Material nach offizieller Darstellung über ihren Stoffwechsel abbauen – nicht aber als Lebensmittel. Und so zog Bablok ....vor das Verwaltungsgericht Augsburg. Und das verpflichtete die staatliche Landwirtschaftsverwaltung am 4. Mai 2007 in einem Eilverfahren, den Genmais „vor der Blüte zu ernten oder die Pollenfahnen während der Blütezeit abzuschneiden", damit die Bienen keine Genmaispollen mehr aufnehmen können. Bablok sei in seinen Rechten auf Schutz seines Eigentums, der Bienengesundheit und auf gentechnikfreies Wirtschaften verletzt. Honig mit Pollen abgewandelter Organismen sei „als gentechnisch verändertes Lebensmittel weder verkehrs- noch verbrauchsfähig."

Nachdem der Freistaat mit Monsanto beim Bayerischen Verwaltungsgerichtshof erfolgreich Beschwerde eingelegt hatte, kam es am 30. Mai 2008 vor dem Augsburger Gericht zum Hauptverfahren – in dem die Entscheidung vom Jahr vorher völlig umgekrempelt wurde: Der Staat müsse keine Schutzmaßnahmen ergreifen; nicht er als der Anbauer habe dafür zu sorgen, dass die Bienen den Genmaispollen fern bleiben, sondern der Imker. Ihm wird nun zugemutet, dass er seine Bienenstocke zur Maisblüte aus der umstrittenen Zone bringt." *(Frankenpost, Ressort Länderspiegel 18.10.2008)*

2.) Situation in Deutschland – Gründe für Menschenrechtsverletzungen

Deutschland hat knapp 82 Millionen EinwohnerInnen, In Deutschland arbeiten noch über eine Million in der Landwirtschaft, das sind 2,9 Prozent der Erwerbstätigen. Im Jahr 2007 gab es in Deutschland 374.500 landwirtschaftliche Betriebe. In diesem Bereich waren rund 1,25 Millionen Personen haupt- oder nebenberuflich beschäftigt, was 530.000 Vollzeitarbeitsplätzen entsprach. Insgesamt wurden 16,9 Millionen ha Boden landwirtschaftlich genutzt (das sind ca. 47,4 Prozent der Gesamtfläche Deutschlands). Davon entfielen auf die Pflanzenproduktion rund 11,8 Millionen Hektar und auf Dauergrünland rund 5 Millionen Hektar. Im Jahr 2009 wurden in Deutschland vor allem Getreide (6,5 Mio. Hektar), Mais (2,1 Mio. Hektar), Raps (1,5 Mio. Hektar) und Zuckerrüben (0,4 Mio. Hektar) angebaut. *(http://de.wikipedia.org/wiki/Landwirtschaft - cite_note-1#cite_note-1)*

In Deutschland gibt es rund 90.000 Imker, die mit über 800.000 Bienenvölkern rund 20 % des in Deutschland verbrauchten Honigs produzieren. Der Rest wird aus dem Ausland importiert. *(http://www.deutscherhonig.eu/)*

Anbau:

Mit dem Fall des EU-Moratoriums für Neuzulassungen hat der Einzug der Gentechnik in Europa begonnen. In der EU sind bisher zwei gentechnisch veränderte Pflanzen zum Anbau zugelassen: seit 1998 der Mais Mon 810 des US-Unternehmens Monsanto, und seit März 2010 die Gentech-Kartoffel Amflora der BASF.

Der gentechnisch veränderte Mais Mon 810 ist mit einer Vielzahl von Sorten im EU-Sortenkatalog verzeichnet. Im deutschen Sortenkatalog sind acht Sorten eingetragen, die Monsanto, Pioneer, der KWS Saat AG und EURALIS entwickelt haben.

Die Sortenzulassung für Deutschland erhielt der Mon 810 Ende 2005 unter dem damaligen Landwirtschaftsminister Horst Seehofer. 2006 wurde Gentech-Mais auf 950, 2007 auf 2.685 und 2008 auf 3.171 Hektar angebaut. Das entsprach jeweils unter 0,2 Prozent der gesamten deutschen Maisanbaufläche. Seit 2009 ist der Anbau hierzulande verboten. Deutschland folgte damit Österreich, Ungarn, Griechenland, Frankreich und Luxemburg.

Im Jahr 2010 wurde die Kartoffel von einem deutschen Landwirt auf einem 20 Hektar großen Feld in Zepkow in Mecklenburg-Vorpommern angebaut ...Die Zulassung wird als illegal betrachtet, weil die Gentech-Kartoffel ein Antibiotikaresistenzgen enthält. Diese Gene gefährden die menschliche Gesundheit und die Umwelt und sollten laut EU-Recht seit 2004 aus dem Verkehr gezogen worden sein. *(http://www.bund.net/bundnet/themen_und_projekte /gentechnik/kommerzieller_anbau/)*

Tierfutter:

Über 30 Millionen Tonnen (78%) werden jährlich importiert. Es ist für die Futtermittelindustrie billiger, Soja aus Südamerika und den USA zu importieren. Der Großteil der importierten Soja ist gentechnisch verändert und wird mit großen Mengen hochgiftiger Pestizide produziert. 65 Prozent der Sojaimporte stammen aus Argentinien und Brasilien und tragen dort zur Abholzung des Regenwaldes bei. *(http://www.bund-bs.de/aktuelles/bilderaktuelles /BUND_Agrarbroschuere_2010_01_13.pdf S. 6)*

Europa importiert 90 % ihres Sojas aus Übersee. Soja wird hier zunehmend zur Fütterung unserer Tiere verwendet – und in Brasilien verhungern zunehmend die Menschen. Unser Mais und Weizen wird – statt für unsere Ernährung oder als Tierfutter – zunehmend für Fernwärme verbrannt oder aber unsere Flächen liegen – von der EU subventioniert – brach. Unsere eigenen landwirtschaftlichen Betriebe reduzieren sich jedes Jahr drastisch, weil durch die gewaltigen Importmengen der Anbau hier unrentabel wird.

Der Steuerzahler muss die Folgen tragen – für zunehmende Arbeitslosigkeit usw.

Gesetzgebung, Zulassungen und Risikoforschung

Die gegenwärtige europäische Gesetzgebung schützt Gemeinden und regionale Regierungen in keinster Weise ausreichend – im Gegenteil: Organisationen wie Greenpeace sprechen von einer Konzern- und Gentechnikfreundlichen Politik, die sämtliche Risiken und Bedenken ignoriert. Darüber hinaus wächst der Druck von außen, der Europäischen Union gentechnisch veränderte Pflanzen aufzuzwingen, besonders über eine von den USA angestrengte Klage bei der Welthandelsorganisation

Die EU-Richtlinie vom 12.3.2001 genehmigt – wie schon die alte EG-Richtlinie - erstmals grundsätzlich die Freisetzung von GVO und regelt das Inverkehrbringen. Entsprechend vorgeschriebene Kontrollen und Überprüfmechanismen sollen die Gesundheit und die Umwelt schützen.

Deutschland ist – wie alle EU-Mitglieder – verpflichtet, die Umsetzung der entsprechenden EU-Richtlinien vorzunehmen. Das deutsche Gentechnikgesetz sieht daher den Anbau von GVO vor.

2010:

„Aufgrund der jüngsten Vorfälle in Schweden, wo es zu einer Vermischung von Amflora mit anderen nicht zugelassenen gentechnisch veränderten Kartoffeln gekommen ist, hat Landwirtschafts- und Umweltminister Dr. Till Backhaus das Inverkehrbringen der geernteten Gentech-Kartoffel Amflora untersagt.

Die Vorfälle bestätigen Probleme in der Koexistenz beim Anbau von gentechnisch veränderten Pflanzen."
(http://www.bund.net/bundnet/themen_und_projekte/gentechnik/kommerzieller_anbau/deutschland/amflora/)

2011:

Der Anbau der GEN-Kartoffeln ist trotzdem mit 1.000 Hektar auf deutschen Äckern geplant.

Praxiserfahrungen der Landwirte:

Geerntete Kartoffeln findet man auch noch 12 – 15 Jahre nach dem Anbau – wenn man sie danach nicht mehr anbaut – auf dem Acker. Es können nie alle Kartoffeln geerntet werden, es bleiben immer welche liegen oder im Boden, und seien sie noch so klein: sie wachsen im nächsten Jahr wieder und „säen" sich weiter aus.

Kennzeichnung:

Seit April 2004 regelt das EU-Recht verbindlich für alle Mitgliedstaaten, dass Lebens- und Futtermittel mit Gentech-Anteilen über 0,9

Prozent auf der Zutatenliste als "genetisch verändert" ausgewiesen werden müssen.

(http://www.bund.net/bundnet/themen_und_projekte/gentechnik/verbraucherinnenschutz/kennzeichnung/)

Das bedeutet, ein Anteil bis 0,9 % ist erlaubt. Praxiserfahrungen aus anderen Ländern zeigen, dass diese Grenze – ist die Null-Prozent-Grenze einmal aufgehoben – immer weiter hochgesteckt werden muss, da die dadurch entstehende Kontamination immer mehr verseucht.

Wohl aber gelangt Gentechnik über den nicht kennzeichnungspflichtigen Einsatz von Gentech-Soja im Tierfutter doch und unerkannt auf dem Teller der VerbraucherInnen, denn Produkte, die von Tieren kommen, sind bisher von der Kennzeichnungspflicht ausgenommen (z. B. Fleisch, Butter, Käse, Eier, Milch, Joghurt, usw.).

„Diese Lücke schließt die neue deutsche "Ohne Gentechnik"-Verordnung. Seit dem 1. Mai 2008 können Lebensmittelhersteller ihre Produkte mit dem Hinweis "ohne Gentechnik" versehen. "Ohne Gentechnik" heißt, dass Tiere den größten Teil ihres Lebens keine Gentech-Pflanzen im Trog hatten.“

(http://www.bund.net/bundnet/themen_und_projekte/gentechnik/verbraucherinnenschutz/kennzeichnung/)

Da diese Kennzeichnung aber freiwillig ist, ist sie wenig hilfreich. Nur eine für alle vorgeschriebene Kennzeichnung würde dem Verbraucher wirklich helfen.

Lt. Greenpeace sind 80 % der VerbraucherInnen gegen Gentechnik, was auf die Gesetzgebung bisher jedoch nur wenig Einfluss hat – zu groß ist der Einfluss einiger weniger Konzerne darauf.

Durch diese Entwicklung sind Menschenrechte wie das Recht auf Nahrung, auf Gesundheit, Freiheit von Forschung und Wissenschaft auch in Deutschland immer mehr gefährdet und werden zum Teil bereits massiv verletzt – was bis hin zur Existenzvernichtung einzelner Unternehmer oder kritischer Wissenschaftler gehen kann.

Wir hoffen, dass der Ausschuss für wirtschaftliche, kulturelle und soziale Rechte die u. a. im Internationalen Pakt verbrieften Rechte für die Bevölkerung durchzusetzen hilft.

3.) Verletzungen des Rechts der Völker auf Selbstbestimmung (Art. 1)

„Die Gen-Industrie ist völlig außer Kontrolle" – so Nina Thüllen, Gentechnik-Expertin von Greenpeace *(www.greenpeace.de – gentechniknews – genreis-in-china-ausser-kontrolle vom 13.4.05).*

Beispiele für illegale Kontaminierung:

Internationaler Genraps-Skandal 01.05.2000

Advanta verkaufte den kontaminierten Raps in Europa und redete das Ausmaß des Skandals schön. Im Gegensatz zu anderen europäischen Nachbarn sahen deutsche Behörden keinen Handlungsbedarf.

Nach bisherigen Erkenntnissen wurde die Saat nach England (5000 Hektar), Schweden (500 Hektar), Frankreich (600 Hektar), Luxemburg (33 Hektar), Norwegen (sehr geringe Mengen) und Deutschland (300 Hektar) gebracht. Es handelt sich um Sommerraps, der in Süddeutschland ungefähr Anfang Juni zu blühen beginnt.

Nach bisherigem Informationsstand wurde der größte Teil des verunreinigten Saatgutes in Baden-Württemberg, vor allem auf der schwäbischen Alb und im Nordschwarzwald ausgesät. Geringere Saatgutmengen gingen nach Bayern und Hessen.

Die einzige bislang öffentlich bekannte Analyse der in Deutschland verkauften Sorte hat eine Verunreinigung mit 0,03 Prozent genmanipuliertem Raps ergeben, das entspricht bei 300 Hektar einer Gesamtzahl von 100.000 genmanipulierten Pflanzen. In Schweden wurde in einer Saatgutcharge eine Kontamination von 2,6 Prozent gefunden. (http://www.greenpeace.de/themen/ gentechnik/saatgut/artikel/internationaler_genraps_skandal/)

Vergiftete Saat

Ein Schleier gentechnischer Verunreinigung liegt über deutschen Mais-Äckern. Wie weit er reicht, will kein Offizieller so genau wissen. Liefern die Funde von Maissaat, die mit illegalem Gen-Mais kontaminiert sind, einen Vorgeschmack auf künftige Zeiten? Oder liegt bereits heute ein Schleier gentechnischer Verunreinigung über deutschen Mais-Äckern? Seit 2004 wird in fast jedem Jahr - mit steigender Tendenz - in herkömmlicher Maissaat auch Gen-Mais unterschiedlichster Provenienz gefunden.

Wie im bekanntesten Fall kontaminierten Getreides, bei dem der Reis LL 601 US-amerikanischen Laboren entkam und sich im normalen Reis wiederfand, stammt offenbar ein Teil der Verschmutzung aus wissenschaftlichen Freisetzungen aus Ungarn. Das wirft ein Schlaglicht darauf, wie die Firmen mit den Experimenten umgingen und wie wenig sie sich um die Sicherheit von Mensch und Umwelt kummerten.

Die Industrie sieht sich zu Unrecht beschuldigt, und statt die Vorfälle zu bedauern, fordert sie sogar ausdrücklich ein Verschmutzungsrecht. Danach sollen Spuren der Gen-Saat in konventionellem Saatgut künftig erlaubt werden. Das ist der Beweis: Es gelingt den Saatgutherstellern nicht, den Deckel auf ihren Erfindungen zu halten" *(Frankfurter Rundschau 14.6.2010) http://www.fr-online.de/politik/meinung/vergiftete-saat/-/1472602/4475446/-/index.html)*

Verunreinigen Gentechnikkonzerne absichtlich Saatgut?

Die Gen-Rapsverunreinigungen sind eine direkte Folge der Inkompetenz und Sorglosigkeit der Gentechnikfirmen", erklärt Hepburn. "Sie versuchen uns davon zu überzeugen, dass man ein bisschen schwanger sein könne. Aber mal ernst, auch wenn es zynisch klingt, es scheint so, als ob die Gentechnikkonzerne weltweit eine bewusste Strategie der Verunreinigung verfolgen. So als wollten sie damit den Widerstand gegen ihre Produkte brechen." Doch Hepburn warnt: "Solche Verunreinigungen werden sich ausbreiten, wenn man ihnen nicht mit strikter Überwachung und Null-Prozent-Toleranzlevel beim Saatgut begegnet."

(http://www.umweltjournal.de/AfA_naturkost/9293.php Hamburg, 30.10.2005)

„Mit der Einführung der Gentechnik haben die ... Bauern jegliche Selbstbestimmung verloren. Ihr Land wurde .... kontaminiert – mit allen negativen Konsequenzen: Zerstörte Ernten, zerstörte Existenzen.“ *(www.thiele-und-thiele-consult.de/press Fakten der Agro Gentechnik 15.11.2006)*

Experten sprechen von „Wirtschaftskolonialismus internationaler Konzerne“ (bio.-scope.org v. 16.04.02)), „ Das sind Zeichen einer Nahrungsmitteldiktatur.” (*V S. in Gefahr Gentechnik S. 231*)

“Frei sein von GVO ist ein Ausdruck unseres Grundrechts auf freie Nahrungsmittelwahl” (*Vandana S hiva in Gefahr Gentechnik S. 231).*

Aufruhr im Genfeld

Felix Prinz zu Löwenstein vom Bund ökologische Landwirtschaft (Bölw) "Wer mit Gentechnik arbeitet, stellt eine wirtschaftliche Bedrohung für den gesamten Lebensmittelsektor dar", sagt er. "Beim Umfüllen, beim Transport oder im Werk besteht immer die Gefahr, dass sich saubere Ware mit gentechnisch veränderter vermischt."

Zwar werden derzeit in Deutschland Gen-Pflanzen nur zu Forschungszwecken angebaut, ein kommerzieller Anbau findet nicht statt; importiert aber werden Gen-Produkte massenhaft. Vor allem Gen-Soja ist als Futtermittel für Tiere beliebt. (23.06.2010, Südd. Ztg. S. 19)

... das Ziel der Kontamination durch Freilandversuche ... das Ende jeglicher Selbstbestimmung :

„ Die Idee einer sogenannten „Koexistenz“ zwischen manipulierten und nicht manipulierten Pflanzen ist nicht praktikabel. Selbst in Ländern, in denen keine Genpflanzen angebaut werden, häufen sich Kontaminationen. Die Agro-Gentechnik ist längst außer Kontrolle geraten. Dieser Prozess ist von den Gentechnik-Konzernen beabsichtigt: „Die Industrie hofft darauf, dass der Markt im Laufe der Zeit so überschwemmt wird, dass man nichts mehr dagegen tun kann. Man kapituliert einfach.“ (*Don Westfall, counsellor of many GM technology corporations in „Contamination – GM plants out of control“ flyer of the Environment Institute München e. V.)*

Aus einem **Interview mit Percy Schmeiser** (*in The Ecologist May 2004*) über den Sinn der Freilandfeldversuche:

„ Welches Ziel hatten sie?“

> P.S.. Für die Biotechnologie „ist das eine gute Möglichkeit, eine Zehe in die Tür zu bekommen, und dann natürlich den ganzen Fuß!“

„Besteht das eigentliche Ziel denn darin, die Nachbarfelder zu verunreinigen?“

> P.S.: Das ist das Ziel! Es gibt keinen anderen Grund für diese Versuche.“

„Glauben die Biotech-Firmen denn, wenn sie alle Felder der Welt mit ihrer Gensaat versucht haben, dann können sie auf ewig Lizenzgebühren kassieren?“

P.S.: Nein, aber das Ziel ist die Kontamination, und kürzlich hat Dale Adolphe, der Vorsitzende der Canadian Seed Growers Association, der Saatgut von Monsanto verkauft, gesagt: „Es gibt weltweit so viel Widerstand gegen jede weitere Freisetzung gentechnisch veränderter Pflanzen, dass die einzige Möglichkeit, damit weiterzukommen, in der Kontamination liegt.“ So etwas zu sagen ist wirklich ein starkes Stück. Es hat zugegeben: „Wir machen das so, dass die Leute keine Wahl mehr haben.“

Beispiel Kanada:

Seit Mitte der 90iger Jahre wird in Kanada Gen-Raps angebaut. Seit 1999 ist klar, dass die Verbreitung des genetisch veränderten Rapses außer Kontrolle geraten ist – denn bereits nach 5 Jahren wuchsen auf 50 % aller Felder in Kanada genmanipulierte Pflanzen. Heute gibt es in Kanada praktisch keinen gentechnikfreien Raps mehr. (*SZ, 21.6.2004 „Kanadas Farmer leiden unter Gen-Anbau“,*

Beispiel Amerika:

Damit die Gentechnik sich als Sachzwang in der lateinamerikanischen Landwirtschaft durchsetzen konnte wurde mit der Taktik begonnen, zunehmend Felder durch eingeschmuggeltes Saatgut zu kontaminieren.

In diesem Sinne wird die Strategie von Monsanto in Lateinamerika gezielt durchgesetzt, und sie vollzieht sich in folgenden Schritten: ein Gebiet auswählen und Kontamination erwarten (in diesem Fall ist Argentinien das Ausgangsland für Lateinamerika).

Auch in **Mexiko** wurde so vorgegangen: Von Nachbarländern aus gezielt kontaminiert, den Bauern GVO-Saatgut ohne deren Wissen geschenkt usw. und nun haben sie GVO-Mais überall und ihre eigenen Maissorten – der Reichtum Mexikos: die Vielfalt der Maissorten – sind durch die Kontamination – ohne deren Wissen und Einverständnis – bereits weitestgehend zerstört. Soviel zur Taktik von Monsanto weltweit Fakten zu schaffen – auch in Europa: über Kontamination durch Freiland-Forschung.

Fazit: Die einzige Möglichkeit das Recht auf Selbstbestimmung in Deutschland zu gewährleisten ist den Import und den Anbau von Gentechnik umgehend zu verbieten und alle Freiland-Versuche sofort zu stoppen.

Die EU-Freisetzungsrichtlinie sieht in Artikel 26 a vor, dass die Mitgliedstaaten die geeigneten Maßnahmen ergreifen können, um das unbeabsichtigte Vorhandensein von GVO in anderen Produkten zu verhindern. Mit den genannten Beispielen kann nachgewiesen werden, dass keine der vorgesehenen Maßnahmen ausreichen, um echte Koexistenz (und nicht nur mehr oder wenige kontaminierte Nahrungsmittel) zu sichern.

Geeignet, um Kontaminierung langfristig zu verhindern, ist ausschließlich ein GVO-Verbot.

Griechenland macht es vor – es geht:

Die griechische Regierung hat die Risiken und Folgen erkannt und gehandelt:

In Griechenland dürfen jegliche gentechnische Produkte weder angebaut, noch importiert werden. Sogar ein Transportverbot besteht, d. h. durch Griechenland durch darf auch keine gentechnische Fracht befördert werden.

Absatz 2: „Alle Völker können für ihre eigenen Zwecke frei über ihre natürlichen Reichtümer und Mittel verfügen – in keinem Fall darf ein Volk seiner Existenzmittel beraubt werden!"

Die Bauern haben über jahrtausendealte Traditionen und über viele Generationen praktizierte Anbaumethoden Sorten entwickelt, die den regionalen Bedingungen genau angepasst sind.

„Groteskerweise trommeln gerade diejenigen Firmen für die Gentechnik als Lösung des Welthungers, die durch die aktive und aggressive Einführung der Industrie-Landwirtschaft in der Dritten Welt, von Hochertragssorten, Pestiziden und Kunstdünger zur Ertragssteigerung, wesentlich zu Hunger, zerstörten Böden, kaputten Ökosystemen und der Konzentration von Land und Macht in den Händen weniger beigetragen haben." (*„Gen-Pflanzen erfüllen Erwartungen nicht", Andreas Bauer, Umweltnachrichten 100 / 2004, S. 24)*

Die Entwicklungsländer haben festgestellt, „dass die Gentechnik die biologische Vielfalt .. zerstöre, das lokale Wissen und das nachhaltige landwirtschaftliche System gefährde, das die Bauern über Tausende von Jahren entwickelten. Damit untergrabe die Gentechnik die Möglichkeit der .. Bevölkerung, sich selbst zu ernähren. Auch entwicklungspolitische Organisationen wie Christian Aid oder Brot für die Welt betrachten die so genannte grüne Gentechnik eher als Fehlentwicklung, die Hunger und Armut weiter verschärft ...

Betrachtet man den Fall des Imkers Bablok (Seite 4), dessen Bienen auf seinem eigenen Grund und Boden von seinem Nachbarn kontaminiert wurden und er seinen Honig dann nicht mehr verkaufen durfte – so ist das ein **deutsches Grundsatzurteil über die Beraubung seiner Existenzmittel** – und das ganz legitim: Das Gericht sah keine Veranlassung, ihn vor dieser Kontamination zu schützen! Im Gegenteil: er soll seine Bienen selbst schützen und – wenn er nicht kontaminiert werden will – wegziehen!

Indischer Langzeittest: „Monsanto´s Gen-Saaten killen nicht nur Farmer, sie killen auch den Boden"

Die alternative indische Nobelpreisträgerin Vandana Shiva hat als eine der ersten einen Langzeittest zur Wirkung von Gen-Saat auf den Boden über 3 Jahre durchgeführt und im Februar 2009 folgendes Ergebnis veröffentlicht: „Der Anbau von Gen-Saat mit Bt-Genen führt innerhalb von 10 Jahren zu einer totalen Zerstörung der Bodenorganismen und hinterlässt tote Erde, unfähig darauf noch Nahrung zu produzieren. Das zeigt, dass die Behauptungen der Gen-Industrie über die Sicherheit von Gen-Saaten falsch sind." (Press-release Navdanya v. 23. Febr. 09)

Konventionelles und biologisches Saatgut müssen auch in Zukunft gentechnikfrei bleiben und bleiben können. Saatgut bildet die Grundlage vieler Lebensmittel und ist für die Stabilität unseres Ernährungssystems unerlässlich. Jahrhunderte lang hat eine Vielzahl von regional angepassten Sorten die menschliche Ernährungsvielfalt und -sicherheit gewährleistet.

FAZIT:

Um die Welternährung zu sichern, muss man die sozialen und ökologischen Bedingungen verbessern. Eine kurzfristige Steigerung der Erträge mit technischen Mitteln, die auf Kosten der Umwelt und der Menschen geht, ist der falsche Weg. Ein zerstörtes Ökosystem wird die nachfolgenden Generationen nicht ernähren können. ... Eine nachhaltige Sicherung der Ernährung braucht eine Landwirtschaft, die die natürlichen Grundlagen bewahrt: gesunde und fruchtbare Böden, sauberes Wasser sowie eine Vielzahl an Pflanzen und Tieren." (*www.greenpeace.de/themen/gentechnik/ „Gentechnik – keine Hoffnung für die Hungernden" vom 1.10.2004).*

Um Erzeugungsmethoden zu verbessern, Nahrungsmittel besser zu verteilen oder die Nutzung natürlicher Hilfsquellen wirksam zu erschließen und langfristig zu gewährleisten fordern wir von der deutschen Regierung, die Verwendung der Gentechnik zu verbieten.

4.) Verletzungen des Rechts auf Nahrung (Artikel 11)

Absatz 1: „Die Vertragsstaaten erkennen das Recht...an ... auf eine stetige Verbesserung der Lebensbedingungen ... unternehmen geeignete Schritte, um die Verwirklichung dieses Rechts zu gewährleisten ..."

Auslegung des Rechts auf Nahrung - Leitlinien

In der Erklärung von Rom zur Welternährungssicherheit 1996 "bekräftig[t]en die Staats- und Regierungschefs das Recht jedes Menschen auf Zugang zu gesundheitlich unbedenklichen

und nährstoffreichen Nahrungsmitteln in Einklang mit dem Recht auf angemessene Ernährung:

Die FAO-Leitlinien zitieren die Erklärung von Rom zur Welternährungssicherheit von 1996:

- das Recht jedes **Menschen auf Zugang zu gesundheitlich unbedenklichen ... Nahrungsmitteln"** bekräftigen! (*Vorwort Teil I Punkt 2*).
- „Ernährungssicherheit besteht, **wenn alle Menschen zu jeder Zeit physischen und wirtschaftlichen Zugang zu angemessener, gesundheitlich unbedenklicher .. Nahrung haben**." (Punkt 15)
- die Verfügbarkeit von Nahrungsmitteln **„zu angemessener Ernährung ohne gesundheitsbedenkliche Stoffe**" zu garantieren
- „dies Recht durch Schritte zu schützen, mit denen Unternehmen und Einzelne davon abgehalten werden, dem Einzelnen den Zugang ... zu verwehren. (Punkt 17)"

Im Generell Comment No. 12 heißt es unter Punkt 10, dass die Staaten sicherstellen müssen, dass **Veränderungen in der Verfügbarkeit und beim Zugang von Nahrungsmitteln sich zumindest nicht nachteilig auf die Zusammensetzung der Nahrung auswirken.**

Dieses Recht ist auch in Deutschland nicht mehr gewährleistet.

„Gen-Mais in der Nahrungskette

Wissenschaftler haben nachgewiesen, dass das Erbgut von Gen-Mais im Boden länger stabil bleibt als bisher vermutet und sich innerhalb der Nahrungskette anreichert." *(Schrot und Korn 02 / 2010 S. 8)*

Die Lebensbedingungen – in erster Linie für die LandwirtInnen, dann für die VerbraucherInnen - werden nach Erfahrungen in anderen Ländern durch die Einführung der Gentechnik in Landwirtschaft und Nahrungsmittelproduktion deutlich schlechter – was in Indien und Argentinien von Hunger bis hin zur Existenzvernichtung und zum kollektiven Selbstmord führte, weil die Bauern / Bäuerinnen u. a. in Abhängigkeit und einer Schuldenspirale enden, die sie nicht mehr loswerden, und ihre Erträge sich um ein Vielfaches reduzieren. „Die größeren Kosten von GM-Pflanzen, der angewachsene Verbrauch von Pestiziden / Herbiziden, Rückgang der Ernte, Gebühren für Saatgut und geschwundene Märkte, das alles addiert sich zu einem Einkommensverlust für die Landwirte zusammen. Die erste ökonomische Analyse des Niveaus von Bauernhöfen bezuglich Bt-Mais in den Vereinigten Staaten enthüllte, dass zwischen 1996 und 2001 der Netto-Verlust von Landwirten bei 92 Millionen US$ oder 1,31 US$ pro Hektar lag" ... LandwirtInnen berichten „ von geringeren Erträgen, anhaltender Abhängigkeit von Herbiziden und Pestiziden, Verlust des Zugangs zu Märkten, und, kritischer weise, einer reduzierten Profitabilität, welche die Lebensmittelproduktion noch anfälliger für die Interessen der Biotechnologie-Firmen und dem Bedarf an Unterstützungen werden lässt." (*„Plädoyer für eine gentechnikfreie Welt", ISP, 15.06.2003, S. 6)* Dieser Report wurde von einem Gremium aus internationalen ExpertInnen erstellt und hat die wesentlichen Gefahren der GVO zusammengefasst als „ein starkes Argument für ein weltweites Verbot der Freisetzung von GM-Pflanzen in die Umwelt, um den Weg für einen umfassenden Wechsel freizumachen, zu Agroökologie, zukunftsfähiger Landwirtschaft und organischen Anbau". Es wird darin nachgewiesen, dass GM-Pflanzen keine gangbare Option für eine zukunftsfähige Landwirtschaft sind, und bringt Nachweise über die Erfolge und Vorteile der Praktiken zukunftsfähiger Landwirtschaft, die auf die Vielfalt der lokalen natürlichen Ressourcen setzt „ und auf die lokale Autonomie der Landwirte, sich zu entscheiden, was sie anbauen wollen und wie sie ihre Pflanzen und Lebensumstände verbessern können." *(ISP „Plädoyer für eine gentechnikfreie Welt", 15.06.2003, S. 17)*

Um eine Verbesserung der Lebensumstände garantieren zu können ist die Bundesrepublik Deutschland aufgefordert sicherzustellen, dass seine Landwirtschaft und Lebensmittelproduktion gentechnikfrei bleibt.

Wie das Beispiel Schweiz, Griechenland und anderer regionalen Initiativen zeigt ist eine gentechnikfreie Produktion möglich.

5.) Verletzungen des Rechts auf Gesundheit (Art. 12)

„Gefahr für Menschen durch gefährlichen Genfutter-Import

Gentechnisch verändertes Futter in der Tiermast könnte Menschen krank machen", kommentiert der grüne Agrarsprecher Wolfgang Pirklhuber eine aktuelle Studie. Demnach sollen Rückstände des Unkrautvernichters „Roundup" im Tierfutter Krebs erregen und die Fruchtbarkeit einschränken."

(http://www.andrioli.com.br/de/index.php?option=com_content&view=section&layout=blog&id=6&Itemid=41&limitstart=30 Sonntag, den 25. Januar 2009)

Lt. EU-Recht ist die europäische Behörde für Lebensmittelsicherheit (EFSA) dafür zuständig, die Sicherheit der zur Zulassung anstehenden Gen-Pflanzen zu überprüfen. Die Stellungnahmen bilden die Grundlage für Entscheidungen der EU-Kommission und des EU-Ministerrates bei den Zulassungen von Gen-Food und Gen-Saaten. Lt. Greenpeace lässt EFSA aber Pflanzen zu, die „erhebliche Gefahren und technische Mängel bergen .. Offensichtlich wiegen hier wirtschaftliche Interessen schwerer als der Schutz von Umwelt und Verbraucher ... Würde die EFSA die derzeit vorliegenden Anträge sorgfältig prüfen, müsste sie wohl fast alle Gen-Saaten die Zulassung verweigern." Hinweise auf Risiken würden nicht ausreichend verfolgt und Genehmigungen für die EU auch bei unzureichender Datenlage *befürwortet. („Greenpeace veröffentlicht neue Studie zu Sicherheitsrisiken", www.greenpeace.de, 23.04.04)*

Es fehlen Untersuchungen über die langfristigen Auswirkungen auf die Gesundheit und die Sicherheit von Nahrungsmitteln (die Tests laufen über 28 Tage, Schäden aber erst nach 90 Tagen und 3 Jahren festgestellt – bis hin zum Tod (s. u.). Existente wissenschaftliche Befunde über identifizierbare Gefahren werden in der Regel ignoriert.

Eine neue französische Studie der Universität Caen zeigt mittlerweile sogar, das Rückstände des Glyphosates, die bei den meisten auf dem Markt befindlichen Gentechlebens und -futtermitteln nachweisbar sind, bei menschlichen Zellen schädlich und sogar tödlich wirken können – selbst bei sehr niedrigen Mengen. „Trotz einer 100.000 fachen Verdünnung führte der Einsatz zu einem völligen Zellsterben innerhalb von 24 Stunden, er blockierte die Zellatmung und verursachte DNA-Schäden." (Global 2000, 14.01.09)

Synthetische Gentechsequenzen werden durch die Muttermilch weitergegeben

Italienische Fütterungs-Studie belegt Veränderungen bei Ziegennachwuchs durch Gentech-Futter des Muttertieres.

Beim Einsatz von Gentech-Futtermitteln finden sich synthetische Gensequenzen in Ziegen und Ziegenkitzen. Dies ist der alarmierende Befund einer aktuellen Fütterungs-Studie der Universität Neapel. Und dies obwohl der Ziegennachwuchs nur mit der Milch des Muttertieres ernährt wurde. „Nun ist wissenschaftlich belegt, dass Bestandteile von Gentech-Nahrung in die Organe gelangen und dort Veränderungen hervorrufen können.“ *(Global 2000, Wien, 28. Mai 2010)*

Studie: Genveränderte Soja schädigt Mensch und Natur
Der Anbau von genveränderter, Glyphosat tolerierender Soja bedroht die Gesundheit von Menschen und Tieren, erhöht den Einsatz von Herbiziden und hat negative Auswirkungen auf die Landbevölkerung. Glyphosat ist der Wirkstoff des weltweit am meisten verkauften Spritzmittels gegen Unkraut. Es kann Embryonen vergiften und zu Geburtsfehlern führen. Dies belegt eine Studie des argentinischen Professors Andrés Carrasco, die im September auf der 6. Konferenz der Gentechnikfreien Regionen Europas vorgestellt wurde. Rund 75 Prozent aller gentechnisch veränderten Pflanzen sind gegen Glyphosat resistent. Der massive Anbau von Gentechnik-Soja in Nord- und Südamerika hat somit gravierende toxische Auswirkungen auf Gesundheit und Umwelt.

(http://www.gls.de/die-gls-bank/aktuelles.html 19. Oktober 10)

Global 2000: Gentech-Soja in Babynahrung

Bei einer im Auftrag der Global 2000 durchgeführten Analyse von zehn Sojaprodukten wurden bei sechs Produkten gentechnisch veränderte Bestandteile nachgewiesen. Laut Umweltorganisation ist auch Säuglingsnahrung betroffen.

Jens Karg, Gentechniksprecher von Global 2000, zeigt sich empört: "Das Schockierende für uns ist, dass ausgerechnet in Säuglingsnahrung die höchste Kontamination gefunden wurde."

Global 2000 spricht von "Menschenversuch"

"Es handelt sich um Produkte für Säuglinge, die bereits mit einer Allergie auf die Welt kommen und die durch diese Produkte einem weiteren Gesundheitsrisiko ausgesetzt sind. Die Babys werden zum Spielball eines Menschenversuchs, von dem bestenfalls eine Handvoll Großkonzerne profitiert", so Jens Karg, Gentechniksprecher von Global 2000.

Recht auf gentechfreie Nahrung

Global 2000 fordert jedenfalls Gesundheitsministerin Andrea Kdolsky und Umweltminister Josef Pröll (beide ÖVP) auf, dafür zu sorgen, "dass das Recht auf gentechfreie Nahrung gewährleistet wird". Gentechnisch veränderte Lebensmittel seien keine natürlichen Lebensmittel, auf die sich der Mensch im Zuge der Evolution einstellen konnte, heißt es. *(Pressemitteilung Global 2000 Österreich vom 30.04.2008*

Die genannten Fakten zeigen, dass die Verwendung von Gen-Pflanzen wie Gen-Soja Verletzungen des Menschenrechts auf Gesundheit mit sich bringt – und durch die Regierung sofort gestoppt werden muss.

6.) Verletzungen des Rechts auf Freiheit von Wissenschaft und Forschung (Art. 15)

Die Freiheit der Forschung ist nicht mehr gegeben! 95 % der WissenschaftlerInnen im Bereich der Gentechnik arbeiten für die Industrie. WissenschaftlerInnen, die im Bereich der Gentechnik forschen und „unliebsame Ergebnisse" veröffentlichen, werden abgestraft: Verlust der Anstellung und Forschungsmittelentzug sind die Folge. *(„Ein Film fürs Leben", Bertram Verhaag in : „Gefahr Gentechnik", Seite 183 – 186)*

"Es darf nie darum gehen, eine Anbauform zu bevorzugen. Alle Anbausysteme müssen ein gleichberechtigtes Existenzrecht haben." *(http://www.saveourseeds.org/downloads/erprobungsanbau_Kommunikation.pdf Kommunikationskonzept der Landesregierung Sachsen-Anhalt, Entwurf 4.2.2004*)

Die Praxis sieht anders aus. Die Agro-Gentechnik wird mit staatlichen Geldern aufgepäppelt, dass es sich ForscherInnen und ihre Institute gut gehen lassen können. Ein Vergleich aus dem Jahr 2008 zeigt das sehr deutlich: 7 Mio. € erhielten damals Forschungsprojekte zum ökologischen Landbau, während 165 Mio. € allein aus dem Forschungsministerium in die Biotechnologie flossen. Gelder des Landwirtschaftsministeriums, u. a. aus dem Forschungstopf für Energiepflanzenforschung (Biosprit vom Acker), und aus nichtstaatlichen Förderungen waren hierbei noch gar nicht mitgerechnet. Bereits diese Geldmittelvergabe zeigt, wie einseitig auf die Gentechnik gesetzt wird. Diese Millionen treiben den Umbau der Landwirtschaft zur industriellen Lebensmittelproduktion weiter voran. Gleichzeitig sind sie Schmiermittel im Wandel universitärer Forschung. Agrarwissenschaften und Biologie sind an den meisten Hochschulen zu reinen Biotechnologie-Laboratorien und Public-Relations (PR)-Agenturen verkommen. Eine selbstbestimmte und umweltverträgliche Bewirtschaftung von Äckern, Wiesen und Weiden rückt immer mehr in das Reich profitkritischer Romantik.“ (http://www.projektwerkstatt.de /gen/genforschung_uni.htm: Forschung und Forschungsförderung)

„80% der Menschen in Deutschland lehnen grüne Gentechnik ab. Doch dieser hohe Wert wird in den Gentechnikseilschaften locker übersprungen: 100 Prozent aller Gentechnik-Projekte werden durch die zuständige Zentrale Kommission für die Biologische Sicherheit (ZKBS, Beratungsgremium u. a. des BVL) für sicher befunden und ebenso viele dann vom Bundesamt für Verbraucherschutz und Lebensmittelsicherheit (BVL) genehmigt. Alle relevanten Posten in

Entscheidungs- und Fachbehörden sind in ihrer Hand. Das Landgericht Würzburg ließ als wahr behandeln, "dass

1. die im BVL in Fragen der Gentechnik entscheidungs- und unterschriftenleistenden Beamten (Dr. Buhk und Bartsch) uneingeschränkt die Gentechnik befürworten,

2. alle abstimmenden Mitglieder der ZKBS die Gentechnik uneingeschränkt die Gentechnik befürworten,

3. alle entscheidungsberechtigten Mitglieder der GMO-Arbeitsgruppe bei der EFSA die Gentechnik uneingeschränkt befürworten,

4. alle an der Erforschung der Grundlagen zu den gesetzlichen Regelungen wie Abstandsgrößen und Grenzwerte leitend arbeitenden MitarbeiterInnen staatlicher Institute (vTI, JKI) die Gentechnik uneingeschränkt befürworten,

5. die unter 1-4 genannten Personen in verschiedenen Zusammenschlüssen vertreten sind, die sich der Förderung der Agro-Gentechnik verschrieben haben." *(Az. 2 Ns 701 Js 18810/2008)*

So ist es auch tatsächlich: In den zuständigen Behörden und Ämtern, bei Geldvergabestellen und den großen Forschungs-förderern besetzen BefürworterInnen der Gentechnik alle Führungsposten. Skeptische oder kritische Stimmen gibt es in Kommissionen, Genehmigungs- und Kontrollbehörden nicht. Seit Jahren haben die Seilschaften dort ihre Fäden gezogen. Dass Agro-Gentechnik und ihre Voraussetzungen trotz der überwiegenden Ablehnung durchgesetzt und alle institutionellen Ressourcen der Agrarförderung dorthin umgelenkt werden, liegt nicht nur, aber auch an diesen Geflechten. Die haben sich im Laufe der Zeit immer intensiver entwickelt ... " *(http://www.projektwerkstatt.de/gen /filz.htm).*

Eine Tagung in Zürich brachte viele Berichte von Forschern, die keine Gentechnikrisiken fanden. Im Gegensatz dazu standen Berichte von Forschern, die aufgrund ihrer gravierenden Ergebnisse einen umgehenden Stopp der Gentechnik forderten. Ich befragte hinterher eine dieser Forscherinnen, wie es dazu kommen kann, dass die Forschungsergebnisse so unterschiedlich seien. Ihre Antwort:

„ Die Forscher haben strikte Order, ihre Studien nach einer bestimmten Anzahl von Tagen abzubrechen, denn sie wissen genau, dass die Ergebnisse ins Negative gehen, sobald sie diese Anzahl überschritten haben. Das soll auf jeden Fall verhindert werden. Insofern sind die Ergebnisse alle richtig – bloß bei echten Langzeittests würden sie völlig anders ausfallen!" Diese Forscherin bekam dafür, dass sie entgegen der strikten Order ihres Institutes die Versuche abzubrechen weiter geforscht hat, weil sie wissen wollte, was dann passiert, ihre Kündigung und musste nach Amerika auswandern.

Es „....finden sich deutliche Hinweise darauf, dass von verschiedenen Akteuren, zum Teil über lange Zeiträume, die notwendige Unabhängigkeit missachtet, ausreichende Transparenz verhindert und die aktive Wahrnehmung von Kontrollaufgaben vernachlässigt wurde. .... Haben die ... Behörden über Jahrzehnte hinweg eine Agenda verfolgt, die eher an einer Zusammenarbeit mit der Industrie ausgerichtet zu sein scheint als an deren unabhängiger und kritischer Kontrolle.

Der Politik scheint die Kontrolle ihrer Behörden und Experten zu großen Teilen entglitten zu sein. Längst bestimmen Experten ... den Kurs. Wenn sich jetzt die Politik ... aus der Verantwortung für die Zulassung gentechnisch veränderter Pflanzen noch stärker zurückziehen will, überlässt sie Entscheidungen, die für Umwelt und Verbraucher existentiell sind, dem freien Spiel organisierter wirtschaftlicher Interessen." („Kontrolle oder Kollaboration? Agro-Gentechnik und die Rolle der Behörden" Antje Lorch und Christoph Then, April 2008, S. 37)

Diese Fakten zeigen auf, wie es um eine unabhängige Risikoforschung in Deutschland bestellt ist.

Wenn es trotz der bisher vorliegenden alarmierenden Praxiserfahrungen in vielen Länder, die Gentechnik schon seit einigen Jahren praktizieren und uns vor den Folgen warnen, die Regierung weiter Wert auf Forschung legt bitten wir den Ausschuss der Bundesrepublik Deutschland die erforderlichen Langzeittests vorzuschreiben, um eine objektive Risikoforschung möglich zu machen.

7.) Ausblick auf geplante Schritte der Regierung für 2011, die die genannten Menschenrechtsverletzungen und die Situation der Betroffenen in Deutschland zunehmen lassen

Zulassung von gentechnisch verändertem Saatgut - Erhöhung des Schwellenwertes von Null auf 0,1%.

„EU, Bauernverband und CSU planten, einen gesetzlich tolerierten Schwellenwert für Saatgut von 0,1 % GVO zuzulassen..... Für die Landwirte bedeute dies den "Tod des Nachbaus". Bereits eine geringe gentechnische Verunreinigung des Saatguts würde durch Auskreuzung eine flächendeckende Verschmutzung zur Folge haben.
(http://www.topagrar.com/index.php?option=com_content&task=view&id=22656&Itemid=519)

Die verheerenden Folgen einer Saatgutverunreinigung für die Landwirte verschweigt der Bauernverband. Kein Wort davon, dass durch Kontamination und anschließende Monopolbildung die Konzerne die Saatgutpreise willkürlich erhöhen werden und die Bauern in völlige Abhängigkeit zu den Saatgut-Chemiemultis geraten.

Saatgut braucht Nulltoleranz!

Wer jetzt glaubt, Schwellenwerte für Gentechnik bei Saatgut würden Skandale wie den aktuellen verhindern, ist auf dem Holzweg.... Schon eine Saatgutverunreinigung von nur 0,1 Prozent hat zur Folge, dass etwa 100 gentechnisch veränderte Pflanzen auf einem Hektar wachsen. Mit der Blüte können sich die Pflanzen auskreuzen und die Ernte gentechnikfrei produzierender Landwirte ruinieren.

Gelangen Gen-Pflanzen über kontaminiertes Saatgut in die Umwelt, wird es praktisch unmöglich, diese Risikopflanzen zu überwachen. Die gesetzlichen Bestimmungen für den Anbau könnten nicht mehr eingehalten werden. Die vorgeschriebenen Zulassungsverfahren und das Risiko-Management im Umgang mit gentechnisch veränderten Organismen würden damit ausgehebelt. Und das kontaminierte Saatgut würde sich von Jahr zu Jahr vermehren und den Verunreinigungsgrad ständig weiter nach oben treiben."

(http://blog.greenpeace.de/blog/2010/06/09/saatgut-braucht-nulltoleranz/ 9.Juni2010)

Eine Verschmutzung von 0,1 Prozent würde sich im Lauf der Jahre nicht nur schnell vergrößern, sondern auch den „Tod des Nachbaus" bedeuten. Kein Landwirt würde bald mehr wissen, wie hoch der Anteil in seinem Saatgut tatsächlich sei, ... Es würde jedoch sicher kein eigenes Saatgut, das garantiert gentechnikfrei für das nächste Jahr aufgehoben werden könnte, mehr geben. „Dies würde auch das Ende gentechnikfreier Futter- und Lebensmittel bedeuten." (Schwabacher Tagblatt: „Keine Gentechnik durch die Hintertür" 15.12.10)

8.) Maßnahmen zur Gewährleistung der Rechte von Landwirt-Innen und VerbraucherInnen

Folgende Maßnahmen könnten uns noch vor schlimmeren Folgen bewahren:

a. Verbot jeden Einsatzes von Gentechnik in Futter- und Nahrungsmitteln, bis durch ausführliche Langzeittests das Gefährdungspotential geklärt ist.

b. Genaue Erforschung der bekannten gesundheitlichen Schädigungen und Risiken

c. Langzeitforschung von wirklich unabhängigen Wissenschaftlern

d. Verbot der Gentechnik in Deutschland und damit Einhaltung des EU-Rechts nach Schutz der konventionellen Landwirtschaft vor Auskreuzungen

e. Einfuhrverbot von gentechnisch veränderten Futtermitteln

f. Kennzeichnungspflicht auch für Tierprodukte aus Fütterung mit GVO.

Zusammengefasst wird deutlich, dass die Bundesrepublik Deutschland seinen aufgelegten Verpflichtungen nicht nachkommt. Für das deutsche Volk bedeutet das eine existentielle und irreversible Bedrohung ihrer Ernährungssicherheit. Natürlich ist die Entwicklung der Gentechnik stark abhängig von dem, was die EU beschließt. Es konnte aber aufgezeigt werden, dass die Bundesregierung durchaus auch Handlungsmöglichkeiten hat, ihr Volk zu schützen und einen anderen Weg einzuschlagen – und verpflichtet ist, dies auch zu tun!

Reaktion des UN-Ausschusses:

PRESSEMITTEILUNG Gauting, 21.05.11

UN-Ausschuss bestätigt Gesundheitsgefährdung durch GEN-Food

UN-Menschenrechtsausschuss fordert Gesundheitsschutz in Zusammenhang mit GEN-Nahrungsmitteln von der Bundesrepublik

Erfolg in Genf: Erstmals hat der Menschenrechtsausschuss der Vereinten Nationen von einer Regierung - hier von der Bundesrepublik Deutschland - eine Politik des Gesundheitsschutzes in Bezug auf Nahrungsmittel, die genetisch veränderte Organismen enthalten, gefordert .

http://www2.ohchr.org/english/bodies/cescr/cescrs46.htm

Mai 2011 Germany concluding observations 35 b:

The Committee requests the State party to include in its next periodic report information on:

b) Its policy regarding the protection of health in the context of food containing genetically modified organisms;

„Das bekommt eine ganz neue Dimension" so Christiane Lüst vom internationalen Netzwerk „Aktion GEN-Klage", die gegen die Bundesrepublik und damit gegen das sechste Land Klage wegen Menschenrechtsverletzungen durch Nutzung der Agro-Gentechnik in Genf eingereicht hat.

"Unsere stete Berichterstattung vor der UNO über die Folgen der Nutzung von Gentechnik in Nahrungsmitteln und Landwirtschaft weltweit überzeugt – die von uns vorgetragenen Fakten sprechen eine klare Sprache. Bisher hat der UN-Menschenrechtsausschuss bereits die Regierungen aufgefordert das alte Saatgut und die Bauern vor GMOs und der daraus folgenden Abhängigkeit von Konzernen zu schützen sowie durch einen Stopp von Urwaldabholzungen keine weiteren Anbauflächen mehr zur Verfügung zu stellen, weil dadurch die Lebensgrundlagen der kleinen Bauern zerstört werden und die Armut drastisch zunimmt. Aber dass nun auch die gesundheitlichen Folgen der Verwendung von GEN-Nahrungsmitteln als Menschenrechtsverletzungen bestätigt werden und eine Regierung aufgefordert wird hier zum Schutze der Gesundheit Maßnahmen dagegen zu ergreifen ist erstmalig."

Der von der UNO festgestellte Handlungsbedarf wird von einer gerade veröffentlichten Studie untermauert, nach der im Blut von 93 % ungeborener Babys und bei Schwangeren Giftstoffe gefunden wurden, die in der Landwirtschaft bei der Produktion von GEN-Nahrungsmitteln verwendet werden. Damit ist bewiesen, dass – entgegen allen bisherigen Aussagen von GEN-Industrie und Politik – sich durch GEN-Nahrungsmittel gefährliche Rückstände und Gifte im menschlichen Körper – und auch schon bei ungeborenen Babys – anreichern.

Darüber hinaus wurde die Bundesrepublik von der UN gerügt, bei seiner Agrar-, Handels- und Entwicklungshilfepolitik sowie in seiner Unterstützung und bei Investitionen von deutschen Konzernen in Entwicklungshilfeländern die Menschenrechte nicht ausreichend zu berücksichtigen.

Der geforderte Gesundheitsschutz umfasst damit auch, dass mit deutschen Geldern keine Gen-Nahrungsmittel oder Gen-Saatgut für Entwicklungshilfeländer beschafft, transportiert oder verteilt werden.

Die Regierung ist daher aufgefordert folgende Maßnahmen umgehend umzusetzen:

- Die Einführung der Gentechnik in Tierfütterung, Lebensmittelproduktion und Landwirtschaft zu verbieten

- Die Kennzeichnungspflicht für alle genmanipulierten Veränderungen in Lebensmitteln - auch für Tierfutter und tierische Produkte - einzuführen, bis dieses generelle Verbot Gültigkeit hat.

- Sämtliche Gen-Freilandversuche in Deutschland umgehend einzustellen

- Die Saatgutreinheit von 100 % zu erhalten und keine Gen-Anteile darin gesetzlich zu erlauben.

Bericht Argentinien November 2011

Parallelbericht zum 3. Staatenbericht von Argentinien über die Umsetzung des Internationalen Paktes über wirtschaftliche, soziale und kulturelle Rechte

Soziale Menschenrechte in Argentinien

Menschenrechtsverletzungen als Folge der Gen-Soja-Monokulturen, das Recht auf Nahrung und Gesundheit – bei der argentinischen Bevölkerung, bei Kleinbauern und Imkern

Vorgelegt durch:

- GRR – Grupo de Reflexion Rural, eine Nichtregierungsorganisation aus Argentinien, die sich mit Landwirtschaft und ländlicher Entwicklung befasst

- Aktion GEN-Klage Gauting / Germany Christiane Lüst

Kontakt:

Federico Aliaga, Grupo de Reflexión Rural, Entre Ríos 85, Bella Vista, Buenos Aires, Argentina, www.grr.org.ar
Tel: (+54 11) 4666-5327 / (+54 11) 156-271-7524
Mail: fedali2@hotmail.com

Christiane Lüst, Aktion GEN-Klage Berengariastr. 5, 82131 Gauting, W-Germany
Tel.: 0049 / 89 / 893 11 054 www.stopptgennahrungsmittel.de
Mail: christiane.luest@t-online.de

30. Juli 2011

Die in diesem Bericht vorgelegte Information konzentriert sich auf die Folgen einer sehr bedenklichen globalen Entwicklung, die Verwendung von genetisch veränderten Organismen (GMOs) in der Landwirtschaft. Argentinien ist eines der Länder, das weltweit am meisten davon betroffen ist!

Schon 2004 nahm der Sojabohnenanbau 48 % des gesamten Ackerlandes ein. Hunderttausende wurden von ihrem Land vertrieben, Armut und Mangelernährung nahmen rapide zu. Die Unterernährung – in Argentinien früher nicht bekannt – stieg mit Einführung der Gentechnik auf 17 %, der Anteil der Menschen unter der Armutsgrenze - 1970 bei 5 % - lag 2004 schon bei 51 %. Das Besprühen der Sojabohnenplantagen aus der Luft zerstörte die Ernten der Kleinbauern, ihre Hühner starben, andere Tiere erlitten Schäden und es gab Missbildungen bei Neugeborenen. Bei den Menschen führten die gesprühten Unkrautvernichtungsmittel zu schwerer Übelkeit, Durchfall, Erbrechen und Hautverletzungen. Gemüse war missgebildet, Seen plötzlich voll von toten Fischen *(Agrar Info 160 September / Oktober 2008 S. 3)*

Hier werden massiv die wirtschaftlichen, sozialen und kulturellen Menschenrechte der argentinischen Bevölkerung verletzt!

Wir sind sehr besorgt über diese Entwicklung, die durch weitere geplante Schritte der Regierung, den Gen-Anbau angesichts der steigenden Gewinne zu intensivieren, weiter zunimmt.

Deshalb fordern wir die argentinische Regierung auf:

- Wir müssen unsere nationale Würde wiederherstellen und das Sojamodell, unsere Rolle als Exporteur von landwirtschaftlichen Rohstoffen und das Biotech-Experiment, das wir uns selbst auferlegt haben, aufkündigen.

- Die Biotech-Experimente, für die wir heute mehr als 40 Millionen „guinea pigs'" sind, zu stoppen

- Die nationale Produktion von Grundnahrungsmitteln, basierend auf unserer Nahrungmittelsouveränität und auf der Forcierung von lokaler Entwicklung, wiederherzustellen

- Kolonialisierung zu organisieren, um dahin zurückzukehren unsere Ländereien mit ländlichen Kommunen und kleinen Produzenten zu bevölkern, die gesunde Nahrungsmittel in ökologischer Form für unsere Bevölkerung zu produzieren

- Wir müssen die staatliche Kontrolle wieder herstellen und die nationale Getreide-Kommission (National Grain Commission) reorganisieren, um so wieder einen Niedrigpreis-Sektor schaffen zu können, für die Lebensmittel unserer Landsleute - zum Beispiel Linsen, Reis oder Milchprodukte - , die jetzt nicht mehr produziert werden oder deren Produktion schwere Krisen durchmachte.

- Wir müssen unser Saatgut wieder selbst produzieren, unser verlorenes genetisches Erbe entdecken und die Basis für ein anderes Landwirtschafts-Modell schaffen, dessen Ziele Nahrungssouveränität und lokale Entwicklung sind."

(GRR – Grupo de Reflexion Rural, eine Nichtregierungsorganisation aus Argentinien, die sich mit Landwirtschaft und ländlicher Entwicklung befasst, 2004).

Wir bitten das Komitee für wirtschaftliche, soziale und kulturelle Rechte seine Besorgnis über die Verletzungen des Rechts auf Nahrung – die drastische Armutszunahme aufgrund des Gensoja-Anbaus – sowie das Recht auf Gesundheit und Unversehrtheit,, die durch die Verwendung von Gen-Soja in Argentinien drastisch verletzt werden, auszudrücken und Empfehlungen an die argentinische Regierung auszusprechen, wie diese Menschenrechtsverletzungen umgehend beendet werden können.

Inhaltverzeichnis:

1.) Einleitung

In Argentinien werden beim Soja-Anbau fast einhundert Prozent gentechnisch veränderte Sorten eingesetzt. Das Land ist nach Brasilien und den Vereinigten Staaten der drittgrößte Lieferant für Sojaprodukte weltweit. Gleichzeitig wurde in den vergangenen Jahren von immer mehr hungernden Bevölkerungsgruppen berichtet.

„Die hohe Nachfrage in Asien haben der argentinischen Sojaproduktion seit Mitte der 90er Jahre einen unerhörten Auftrieb beschert - auf Kosten der Nahrungsmittelvielfalt, der Viehzucht, der Umwelt und der menschlichen Gesundheit. Der GRR-Studie "Stoppt das Ausräuchern' ('Paren de fumigar') zufolge werden kleine Familienbetriebe in den Sojaanbauregionen von riesigen Monokulturen umzingelt, mit Glyphosat besprüht und häufig zum Aufgeben gezwungen.

... Die Menschen in den betroffenen Regionen .... wehren sich seit Jahren verzweifelt dagegen, dass der Glyphosatregen auch auf reguläre Felder niedergeht, die Ernten vernichtet und ihre Gesundheit gefährdet. ... Die Verseuchung sei die Folge einer verheerenden Exportpolitik, die auf dem intensiven Sojaanbau beruhe ....Die Sojafelder sind grüne Wüsten, die Arbeitsplätze vernichten und ländliche Gebiete entvölkern." *(„Kranke Dörfer“ von Marcela Valente, 5.03.2009)*

Die Agro-Gentechnik beschleunigt das Aussterben von Kleinbauern weltweit. Entwaldung, Zunahme des Pestizideinsatzes, Zerstörung der Lebensgrundlage von indigenen Völkern und Kleinbauern, Landkonzentration, Sklavenarbeit, Landflucht und Zunahme der Armut auf dem Land sind Auswirkungen, die eine andere Seite der Sojamonokultur deutlich machen.

Wir hoffen sehr, dass das Komitee für wirtschaftliche, soziale und kulturelle Rechte weitere Landlosigkeit, Hunger und gesundheitliche Beeinträchtigungen sofort stoppen und die Rechte der Menschen durchzusetzen hilft, welche im Internationalen Pakt für wirtschaftliche, kulturelle und soziale Rechte geschrieben stehen.

2.) Situation in Argentinien – Gründe für die Menschenrechtsverletzungen:

Argentinien hat 40,5 Mio. Einwohner. 87 % davon leben in der Stadt. Der Export ist einer der größten Einkommensbereiche des Landes – und der Anteil der landwirtschaftlichen Produkte daran ist mit 31 % am größten.

Die folgende Tabelle zeigt die Bevölkerungswechsel der ländlichen und städtischen Gebiete über die letzte Dekade, welche deutliche Zusammenhänge mit dem Einzug des GMO-Modells in Argentinien aufweist:

Table IV: Migration von ländlichen zu städtischen Gebieten. Quelle INDEC.

Bevölkerungswachstum (% vom Ganzen verglichen mit dem Zensus von 1991/2001)

Province	Urban	Rural	Grouped	Dispersed
Buenos Aires	10.94%	-14.32%	13.15%	-25.97%
Córdoba	14.22%	-11.23%	7.13%	-22.56%
Santa Fe	10.03%	-12.10%	0.63%	20.87%
La Pampa	25.72%	-16.61%	-6.87%	-28.66%
Chaco	35.51%	-23.17%	24.01%	-29.57%
Formosa	39.14%	-13.87%	-1.05%	-16.03%
Entre Ríos	20.22%	10.31%	16.21%	-13.16%
Sgo. del Estero	30.11%	4.38%	9.28%	2.94%

Die 2001 erstellte Statistik bestätigt, dass tausende von Familien ihre ländlichen Gegenden verlassen. Kurz gesagt: der ländliche Exodus mit der großen Konzentration von Eigentum führte zur Produktion von Handelswaren. Ein Ergebnis davon ist das Ansteigen der Anzahl hungriger Menschen, die an den Rändern der Stadt wohnen. *(http://www.elcorreo.eu.org/?Argentina-estudio-de-caso-sobre-el)*

Mit 16,2 % Anbaufläche von Gen-Pflanzen liegt Argentinien nach USA mit 47,6 % weltweit an 2. Stelle. 25 Mio. Hektar werden mit Gensoja bepflanzt.

Soja wächst inzwischen auf 55 Prozent des argentinischen Agrarlands. In der zentralen Provinz Córdoba sogar auf 80 Prozent. 200 Millionen Liter Glyphosat werden jährlich auf den Feldern versprüht, ..."*(„Kranke Dörfer" von Marcela Valente, 5.03.2009)*

"In den Gensoja-Gebieten leben rund vierzehn Millionen Menschen. Sie leiden darunter, dass pro Jahr etwa zweihundert Millionen Liter Unkrautvernichtungsmittel versprüht werden, an erster Stelle Glyphosat."*(„Umstrittener Einsatz von Glyphosat" – Deutschlandfunk 9,02.2011)*

„Argentinien ist der weltweit drittgrößte Sojabohnenproduzent und -exporteur. Angepflanzt wird fast ausschließlich genverändertes Saatgut. Über 90 Prozent der Ernte - 54 Millionen Tonnen - gehen in den Export nach China, Indien und in die EU. Beim gegenwärtigen Weltmarktpreis von rund 370 US-Dollar pro Tonne Sojabohnen stellt sie einen Wert von fast 20 Milliarden Dollar dar; davon fließen 7 Milliarden als Exportsteuer in den Staatshaushalt." *(„Landwirtschaft – Das Gift in der Lunge" Taz 20.07.2010)*

„Das Soja ist zu praktisch hundert Prozent gentechnisch verändert und die Fläche, auf der der Protein-Spender für die weltweite Fleischerzeugung angebaut wird, wächst von Jahr zu Jahr. Waren es Mitte der neunziger Jahre des vergangenen Jahrhunderts noch 5,6 Millionen Hektar und in den frühen Siebzigern sogar nur 9.500 Hektar - damals selbstredend nicht transgen - so stieg die Anbaufläche des gentechnisch veränderten Sojas in der jetzt zu Ende gehenden

Anbausaison auf insgesamt annähernd 15 Millionen Hektar. Alle anderen Nutzpflanzen zusammengenommen, die im zweitgrößten Land Südamerikas angebaut werden, erreichen diese Fläche nicht. Die taz lobt: "Im vergangenen Jahr machte der Sojaexport gar 40 Prozent der gesamten Exporterlöse aus.“ Die Kombination aus ökonomischen Krisen und der Vertreibung von kleinen Bauern und Landarbeitern durch die zunehmende Mechanisierung des Sojaanbaus führte zu einem Verlust an Nahrungssouveränität und erhöhte Armut und Hunger." Lilian G. Joensen, eine Molekularbiologin der GRR, beschreibt den Prozess der Vertreibung wie folgt: "Es gibt bei uns ein Gesetz, das besagt, wenn jemand nachweisen kann, seit zwanzig Jahren an einem Ort gelebt zu haben, kann er sich als Besitzer desselben registrieren lassen. Die Evidenz dieses Anspruchs wird häufig durch Gewalt zerstört. Die Soja-Firmen engagieren paramilitärische Gruppen, die Häuser abbrennen oder niederreißen, Vieh stehlen oder ähnliches."(*Esst das Futter ... guten Appetit! GeN Dez. 2004 Seite 1)*

„In Argentinien beispielsweise wachsen die Anbauflächen dramatisch. Die Felder reichen häufig bis an die Siedlungen. Viele Anwohner beschweren sich inzwischen über den hohen Chemieeinsatz. Tatsächlich sind die Anbauflächen laut einer Studie in Argentinien zwischen 1996 und 2003 um das 35-Fache gewachsen. Der Einsatz von Glyphosat aber im selben Zeitraum um das 56-Fache.“ *(„Pflanzenschutz Einsatz auch bei Gensoja “ – Das Erste.de Sendung 8.02.11)*

„Die argentinischen Exporte boomen, und die Wirtschaft legt Wachstumsraten wie in China vor. Eine wichtige Antriebsfeder ist die Ausfuhr von 44 Millionen Tonnen Sojabohnen jährlich. Doch während sich Präsident Néstor Kirchner über klingelnde Steuerkassen freut, kämpfen eben viele Kleinbauern in den Provinzen ums wirtschaftliche Überleben. Der Soja-Anbau bedroht ihren Lebensraum, Unkrautvernichtungsmittel belasten die Umwelt, und große Agrarunternehmen - oft mit internationalem Kapital im Rücken -

verdrängen sie. Politik, Polizei und Justiz halten meist eher zu den einflussreichen Großunternehmen.

Entvölkerung der Territorien – Ausrottung ländlichen Lebens:

Fehlt die Lebensgrundlage, sind die Bauern gezwungen, in der Stadt Arbeit zu suchen, nicht selten landen sie dann in den "Villas miserias", wie die Slums am Rande der Großstädte in Argentinien genannt werden. Die Entvölkerung des Landes mit der konsequenten Zerstörung der kleinen Produktion und des ländlichen Lebens ist unausgesprochener Teil im laufenden Entwicklungsmodell, an dessen Stelle die Nationalregierung in Übereinstimmung mit den großen Agrokonzernen, ein agroindustrielles Produktionsmodell für den Export einrichtet, der ihnen die Möglichkeit eröffnet, aus dem Export der landwirtschaftlichen Produkte Geld einzuziehen, mit welchem sie die Unterstützungspläne der deplatzierten Bevölkerung, die auszieht, um in den städtischen Peripherien zu leben, unterhalten. Ist das Territorium befreit von allem Leben verpachten die großen Agrokonzerne den Grund und verwenden ihn für die Intensivproduktion von GMO, was ein großes Geschäft zu sein scheint. Den großen landwirtschaftlichen Unternehmen ist das nur recht.

Sie kaufen das Land und nehmen es für Soja unter den Pflug. Meistens jedoch geht die Verdrängung auf zumindest juristisch legale Art vor sich. Die landesweit noch etwa 250.000 Kleinbauern leben seit Generationen hier, doch einen Nachweis über ihr Eigentum an dem Land wie etwa einen Grundbuchauszug, haben sie oft nicht. Deshalb kann es vorkommen, dass der Staat "ihr" Land als "herrenlos" den "Sojeros", den Großbauern, verkauft. Tut der Staat das nicht, oder haben die Kleinbauern eine Eigentumsurkunde, wird auch schon mal zu anderen Mitteln gegriffen. So werden den Bauern zum Beispiel die Zahlung einer Rente oder andere "Vorteile" versprochen. Oft des Schreibens und Lesens unkundig, verkaufen viele von ihnen viel zu billig. Und dann dauert es meist nicht lange, und die Polizei steht mit dem Räumungsbefehl vor der Tür.

Sojafelder kreisen Kleinbauern ein

"Genaue Zahlen über Vertreibungen gibt es nicht", berichtet der argentinische Soziologe Diego Dominguez. Doch zwischen 1988 und 2002 verschwanden 80.000 bis 100.000 kleine landwirtschaftliche Betriebe, erzählt er. Neben wirtschaftlichen Problemen, die Betroffene zur Aufgabe ihres Betriebes zwangen, seien dafür die Vertreibungen verantwortlich. "Zudem können viele Kleinbauern - eingekreist von Soja-Feldern - auch so nicht mehr wirtschaften", sagt er.

Argentinien präsentiert einen der frühesten Urbanisierungsprozesse in Lateinamerika und besitzt eine Gesamtfläche von 2,791,810 qkm, bevölkert bloß mit 7 Hektar pro Person, aber weniger als 10 % der Bevölkerung lebt in ländlichen Gebieten. Die Bevölkerung der großen Städte steigt, wo das Land pro Person im besten Fall in einigen wenigen Quadratmetern endet. Schon 2006 gab es Beweise für die Vertreibung von 200.000 Kleinbauern, und weniger als 10 % der Bevölkerung lebte in ländlichen Gebieten (das meint nicht in ländlichen Aktivitäten arbeiten). Man musste feststellen, dass es 24 neue Ansiedlungen (Slums, ...) in der autonomen Stadt von Buenos Aires gab und das in solchen Ansiedlungen 8 von 10 ländlich enteignete Menschen sind. (Institute für Kleinfamilien-Bauernhöfe 2006 INTA).

Es ist klar, dass es ein System hat, das die Bevölkerung aus den ländlichen Zonen vertreibt - während sie es verlassen, führt die unzureichende Agrarpolitik und die Sucht nach Land dazu ein Modell der intensiven Landwirtschaft einzuführen. Die Idee, dass das Land nicht ein Ort zum Leben ist, dass man es nicht benutzt um Geschäfte zu haben in der geltenden Währung - darauf konterkariert man die Einführung eines Systems von Landwirtschaft ohne Landwirten.

Zu den „legal" Vertriebenen hinzu existieren viele Vertriebene im Inneren unseres Landes, die illegal vertrieben wurden. Natürlich sind die meisten Vertreibungen illegal, und auch im Agrarministerium in der Hauptstadt Buenos Aires ist das Problem bekannt. In der Provinz jedoch verhindert nicht selten ein Netz aus Korruption und Vetternwirtschaft zwischen Polizei, Politik und Wirtschaft, dass Kleinbauern zu ihrem Recht kommen. Häufig werden ihre Anzeigen schon von der Dorfpolizei abgewiesen. Aber auch wenn sie es bis vor das Gericht schaffen, bleibt ungewiss, ob sie wirklich zu ihrem Recht kommen. Es gab auch schon fragwürdige Urteile.

Regierung setzt auf Soja-Exporte - Soja-Anbau verdrängt andere Produkte in der Landwirtschaft

Doch nicht nur mit Verdrängung und Vertreibung haben kleinere Bauernhöfe zu kämpfen. Fast 100 Prozent des in Argentinien angebauten Sojas ist gentechnisch verändert und wird mit Glyphosat gespritzt. Dieses Herbizid zerstört alle Pflanzen - außer dem gentechnisch resistent gemachten Soja. Inzwischen klagen die Bauern schon über gesundheitliche Beschwerden. Zwar gibt es keine offiziellen Studien, doch Ärzte berichten von vermehrten Missgeburten und Krebserkrankungen, Allergien, Atem-beschwerden und Augenbrennen.

Argentinien sei eine "Soja-Republik" geworden, scherzt Dominguez finster in Anspielung auf den Begriff "Bananen-Republik", in der vor allem die Interessen großer Exportunternehmen die Politik bestimmen. "Der Soja-Anbau könnte der Selbstmord der argentinischen Landwirtschaft werden", warnt er. Soja verdrängt andere Erzeugnisse wie Fleisch, Gemüse, Milch oder Reis. Diese werden knapper und damit teurer. Die neue Landwirtschaft setzt immer mehr Technik ein und braucht immer weniger Menschen. "Wir sind auf dem Weg zu einer Landwirtschaft ohne Landwirte", klagt er." *(Der Tagesspiegel, 4.07.2007)*

Die Interessen der Industrie und die Fortschrittsidee , von der Regierung forciert zur Bekämpfung des Konjunkturrückganges durch Exporte – mit der eine bessere Entwicklung für das Land und eine bessere Qualität des Lebens der ländlichen Bevölkerung eingeführt werden sollte – haben uns auf den Weg des Verschwindens jeglichen traditionellen Lebens vieler ländlicher Gemein-schaften gebracht, die Zerstörung der kleinen Landwirtschaft und damit der Lebensmitteldiversität, die unsere Kultur charakterisierte.

Bis jetzt haben die ländlichen Gemeinschaften grundsätzlich genug eigenproduzierte Lebensmittel, die reich an Diversität und auch viel frischer so sind, aus unserem Land hervorgebracht.

Heute, mit der Zerstörung dieser Klein-Landwirtschaft im Namen des Fortschritts, erhalten die Kommunen, die noch nicht vertrieben worden sind, Lebensmittel vom anderen Ende des Landes, oder – in vielen Fällen – importiert das, was vorher von uns selbst produziert worden ist.

3.) Verletzungen des Rechts auf Nahrung und des Rechts frei von Hunger zu sein (Artikel 11)

Dieses Recht ist in Argentinien nicht mehr gewährleistet.

Durch die Trennung von Kleinbauern und Großgrundbesitzern verschwanden die wichtigen Oberflächen mit den verschiedenen Kulturen, die die Ernährung der Argentinier charakterisierten. Reduziert wurde der Anbau von Reis um 44 %, Mais um mehr als 26,2 % , 34,2 % Sonnenblumen, mehr als 3 % bei Weizen und das 10 – fache der Oberfläche von Baumwolle. Gebiete wie San Pero in der Provinz von Buenos Aires verloren 50 % der fruchtbaren Berge und Plantagen zum Leben, um Soja anzubauen. (*Boy, Adolfo 2005*)

Die Zahlen der Lebenskosten von 2002 erlauben keinen Vergleich der Investitionen mit unseren Diagnosen. Auf dem Mindestlevel hat die INDEC (Nationalinstitut für Statistik und Zensur) aufgezeigt, dass die Produkte, die am meisten im Preis gestiegen sind, sind:

- Linsen trocken 272,7 %
- Mais 218,9
- gewöhnliches Weizenmehl 162 %
- Erbsen in Konserven 157,5 %
- Süßkartoffeln 152,2
- Kartoffel 138 %
- einfacher weißer Reis 130,1 %

(Ámbito Financiero, martes 7 de enero de 2003, Pág. 4).

Diese Ziffern sind aus den Jahren 2002 bis 2006, und zeigen hauptsächlich den Grund für diese Entwicklung auf: sie wachsen mit dem Wachsen der Oberflächen, die für die transgene Monokultur genutzt werden, eine Verkümmerung der Lebensmittel-Vielfalt.

„Wir sind nicht mehr in der Lage, unsere eigene Bevölkerung zu ernähren. Mittlerweile sind viele Produkte sehr teuer und die letzten Zahlen besagen, dass vierundfünfzig Prozent unserer Bevölkerung unterhalb der Armutsgrenze leben. Vierundfünfzig Prozent! In den siebziger und achtziger Jahren waren es nur fünf, beziehungsweise dreizehn Prozent. Argentinien produzierte genug Lebensmittel von hoher Qualität für die eigene Bevölkerung und konnte zusätzlich die achtfache Menge des eigenen Bedarfs exportieren. Nun gibt es in unserem Land Hunger ... Was wir aber sagen können ist, ... dass es bei uns Hunger früher nicht gegeben hat. .... Die Soja-Firmen versuchen, immer mehr Land für die Produktion zu bekommen und sie schrecken auch nicht vor dem Einsatz von Gewalt zurück: In allen Regionen des Landes kann man in den Zeitungen lesen, dass Menschen von dem Land vertrieben werden, das ihnen zusteht!" *(„Soja, Soja und nochmals Soja .." GeN, Juni 2004 Seite 1)*

„Die Greenpeace-Studie „ Rust, Resistance, Rund Down Soils, and Rising Costs – Problems Facing Soybean Producers in Argentina" des renommierten US-Agrarwissenschaftler Charles Benbrook zeigt nun wieder einmal deutlich: Die Ausweitung der argentinischen Sojaproduktion für den Export sorgt nicht nur dafür, dass Argentiniens Wälder dafür sterben. Auch die Selbstversorgung des Landes mit Lebensmitteln wird dadurch verringert. Die Soja-Anbaufläche Argentiniens hat sich im Zeitraum von 1996 bis 2004 von 6,7 auf 14,2 Millionen Hektar mehr als verdoppelt. Seit 1996 wurden 2,37 Millionen Hektar tropische Wälder und artenreichen Savannen für den Sojaanbau gerodet. In den Wäldern und Savannen lebende Ureinwohner wurden und werden vertrieben, die Tier- und Pflanzenwelt der Gebiete ausgerottet. Auf den anderen Flächen, die dem Soja-Exportboom geopfert wurden, produzierten meist Kleinbauern Lebensmittel für die Region und das Land. Nun fehlen Argentinien Grundnahrungsmittel wie Milch, Fleisch, Kartoffeln, Erbsen, Linsen und Bohnen. Von 1996 bis 2002 habe die Zahl der Argentinier, die sich keine Grundnahrungsmittel mehr leisten können, von 3,7 auf 8,7 Millionen zugenommen, zeigt die Studie. „Mit der zunehmenden Abhängigkeit vom Soja-Export verliert das Land seine Nahrungsmittelsouveränität“, so Carmen Ulmen, Gentechniksprecherin von Greenpeace. Doch die argentinische Regierung will den Soja-Anbau um weitere vier Millionen Hektar Land ausweiten. Schon heute stammt rund die Hälfte des nach Europa importierten Sojaschrots aus Argentinien.“ *(11.02.2005 Abholzung und Hunger durch Soja-Anbau in Argentinien Autor: Norbert Suchanek)*

Die größte Gefahr dieses Recht zu sichern ist die Zerstörung der Lebensgrundlagen als eine Folge des Anbaus von Gen-Soja. Die Sojaproduktion verdrängt zunehmend die Kleinbauern, und dies stellt inzwischen die dramatischste Realität auf dem gesamten lateinamerikanischen Kontinent dar.

Die Agro-Gentechnik beschleunigt das Aussterben von Kleinbauern und führt ein weltweites System von höchst globalisierten Lebensmitteln ein, importierend und exportierend - ähnliche und völlig absurde Produkte wie in unserem Fall: Anstatt Soja zu exportieren sollten wir unsere Lebensmittel selbst produzieren und jetzt müssen wir sie importieren. Die Entwicklung eines Pueblos kann man nicht messen an den Geschäften, die sie in den hohen Lagen realisieren, sondern an den Kapazitäten seiner Bewohner frei zu sein, selbst genügend und ein komplettes und glückliches Leben zu führen in einer Umgebung, die ihnen gehört, und nicht an den Stadträndern, wo sie hin vertrieben werden.

Die ländliche Agrokultur im kleinen Stil erlaubt das Zusammenleben der Menschen mit der Natur, von der sie ein Teil sind.. Sie bearbeiten die Erde im kleinen Stil, und mit wenig Inputs kann die Vielfalt heute noch erhalten bleiben.

Das Modell, das wir bei den transgenen Monokulturen kritisieren, erhöht indes stark ihre Abhängigkeit von Inputs und hat die Zerstörung natürlicher Ressourcen zur Folge.

„Wie die Ökobäuerin berichtet, waren vor drei Jahren Glyphosat-Wolken auf ihren Feldern niedergegangen und hatten die gesamte Ernte unbrauchbar gemacht.“ *(„Kranke Dörfer“ von Marcela Valente, 5.03.2009)*

Exporte statt Eigenversorgung

Der Sojaboom hat die Landwirtschaft Argentiniens auch in anderen Bereichen radikal verwandelt: In den letzten 15 Jahren hat sich zum Beispiel die Zahl der Milch-Farmen halbiert. Mittlerweile wird Milch aus Uruguay importiert, obwohl sie teurer ist als die einheimische (*Esst das Futter ... guten Appetit! GeN Dez. 2004 Seite 3)*

Die Flächen für den Eigenanbau werden reduziert. Urwald wird in großen Mengen abgeholzt, um neue Anbauflächen zu gewinnen. Urwaldbewohner und Kleinbauern werden von Guerillas der Großgrundbesitzer oft mit Gewalt von ihrem Grund vertrieben oder ermordet, um weitere Anbauflächen für sich zu gewinnen. Ausgleichszahlungen, Rückerstattungen usw. finden nur selten statt, da nur in wenigen Fällen und oft nur mit internationaler Hilfe von

Menschenrechtsorganisationen vor Ort (FIAN usw.) eine juristische Verfolgung möglich wird, die meistens trotzdem zugunsten der Großgrundbesitzer ausgeht, denn auch die Gerichtsbarkeit wird oft aus den eigenen Reihen gestellt und der Staat verdient an dem Sojaexport.

Gen-Pflanzen machen Eigenanbau unmöglich und vergiften das Trinkwasser

Durch das Bespritzen der Felder mit Herbiziden (s. oben), meist aus Flugzeugen, werden die Nachbarfelder- und Dörfer mit besprüht, was zu schweren Gesundheitsschäden für Mensch und Tieren führt (s. auch S. 13 / 14) und dort alle anderen Pflanzen vernichtet.

„ Auf dem Land waren die Auswirkungen der Sojabohnen-Monokultur noch verheerender. Die traditionellen bäuerlichen Gemeinschaften in der Nähe der riesigen Sojabohnen-Plantagen waren ernstlich betroffen.... fanden die Bauern, die dort verschiedene Gemüse für ihren Eigenbedarf angebaut hatten, die gesamte Ernte vernichtet, nachdem die angrenzenden Felder ... besprüht waren, einem Pestizid, das alle Pflanzen vernichtet, außer den speziellen, genmanipulierten Monsanto-Pflanzen, die „Unkrautvernichtungsmittel-resistent" sind. Eine Studie von 2003 zeigt, dass das Besprühen nicht nur ihre Felder vernichtet hatte. Ihre Hühner waren gestorben und andere Tiere vor allem Pferde erlitten Schaden." *(ZEIT-Fragen Nr. 43 v. 31.10.05 „Kann es in einer Welt mit „Gen-Food" Frieden geben?" v. F. W. Engdahl)*

Somit ist ein Eigenanbau von Gemüse usw. in der Nähe von Gensojaflächen für die Bauern nicht mehr möglich, auch Haus- und Nutztiere sind gefährdet. Dazu kommt die Vergiftung der Wasserquellen. Die Menschen sind aber auf das Trinkwasser angewiesen, trinken das verseuchte Schmutzwasser und bekommen u. a. regelmäßig Fieber. *(We feed the world)*

Das beweist, dass die Zukunft der Landwirtschaft ganz klar in der biologischen Landwirtschaft und nicht in der Kultivierung von genetisch veränderten Pflanzen gefunden werden muss. Die argentinische Regierung sollte daher umgehend die Landflucht und Landenteignung stoppen, ausreichend Land und Saatgut für die Eigenproduktion der Bevölkerung zur Verfügung stellen, bevor für den Export produziert wird und Glyphosatsprühungen in der Nähe von Wohngegenden der Einheimischen strikt untersagen – um den Lebensunterhalt seiner Bewohner zu sichern und Armut und Unterernährung sofort zu stoppen.

Artikel 11 (2):

a)" zur Verbesserung der Methoden der Erzeugung, Haltbarmachung und Verteilung von Nahrungsmittel durch volle Nutzung der technischen und wissenschaftlichen Erkenntnisse, ... sowie durch die Entwicklung oder Reform landwirtschaftlicher Systeme ... mit dem Ziel einer möglichst wirksamen Erschließung und Nutzung der natürlichen Hilfsquellen"

Dazu kommt, dass seit vielen Jahren der Urwald gerodet wird für neue Soja-Anbauflächen – bis jetzt schon ein Gebiet so groß wie Frankreich und Portugal zusammen.

Bis heute – und trotz des enormen Widerstandes, der in den Dörfern existiert, die in diesen Wäldern und Landstrichen leben - hat die Natonalregierung nichts getan, um den Entwaldungen und der Ausdehnung der transgenen Flächen Einhalt zu gebieten.

Als GRR (Grupo de Freflexion Rural) unterstützen wir eine Verteidigungskampagne der Berge und der Wälder (*http://defensamontebosqueselvagrr.blogspot.com/),* als Medium, um die Territorien zu verteidigen, die uns verbleiben, zur Bewahrung der Biodiversität und des Lebens der Bevölkerung, die dort in harmonie mit ihrem Land leben.

Der Boden ist aber für den Sojaanbau ungeeignet, Nährstoffe etc. werden darum künstlich hinzugefügt. Den Urwaldeinwohnern wird damit ihre Lebensgrundlage entzogen, sie haben nur noch die Möglichkeit als nunmehr Landlose in die Slums der großen Städte abzuziehen. Die Weltbank finanziert den Straßenbau zur Förderung des Urwaldabbaus und des Sojaanbaus. *(„Nosotros alimenatmos al mundo" / „We feed the world").* Die Nutzung der natürlichen Ressourcen und damit die Lebensgrundlagen für die Einwohner werden damit unwiderruflich zerstört zugunsten der Gewinne einiger großer Agrarkonzerne.

Dazu kommt der Einsatz der Spritzmittel, der alles verseucht und die Böden unfruchtbar macht: „Sie sprachen von einem neuen Rostpilz, wie ist die Situation mit Schädlingen auf den Soja-Feldern?
Mittlerweile haben wir vierzehn verschiedene Unkräuter, die gegen das Roundup resistent geworden sind, der Verbrauch des Herbizids ist seit dem ersten Anbau 1997 um das Fünffache angestiegen.

Die Reduzierung der eingesetzten Spritzmittel ist immer eines der zentralen Argumente für den Einsatz gentechnisch veränderter Pflanzen gewesen... ...und Argentinien ist der Beweis, dass dieses Argument nicht haltbar ist. " *(„Soja, Soja und nochmals Soja .." GeN, Juni 2004 Seite 2)*

Auch die Branche der Imker ist schwer betroffen – und damit ein weiterer großer Teil der Artenvielfalt und Nutzung von natürlich Vorhandenem zur Existenzsicherung der Bevölkerung:

"Argentinien ist der fünftgrößte Honigproduzent weltweit. Und Nummer Eins beim Export. Im vergangenen Jahr haben wir 1,6 Millionen Bienenstöcke verloren, weil die Bienen weggestorben sind, weil Imker das Handtuch werfen." Lucas Martinez ist Präsident des argentinischen Imkerverbands Sada. Und gibt an: Im letzten Jahr verlor das Land dreißig Prozent seiner Honigbienenvölker. "Das große Problem bei uns ist der massive Anbau von Soja, Gen-Soja. Der verdrängt die Imker immer mehr, vor allem aus der Pampa, wo sie bislang arbeiteten. Der massive Herbizid-Einsatz killt die Bienen." Denn die Herbizide killen vor allem alle anderen Pflanzen, die Honigbienen als Nahrung dienen. Nach der Sojaernte bleibt nichts zurück als staubige, leblose Felder.“ *(„Diskussion um Bienensterben“ Deutschlandfunk v. 17.09.2009)*

Hier werden die natürlichen Lebensgrundlagen einer weiteren Berufsgruppe zerstört: Die der argentinischen Imker!

Verhungern Bienen durch Gensojafelder?

Argentinische Imker haben einen dramatischen Rückgang der Bienen verzeichnet. 2008 verloren sie fast ein Drittel ihrer Honigbienenvölker.

Der immense Verlust von rund 1,6 Millionen Bienenstöcken habe mit dem massiven Anbau von genetisch veränderten Sojapflanzen zu tun, vermutet Luca Martinez, der Präsident des argentinischen Imkerverbandes Sada. In einem Interview mit Deutschlandradio erklärte Martinez den Zusammenhang: Für den Anbau von gentechnisch veränderten (gv) Pflanzen, wie beispielsweise Soja, werden Felder benutzt, auf denen sonst Blumen und Pflanzen stehen, die den Bienen als Nahrung dienen. Die Bienen seien durch die riesigen Anbauflächen von Soja-Monokulturen schlichtweg den Hungertod gestorben. Argentinien gehört zu den drei größten Sojaproduzenten weltweit.

Zudem reichere das Herbizid Roundup von Monsanto sich im Nährboden an und lauge ihn dadurch nachhaltig aus, so Martinez. Für die Honigimker Argentiniens, das eines der größten Honigexportländer ist, sind die Folgen dieser Entwicklung fatal: Innerhalb einer Zeitspanne von vier Jahren ist der Export von Honig um die Hälfte zurückgegangen.

Luca Martinez appellierte auf dem Weltkongress der Imker („Apimondia“) vor allem an europäische Bienenzüchter, sich vehement gegen gv-Soja als Futtermittel einzusetzen.

Bienen spielen eine zentrale Rolle bei der Bestäubung und dem Erhalt einer reichen Fauna. Das Beispiel Argentiniens zeigt, welche fatalen Folgen der Anbau von gentechnisch veränderten Monokulturen auf die Artenvielfalt haben kann. *(„Verhungern Bienen durch Gensojafelder?“ – 22.12.09 Laura Möhr)*

Zusammenfassend konnte deutlich gemacht werden, dass Gentechnik nicht die richtige Methode ist, die Situation der Landwirtschaft und Nahrungsmittelsicherheit in der Welt zu steigern, darüber hinaus zerstört sie natürliche Ressourcen und minimiert die Ernten.

„Eine Propagandalüge der Gentech-Industrie ist entlarvt: Gentechnisch veränderte Kulturen benötigen nicht weniger, sondern jedes Jahr mehr chemische Pestizide gegen Unkräuter und Schädlinge.“ *(„Über Gentech-Pflanzen wird mehr Gift versprüht“, wissenschaftliche Studie von Benbrook, Ökologo 1 / 2004 Seite 2).* Die Pestizidmenge steigt um 50 – 60 %. *(„Auf Dauer unwirtschaftlich“ von K. Faissner in: „Gefahr Gentechnik“, S. 234).*

b) „zur Sicherung einer dem Bedarf entsprechenden gerechten Verteilung der Nahrungsmittel der Welt unter Berücksichtigung der Probleme der Nahrungsmittel einführenden und ausführenden Länder“

Wie schon genannt setzt die argentinische Regierung mehr und mehr auf Export, die Möglichkeit der Eigenversorgung der Argentinier wird dadurch zunehmend zerstört. Die wirtschaftliche Ungleichheit nimmt zu und die großen Agro-Konzerne profitieren, indem sie auf die zerstörerische Sojakultur setzen, während mittlere oder kleine Plantagen nicht teilhaben können aufgrund der hohen Kosten für Inputs, Maschinen und Gehälter, die sie erheben.

Argentinien ist damit eines der reichsten Agrarländer der Welt – und trotzdem hungert die Bevölkerung. Die riesigen und weiter steigenden Einnahmen dienen dazu die Auslandsschulden zu decken oder fließen in die Taschen von Monsanto und anderen Agrargiganten sowie den Großgrundbesitzern und letztendlich auch dem Staat und kommen somit in keinster Weise der Bevölkerung zugute. Im Gegenteil: Mehr Export, mehr Einnahmen – mehr Hunger und Landlose. Internationale Organisationen wie die Weltbank unterstützen diese Politik auch noch, darüber hinaus erhalten sie als Gegenleistung die soziale Bezwingung der Menschen des Typs, die sich erheben um ihre Familien vor der Vertreibung in die Armutsgürtel der großen Städte zu bewahren, die sich aber nicht erheben, um ihr Schicksal zu wechseln oder ihr Leben zu verbessern.

Europa importiert 90 % ihres Sojas aus Übersee, die Hälfte davon kommt aus Argentinien. Der Soja wird hier zunehmend zur Fütterung unserer Tiere verwendet oder für die Autos, die mit Biodiesel funktionieren und als Gegenleistung verhungern in Argentinien zunehmend die Menschen. Unser Mais und Weizen wird – statt für unsere Ernährung oder als Tierfutter – zunehmend für Fernwärme verbrannt oder aber unsere Flächen liegen – von der EU subventioniert – brach. Unsere eigenen landwirtschaftlichen Betriebe reduzieren sich jedes Jahr drastisch, weil durch die gewaltigen Importmengen der Anbau hier unrentabel wird. Der Steuerzahler muss die Folgen tragen – für zunehmende Arbeitslosigkeit usw.

Dieses Verteilungssystem schadet somit weltweit den Bauern vor Ort. Die einzigen Gewinner sind auch hier in Europa die Agrarkonzerne. Würden in jedem Land die Bauern vor Ort für ihre Eigenversorgung oder die Versorgung ihres Landes produzieren dürfen – wären alle die Gewinner.

Die ersten Erfahrungen in Argentinien, Brasilien, Indien, Kanada, Panama und anderen Ländern zeigen exakt dieselbe Entwicklung: Gentechnik produziert Hunger.

FAZIT:

Um die Welternährung zu sichern, muss man die sozialen und ökologischen Bedingungen verbessern. Eine kurzfristige Steigerung der Erträge mit technischen Mitteln, die auf Kosten der Umwelt und der Menschen geht, ist der falsche Weg. Ein zerstörtes Ökosystem wird die nachfolgenden Generationen nicht ernähren können. ... Eine nachhaltige Sicherung der Ernährung braucht eine Landwirtschaft, die die natürlichen Grundlagen bewahrt: gesunde und fruchtbare Böden, sauberes Wasser sowie eine Vielzahl an Pflanzen und Tieren." (*www.greenpeace.de/themen/gentechnik/ „Gentechnik – keine Hoffnung für die Hungernden" vom 1.10.2004).*

Um Erzeugungsmethoden zu verbessern, Nahrungsmittel besser zu verteilen oder die Nutzung natürlicher Hilfsquellen wirksam zu erschließen und langfristig zu gewährleisten fordern wir von der argentinischen Regierung, den Anbau von Gen-Soja zu reduzieren zugunsten von Land für den Eigenanbau der Bevölkerung sowie die Urwaldabholzung umgehend zu stoppen und in seiner Außenpolitik sich dafür einzusetzen, auf Gentechnik in Landwirtschaft und Nahrungsmittelproduktion zur Lösung des Welthungers zu verzichten und eine gerechte Verteilung der vorhandenen Lebensmittel zu forcieren.

4.) Verletzungen des Rechts auf Gesundheit (Art. 12)

Die kleinen Produzenten und die Landbevölkerung haben nicht nur mit Unterdrückung und Vertreibung von ihrem Land zu kämpfen, sondern zu fast 1oo % ist das angebaute Soja in Argentinien genetisch verändert und wird mit Pestiziden wie z. B. Glyphosat behandelt. Diese Herbizide zerstören die biologische Biodiversität, und bringen große Gesundheitsprobleme mit sich, die schon ausgiebig von den Ärzten in den ländlichen Kommunen aufgezeigt wurden, Dort haben sie große Geburtsschäden, eine große Steigerung der Fälle von Krebs, Allergien, Atmungsprobleme, Abgänge, Fieber und glühende Augen.

„Die Kritik an dem rücksichtslosen Anbau von Soja in Argentinien wird immer lauter. Nicht zuletzt die von der Wissenschaft bestätigte Vergiftung von Menschen und Umwelt hat in den letzten Jahren auch Parlamente und Gerichte auf den Plan gerufen. “ *(„Von Fröschen, Hühnereiern und Menschen “ GeN vom Okt. 2010)*

„In Argentinien ist das Leben auf dem Land eine gesundheitsgefährliche Angelegenheit geworden. Dies gilt vor allem für die Regionen, in denen das Hauptexportgut Soja in großem Stil angebaut wird. Dort fürchten sich die Menschen vor Krankheit und Tod, die die monokulturelle Landwirtschaft in Form von Pestiziden mit sich bringt. .... Krebs in jungen Jahren, Missbildungen, Autoimmunkrankheiten wie Lupus, Nierenleiden, Atemwegs- und Hautkrankheiten sind in Dutzenden Ortschaften des südamerikanischen Landes auf dem Vormarsch. Das Problem sei gravierend ... Eine Untersuchung des Garibaldi-Krankenhauses in der Stadt Rosario in der Provinz Santa Fe bringt Hoden- und Magenkrebserkrankungen in sechs Dörfern mit dem Herbizid in Verbindung. Die Krankheitsrate liegt um das Dreifache über dem nationalen Durchschnitt. Auch Leberkrebs tritt dort zehnmal häufiger auf, Bauchspeicheldrüsen- und Lungenkrebs werden doppelt so oft diagnostiziert." *(„Kranke Dörfer" von Marcela Valente, 5.03.2009)*

Beim Sojaanbau wird hauptsächlich das Unkrautvernichtungsmittel Glyphosat eingesetzt.

„In Argentinien kommen nur Herbizid-tolerante gv-Soja-Sorten zum Einsatz, die tolerant gegen das Roundup-Herbizid des US-amerikanischen Agro-Biotech-Konzerns Monsanto sind. Monsanto, der weltweite Marktführer für transgenes Saatgut, hält die Rechte an neunzig Prozent des weltweit angebauten transgenen Saatgutes. Er verdient, wie in der Vergangenheit so auch heute, sein Geld mit dem Verkauf des Herbizids Roundup (Wirkstoff: Glyphosat). Und dessen Anwendung ist in Argentinien von einer Million Liter im Jahr 1994 auf 150 Millionen Liter in 2003 angewachsen" (*Esst das Futter ... guten Appetit! GeN Dez. 2004 Seite 3)*

„Dagegen klagen argentinische Umwelt- und andere zivile Organisationen seit mindestens fünf Jahren, dass immer mehr Menschen, die in der Nähe von genmanipulierten Sojafeldern leben, an Krebs, Missbildungen, Nierenschäden sowie an Haut- und Atemwegserkrankungen leiden." *(„Laborfrösche mit Missbildungen: Forscher warnen vor Herbizid Glyphosat" Dienstag, 21. April 2009)*

„Die Menschen berichten von Hautausschlag, von Übelkeit, von Kopfschmerzen und Missbildungen bei Neugeborenen. Die kleinen Gemeinden sind mit ihren verhältnismäßig kleinen Flächen an den Rand gedrängt. Viele junge Menschen sehen für sich keine Perspektive und ziehen in die Randgebiete der Städte, wo sie aber in aller Regel kein Auskommen haben. .... Die Statistiken zeigen jedoch, dass in gefährdeten Regionen die Missbildungen überhand nehmen. Daran lässt Carrasco nicht den geringsten Zweifel. „Gleiches gilt für die durch das Glyphosat beeinflussten Gene und Genregulatoren:

Sie stehen in Verbindung mit bestimmten Missbildungen ..... *(„Von Fröschen, Hühnereiern und Menschen " GeN vom Okt. 2010)*

Unkrautvernichter als Krankheitsursache?

Im Hinterland von Buenos Aires lebt Magui Arguello mit ihren Eltern. Das Mädchen ist an den Rollstuhl gebunden, kann sich nicht selbst anziehen und wird nie mit anderen Kindern herumtollen können. Ihre Eltern vermuten einen Zusammenhang zwischen Maguis Krankheit und dem hohen Chemieeinsatz um sie herum. Maguis Vater Rudolpho meint: „So eine Degeneration wie sie sie hat, gab es davor kaum, das kannte man fast nicht bis zu ihrer Geburt. Und danach gab es noch vier weitere Fälle, nicht ganz mit derselben Ausprägung. Ein Kind hat Sprachprobleme, andere haben Störungen des Bewegungsapparates."

Laut ärztlicher Diagnose hat sich das Gehirn des Mädchens nicht korrekt in zwei Hirnhälften ausgebildet. Kann Glyphosat wirklich die Ursache dafür sein? Monsanto hält das nicht für möglich. Doch in Buenos Aires findet Professor Andrés Carrasco Parallelen. Er testete Glyphosat an Amphibien und entdeckte auch dort unter anderem eine fehlerhafte Ausbildung der Hirnhälften. Seine Einschätzung: „Der solche Missbildungen hervorrufende Wirkungsmechanismus ist der von Glyphosat, denn das ist ein enzymatisches Gift."

.... Seit über fünf Jahren untersucht man dort die Wirkung von Glyphosat auf menschliche Zellen. ...Ein Ergebnis: Zelltod binnen 24 Stunden. Seine Einschätzung: „Glyphosat hat sich in zahlreichen Studien auf der ganzen Welt als giftig erwiesen. Für menschliche Zellen ist Glyphosat schon in sehr niedrigen Dosierungen giftig, viel niedriger als sie der Bauer auf seinem Feld anwendet. Das Mittel ‚Roundup' ist dabei noch giftiger als Glyphosat, denn Glyphosat ist nur eine von mehreren Substanzen in ‚Roundup'." *(„Pflanzenschutz Einsatz auch bei Gensoja " – Das Erste.de Sendung 8.02.11)*

„Wissenschaftler: "Roundup" kann zu Missbildungen bei Embryonen führen

Wien - Vor gefährlichen Auswirkungen bei der Anpflanzung von Gentech-Soja hat am Donnerstag der argentinische Wissenschafter Andrés Carrasco bei einer Pressekonferenz [1] in Wien gewarnt: Bei einer Untersuchung habe sich herausgestellt, dass das Spritzmittel "Roundup" von Monsanto, das in Argentinien auf den mit dem Gentech-Soja "Roundup Ready" bepflanzten Äckern eingesetzt wird, bereits in geringen Mengen zu Missbildungen bei Embryonen von Hühnern und Fröschen geführt hat. Ein Zusammenhang mit der wachsenden Zahl von Gesundheitsschäden in den wichtigsten Anbaugebieten ist Carrasco zufolge daher naheliegend.

Der Wirkstoff Glyphosat

Carrasco, der Leiter des Labors für Molekulare Embryologie an der Medizinischen Universität Buenos Aires, hat gemeinsam mit Kollegen aus Großbritannien, Brasilien, den USA und Argentinien nachgewiesen, dass besonders der Hauptwirkstoff Glyphosat bei "Roundup" problematisch ist. Bereits bei einer Konzentrationen, die weit unter den beim Versprühen in der Landwirtschaft üblichen Mengen liegt, wurden bei den tierischen Embryonen Missbildungen beobachtet ...

Die Studie war ins Leben gerufen worden, weil Forscher über die hohe Zahl von Geburtsfehlern in landwirtschaftlichen Gebieten alarmiert waren, in denen Gentech-Soja angebaut worden ist. "Die von uns im Labor festgestellten Ergebnisse passen exakt zu den Fehlentwicklungen, die bei Menschen beobachtet werden, die während der Schwangerschaft Glyphosat ausgesetzt waren", sagte Carrasco“ *(„Spritzmittel mit Zunahme von Geburtsfehlern in Zusammenhang gebracht“ DNR v. 2.05.11)*

Eine neue französische Studie der Universität Caen zeigt mittlerweile sogar, das Rückstände des Glyphosates, die bei den meisten auf dem Markt befindlichen Gentechlebens und -futtermitteln nachweisbar sind, bei menschlichen Zellen schädlich und sogar tödlich wirken können – selbst bei sehr niedrigen Mengen. „Trotz einer 100.000 fachen Verdünnung führte der Einsatz zu einem völligen Zellsterben innerhalb von 24 Stunden, er blockierte die Zellatmung und verursachte DNA-Schäden.“ (Global 2000, 14.01.09)

"Als wir beim Arzt in Rosario waren, hat der meinen Mann zuerst gefragt, ob er in der Landwirtschaft arbeitet." Die Wahrscheinlichkeit, dass sein Sperma wegen der Agrochemikalien an Zeugungskraft verliere, sei gegeben. Ihr Mann sei beileibe kein Einzelfall in der Region. ..... Ich höre immer häufiger, dass es mit dem Kinderkriegen nicht klappt“ ... Zwei Straßen weiter hat Susana Manzano ihre Praxis. Die Biochemikerin führt Blutuntersuchungen durch. "Statistisch gesehen sterben wir in San Jorge alle an Atemstillstand. Aber die Ursachen dafür findet man nicht in der Statistik", sagt sie. Obwohl die Krebserkrankungen zunehmen und immer mehr junge Männer an Unfruchtbarkeit leiden.“*(„Landwirtschaft – Das Gift in der Lunge“ Taz 20.07.2010)*

Diese Fakten zeigen weiter, dass die Verwendung von Gen-Pflanzen wie Gen-Soja Verletzungen des Menschenrechts auf Gesundheit mit sich bringt – und durch die Regierung sofort gestoppt werden muss!

5.) Verletzungen des Rechts der Völker auf Selbstbestimmung (Art. 1)

Absatz 1: „Alle Völker haben das Recht auf Selbstbestimmung“

Absatz 2: „Alle Völker können für ihre eigenen Zwecke frei über ihre natürlichen Reichtümer und Mittel verfügen – in keinem Fall darf ein Volk seiner Existenzmittel beraubt werden!“

Die Soja-Monokultur fördert die Ermüdung der landwirtschaftlichen Böden und die Rodung der Urwälder zerstört die Lebensgrundlagen der Ureinwohner, der Kleinbauern bzw. der ländlichen Bevölkerung. Landvertreibungen mit der Folge der Abwanderung der Kleinbauern in die Slums der Großstädte tun ihr übriges, um Armut zu steigern und die Existenzgrundlagen des Volkes zu rauben.

So war es in den vergangenen Jahren besonders die wachsende Fläche des Sojaanbaus, die die Waldtypen Südamerikas bedrohten und deren Zerstörung förderten. Bedroht sind zum Beispiel die argentinischen Nebel-Tropenwälder, besonders in den tieferen Lagen unter 600 Metern (über dem Meeresspiegel), die als Selvas pedemontana (Wälder am Fuße des Berges) bezeichnet werden. .....

Gefordert ist eine Garantie des Zugangs indigener Menschen und der Landbevölkerung zu eigenem Land, das sie versorgt. (*Esst das Futter ... guten Appetit! GeN Dez. 2004 Seite)*

„Diejenigen, die Glyphosat als Pestizid einsetzen] verändern nicht nur unsere Umwelt, den Boden und das Wasser - sie verändern unser ganzes Leben." Der Wissenschaftler verdeutlicht: „Diese Art der Sojaproduktion ändert alles. Sie ändert die Kultur, die sozialen Netzwerke, sie ändert das ganze Leben, den Alltag. Der Boden ist kontaminiert, das Wasser verseucht, es gibt keine Schmetterlinge mehr, keine Vögel. ...Die Tiere der lokalen Gemeinden werden vergiftet" *(„Von Fröschen, Hühnereiern und Menschen " GeN vom Okt. 2010)*

Die Notwendigkeit Vorschläge von Agrar-Modellen für unser Lateinamerika zu machen bleibt wichtig. Dazu gibt es verschiedene Gründe, wie das, prinzipiell, die Art, wie der globale Kapitalismus unsere Länder erobert und durch die Großkonzerne neue koloniale Situationen entstehen, die den Aufschwung unserer Wirtschaft bestimmen und die Massenproduktion von Bequemlichkeiten. Diese neuen Abhängigkeiten bringen außerdem mit sich die Aneignung der natürlichen Ressourcen, die Verwustung der Ökosysteme mit starken Folgen für die ländliche Bevölkerung. Wir müssen die intellektuellen Elemente ausfindig machen , die uns erlauben diese neuen neokolonialen Situationen sichtbar zu machen und uns zu stellen, zurückdenken zu können an die Beziehungen von Stadt und Land in Epochen der Globalisierung und weiter aufzuzeigen, dass der Vorteil der Agrogeschäfte und der Modelle der industriellen Landwirtschaft mit transgenen Kulturen nicht unabwendbar ist, weder wie sie uns bilden noch wie sie uns die pädagogische Kolonialisierung einbürgern und eine Aggression bringen über die kulturelle Identität, über die Entwurzelung der Bevölkerung , über die Nahrungsmittelherrschaft und über die unmittelbaren Möglichkeiten des Überlebens in der nachkolonialen Gesellschaft durch die Konzerne.

Wir betrachten, das sowohl die Campesinos wie die Ureinwohner , ebenso wie viele kleine Produzenten und Außenbezirke der Städte , die sich zu einer Stimme des Lebens auf dem Land zusammengeschlossen haben, natürlicherweise dazu tendieren die Ökosysteme und seine fundamentalen Elemente zu schützen.

Trotzdem - der Konsumdruck und seine Modelle der immensen Abhängigkeit über alles, ebenso wie die Versuchungen der genannten Techniken, der Ruf nach Export und den Arten des städtischen Lebens sind konstant und steigen auf diesen Sektoren. Es ist dringend notwendig Kriterien und Paradigmas zu installieren – zur Liberalisierung als auch zur ländlichen lokalen Entwicklung. Modelle des Lebens, die es erlauben die Selbstschätzung der ländlichen Arbeit und der Erde wieder zu erlangen, die weiter Produktionsmodelle aufzuzeigen, die sorgsam mit der Natur umgehen, die es ermöglichen jene intelligente Verbindungen der Betrachtung und der Nutzung der Hilfsmittel aufzuzeigen, die sie allmählich verloren haben im verlängerten Prozess der Akkulturierung .

6.) Verletzungen des Rechts auf Freiheit von Wissenschaft und Forschung (Art. 15)

In den letzten Jahren wurden „die Mittel für das Gesundheitssystem sowie für den Bildungs- und Forschungs-Sektor gekürzt. WissenschaftlerInnen, denen der Verlust ihrer Stellungen und ihrer Forschungs-Ressourcen drohte, wurden von den großen Agrar-Konzernen aufgenommen. So entstand eine Allianz von Interessen. Die Wissenschaftler saßen in den Gremien, die die Feldversuche genehmigten. Zentral ist dabei die Rolle des "National Advisory Committee on Agricultural Biotechnology" (CONABIA - Nationales Beratungskomitee für Agrar-Biotechnologie). Dieses Gremium genehmigte hunderte von Feldversuchen mit gentechnisch veränderten Sorten. Aber die Leute in dem Gremium sind nicht unabhängig, ihre Jobs hängen direkt von der Biotechnologie ab." *(„Soja, Soja und nochmals Soja .." GeN, Juni 2004 Seite 1)*

Die Wissenschaft in der Aktualität „keine Investition dort, wo es kein Geld gibt" und basierend auf diesem Gedanken hat die Gentechnik zum zentralen Dogma der bezahlten Investitionsprojekte des Nationalstaates konvertiert, und seitdem bestimmen diese Modifizierungen immer mehr die Produktion der Ernten für den Export.

In dieser Monokultur des argentinischen Gedankens, wo man die SojaRR freigibt - nicht „um den Hunger der Welt zu beenden und gegen die Subventionen Europas zu kämpfen" , sondern ausschließlich aus dem einfachen Grund dass „die Monokultur der direkten Saat „die meist rentable Kultur ist und grundsätzlich eine Reduzierung der Nutzung von Arbeitskraften mit sich bringt.

Die nationalen Institute der Investitionen sind Subjekte für die CVT (Convent der technischen Verbindung), Euphemismus, für den die Industrie mit staatlichen Angestellten und den staatlichen Installationen rechnet, um Investitionen für die eigenen Produktion zu bekommen , und welche auch diejenigen sind, über die sie auf die Vorteile zugreifen.

In diesem Zusammenhang zeigt der transgene Markt eine markante „Privatisierung“ in seinen Investitionsaktivitäten und der Produktion der biotechnischen Innovationen, der eine große negative Form in der Rolle der wissenschaftlichen Foren mit größtem sozialen Interesse getroffen hat, wie die finanziellen Investitionen aus öffentlichen Quellen außerordentlich den Privatinteressen den Firmen der biotechnischen Industrie verbleiben, um definitiv einige Technologien zu bevorzugen wie die transgene, zum Schaden der anderen.

In diesem Szenario erreicht die Beharrlichkeit der Industrie beim Schutz des intellektuellen Eigentums, vor allem der Verwendung der Patentierung von Saatgut und pflanzlicher Vielfalt, durch die Gentechnik eine Relation der Privatisierung der Ergebnisse der wissenschaftlichen Investitionen und der Entwicklung der biotechnischen Investitionen in den Händen der Industrie.

Der Druck über die Hauptverwendung der Patente über Gene und biotechnologische Prozesse als Teil dieser großen Firmen dient letztendlich der Sicherung monopolistischer Garantien wie die Kontrolle über ihre Aktivitäten der genetischen Investitionen, die zu industriellen und kommerziellen Zwecken genutzt werden. Dass die hervortretenden gravierenden Risiken herab gespielt werden resultiert in diesen bestimmenden Konditionen der Souveränität über Nahrungsmittel und öffentliche Gesundheit.

7.) Schritte, um die Rechte für Landwirte und ihre Familien zu gewährleisten:

Folgende Schritte sind notwendig, um diese Rechte zu gewährleisten:

1.) der sofortige Stopp der Abholzung des Urwaldes für weitere Monokulturen für Großgrundbesitzer, um die Lebensgrundlage von Indigenen und Kleinbauern zu erhalten

2.) Argentinien sollte beginnen, für einen lokalen Markt zu produzieren bevor es an den Export denkt. Es sollte zurückkehren zu einer Produktion diverser Produkte, pflanzlicher und tierischer Art. Gleichzeitig sollte die Rotation wieder eingeführt werden. Argentinien sollte die Lebensmittel produzieren, die von argentinischen Menschen gegessen werden und erst mögliche Überschüsse exportieren. *(„Soja, Soja und nochmals Soja ..“ GeN, Juni 2004 Seite 4)*

3.) Die Wiedereinführung der Produktion der grundlegenden Nahrungsmittel auf nationalem Niveau, basierend auf unserer Lebensmittelsouveränität und mit Unterstützung der ländlichen Entwicklung

4.) Zurückzukehren unser Land mit ländlichen Kommunen und kleinen Produzenten zu bevölkern, die gesunde Nahrungsmittel produzieren in ökologischer Form und für den lokalen Konsum, den kulturellen Wert der genannten Lebensmittel wiederzuentdecken

5.) Schutz der natürlichen Ressourcen wie Grund- / Trinkwasser und Böden vor Verseuchung, Kontamination und Vergiftung durch Herbizide etc.

6.) Vorsorgepflicht des Staates: Schutz der Bevölkerung und deren Lebensgrundlagen (Landwirtschaft für die Eigenversorgung) vor den Glyphosatsprühungen

Deshalb fordern wir die argentinische Regierung auf:

- „Wir müssen unsere nationale Würde wiederherstellen und das Sojamodell, unsere Rolle als Exporteur von landwirtschaftlichen Rohstoffen und das Biotech-Experiment, das wir uns selbst auferlegt haben, aufkündigen.

- Die Biotech-Experimente, für die wir heute mehr als 40 Millionen „guinea pigs'“ sind, zu stoppen

- Die nationale Produktion von Grundnahrungsmitteln, basierend auf unserer Nahrungmittelsouveränität und auf der Forcierung von lokaler Entwicklung wiederherzustellen

- Kolonisierung zu organisieren, um dahin zurückzukehren unsere Ländereien mit ländlichen Kommunen und kleinen Produzenten zu bevölkern, die gesunde Nahrungsmittel in ökologischer Form für unsere Bevölkerung zu produzieren.

- Wir müssen die staatliche Kontrolle wieder herstellen und die nationale Getreide-Kommission (National Grain Commission) reorganisieren, um so wieder einen Niedrigpreis-Sektor schaffen zu können, für die Lebensmittel unserer Landsleute - zum Beispiel Linsen, Reis oder Milchprodukte - , die jetzt nicht mehr produziert werden oder deren Produktion schwere Krisen durchmachte.

- Wir müssen unser Saatgut wieder selbst produzieren, unser verlorenes genetisches Erbe entdecken und die Basis für ein anderes Landwirtschafts-Modell schaffen, dessen Ziele Nahrungssouveränität und lokale Entwicklung sind."

Zusammengefasst wird absolut deutlich, dass die argent. Regierung seinen aufgelegten Verpflichtungen nicht nachkommt, die sie mit dem Internationalen Pakt der wirtschaftlichen, sozialen und kulturellen Rechte ratifiziert hat.

Für das argent. Volk bedeutet das einen großen Verlust der kulturellen und Lebensmitteldiversität, mit Konsequenzen der Monokultur, die aus dem, was wir „Sojamodell“ nennen, besteuert wird, um die traditionelle Lebensmittelbasis unserer Dörfer zu zerstören, um die Vertreibung von tausenden von Familien zu forcieren, und statt die Kulturen zu intensivieren und zu stabilisieren und das Wurzelschlagen von Dörfern, und die reiche Nahrungsmitteldiversität zu vereinfachen, die Argentinien überleben lässt , tendiert die Politik der Regierung die Monokulturen des Gen-Sojas einzuführen und zu intensivieren, anstatt einer Produktion, um die lokalen Lebensmittelbedürfnisse zufrieden zu stellen.

Die Konsequenz dieses Systems zerstört das Leben, die Biodiversität und die Kultur. Die argentinischen Dörfer verlieren Tag für Tag ihre Lebensmittelsouveränität.

Die Gesundheit unseres Volkes, die in direkter Beziehung mit der Art des Lebens und mit seinen Kontaminationen, denen sie ausgesetzt werden, steht - Tag für Tag wird sie degradiert – darüber hinaus die Wälder, die sie zerstören, die Felder, die sie mit Monokulturen von hohen toxischen Behandlungen bearbeiten, des weiteren die diversen Formen der Landwirtschaft, die koexistieren sollen.

Das alles kann man als die Stabilisierung eines Modells von Seiten der argentinischen Regierung betrachten, das zu ernsten Schäden der Gesundheit führt, zu Armut, Verlust der Diversität und der Kultur, Rodungen und Kontaminiation, Landflucht und wachsendem Hunger, zu einer existentiellen und irreversiblen Bedrohung von Gesundheit und Ernährungssicherheit. Die Existenz vieler Menschen ist täglich bedroht durch das Nicht-Einschreiten der Regierung, was zu Totalverlusten, gesundheitlichen Schäden, Armut, Landflucht und zunehmendem Hunger führt – bei zunehmenden Exportraten, zunehmenden Gewinnen und in einem der reichsten Agrarländer der Welt!

Wir bitten den Ausschuss für wirtschaftliche, soziale und kulturelle Rechte deutlich seine Besorgnis zum Ausdruck zu bringen über die Verletzungen der Rechte auf Nahrung, auf Gesundheit und Integrität sowie auf unsere Selbstbestimmung, die durch die Forcierung des Modells der transgenen Monokulturen für den Export dramatisch verletzt werden, und in dringender Form zu handeln, um die Beendigung dieser Angriffe auf unsere elementarsten Menschenrechte zu erwirken.

Reaktion des UN-Ausschusses:

Gauting / Genf, 7.12.11

UN kritisiert erneut GVO in der Landwirtschaft

Nächster großer Erfolg gegen GVO in der Landwirtschaft:

Das UN-Komitee für wirtschaftliche, soziale und kulturelle Menschenrechte kritisiert die Nutzung von GVO in der Landwirtschaft in Argentinien und verlangt von der argentinischen Regierung dringende Maßnahmen, um die traditionellen Anbaumethoden der indigenen Dörfer zu erhalten und ihren Zugang zu sicherer, adäquater und bezahlbarer Nahrung sicherzustellen, Entwaldung zu stoppen und die Indigenas in Entscheidungen, die ihr Umfeld betreffen, mit einzubeziehen.

Die argentinische NGO GRR und die Gründerin des internationalen Netzwerkes Aktion GENKlage, Christiane Lüst reichten zusammen einen Parallelbericht beim UN-Ausschuss für wirtschaftliche, soziale und kulturelle Menschenrechte ein gegen die argentinische Regierung - über die fatalen Konsequenzen einer höchst besorgniserregenden globalen Entwicklung - gegen den Anbau von GEN-Soja in Argentinien. Das verletzt schwer die wirtschaftlichen, sozialen und kulturellen Rechte der argentinischen Bevölkerung. Bauern und

Imker. Argentinien ist eines der Länder, das weltweit am meisten davon betroffen ist!

Das UN-Komitee hat nun – nach einer 3-wöchigen Sitzung – die concluding observations veröffentlicht – die Aufforderung an die argentinische Regierung Menschenrechtsverletzungen in Argentinien, u. a. auch verursacht durch die Nutzung von GVO in der Landwirtschaft - umgehend zu stoppen. Hier der genaue Text, die komplette Ausgabe finden Sie auf der website des Komitees:

10.

Das Komitee ist betroffen über die Fälle, in welchem die gestiegene Nutzung von chemischen Pestiziden und transgenem Soja in Regionen, die traditionell von indigenen Gemeinschaften bewohnt oder genutzt werden, sich negativ auf diese Gemeinschaften ausgewirkt haben. Es besorgt das Komitee, dass diesen Gemeinschaften es zunehmend erschwert wird, ihre traditionellen Anbaumethoden aufrecht zu erhalten, und das dies als eine Konsequenz ein wichtiges Hindernis für den Zugang zu sicherer, adäquater und bezahlbarer Nahrung wird.

Das Komitee stellt ebenso mit Besorgnis das Ausmaß der Abholzung der Urwälder fest, welches indigene Einwohner gezwungen hat ihre traditionell bewohnten und genutzten Territorien zu verlassen, und das trotz § 2633 des Waldschutzgesetzes. Das Komitee ist weiter betroffen über die Tatsache, dass die genannten Aktivitäten oft ohne eine effektive vorherige Konsultation der betroffenen Bevölkerungsgruppen ausgeführt werden.

Das Komitee fordert daher die Regierung auf sicherzustellen, dass der Lebensunterhalt der indigenen Gemeinschaften und ihre wirtschaftlichen, sozialen und kulturellen Menschenrechte effektiv geschützt werden und institutionelle und prozedurale Garantien zu entwickeln, um die effektive Teilnahme der indigenen Gemeinschaften in Entscheidungsprozessen, die sie betreffen, zu sichern.

Das Komitee verlangt auch, dass die Regierung die volle Umsetzung des Gesetzes Nr. 2633 und anderer Gesetze, die den Schutz von nicht wieder herzustellenden Ressourcen durch die Regierung mit dem Schwerpunkt Entwaldung zu stoppen, sicherstellt.

Hier die Links zur Website des UN-Komitees und den concludings: *http://www2.ohchr.org/english/bodies/cescr/cescrs47.htm*

Bereits in der Vergangenheit hat der UN-Ausschuss Regierungen aufgefordert den Einsatz von GVO zu stoppen, weil er zunehmend Menschenrechte verletzt:

Zum ersten Mal weltweit wurde die Einführung von GVO in der Landwirtschaft als Menschenrechtsverletzung kritisiert im Fall von **Indien 2008** – und eine Regierung wurde aufgefordert ihre Landwirte vor der Abhängigkeit von multinationalen Konzernen zu schützen und den Zugang zu dem alten Saatgut zu schützen.

2009 gegen Brasilen forderten sie einen sofortigen Stopp der Abholzung der Regenwälder – in den meisten Fällen für Gen-Soja – und damit der weiteren Zerstörung der Lebensgrundlagen der indigenen Einwohner und Kleinbauern, Landkonzentration, Sklavenarbeit, Landflucht und die steigende Armut.

Das Komitee fordert **2010** die **kolumbianische Regierung** auf die Armut, vor allem Hunger und Unterernährung, effektiv zu bekämpfen und zu reduzieren. Der Ausschuss fordert, dass die Regierung in ihrer Landwirtschaftspolitik die Nahrungs-mittelproduktion für den Eigenbedarf – und nicht für den Export - absolut an oberste Stelle stellt und dazu grade die Kleinbauern fördert und in ihrer Unabhängigkeit unterstützt, sowie die Rückgabe von Ländereien, die den Indigenen und afro-kolumbianischen Einwohnern abgenommen wurden, ebenso den dörflichen Gemeinschaften.

Im Mai 2011 wurde die **deutsche Regierung** aufgefordert politische Maßnahmen zu ergreifen, die den Gesundheitsschutz im Zusammenhang mit Lebensmitteln, die genetisch veränderte Organismen enthalten, betreffen.

Der internationale Pakt für wirtschaftliche, soziale und kulturelle Menschenrechte wurde von über 140 Ländern weltweit ratifiziert, auch von Argentinien. Alle 5 Jahre müssen die Regierungen vor dem Ausschuss in Genf über die Situation der Menschenrechte in ihrem Land berichten.

Die Regierungen haben die concluding observations in den nächsten 5 Jahren umzusetzen und - vor allem in Argentinien jetzt aktuell gefordert - Kontakt mit den NGOs aufzunehmen und über die Umsetzung jedes Jahr zu berichten.

In Argentinien werden beim Soja-Anbau fast einhundert Prozent gentechnisch veränderte Sorten eingesetzt. Das Land ist nach Brasilien und den Vereinigten Staaten der drittgrößte Lieferant für Sojaprodukte weltweit. Gleichzeitig wurde in den vergangenen Jahren von immer mehr hungernden Bevölkerungsgruppen berichtet.

Schon 2004 nahm der Sojabohnenanbau 48 % des gesamten Ackerlandes ein. Hunderttausende wurden von ihrem Land vertrieben, Armut und Mangelernährung nahmen rapide zu. Die Unterernährung – in Argentinien früher nicht bekannt – stieg mit Einführung der Gentechnik auf 17 %, der Anteil der Menschen unter der Armutsgrenze - 1970 bei 5 % - lag 2004 schon bei 51 %. Das Besprühen der Sojabohnenplantagen aus der Luft zerstörte die Ernten der Kleinbauern, ihre Hühner starben, andere Tiere erlitten Schäden und es gab Missbildungen bei Neugeborenen. Bei den Menschen führten die gesprühten Unkrautvernichtungsmittel zu schwerer Übelkeit, Durchfall, Erbrechen und Hautverletzungen. Gemüse war missgebildet, Seen plötzlich voll von toten Fischen *(Agrar Info 160 September / Oktober 2008 S. 3)*

Die Agro-Gentechnik beschleunigt das Aussterben von Kleinbauern weltweit. Entwaldung, Zunahme des Pestizideinsatzes, Zerstörung der Lebensgrundlage von indigenen Völkern und Kleinbauern, Landkonzentration, Sklavenarbeit, Landflucht und Zunahme der Armut auf dem Land sind Auswirkungen, die eine andere Seite der Sojamonokultur deutlich machen.

Christiane Lüst
Aktion GEN-Klage, Germany

Federico Aliaga
Grupo de Reflexión Rural - GRR, Argentina
www.grr.org.ar

Kontakt:
Federico Aliaga, Grupo de Reflexión Rural, Entre Ríos 85, Bella Vista, Buenos Aires, Argentina, www.grr.org.ar
Tel: (+54 11) 4666-5327 / (+54 11) 156-271-7524
Mail: fedali2@hotmail.com

Christiane Lüst, Aktion GEN-Klage Berengariastr. 5, 82131 Gauting, W-Germany
Tel.: 0049 / 89 / 893 11 054 www.stopptgennahrungsmittel.de
Mail: christiane.luest@t-online.de

Fazit:

ÖkologiePolitik 151

UN-Menschenrechtsausschuss

Gentechnikfreie Nahrung ist einklagbar

Erstmals hat der Menschenrechtsausschuss der Vereinten Nationen von einer Staatsregierung eine Politik des Gesundheitsschutzes in Bezug auf Nahrungsmittel, die genetisch veränderte Organismen enthalten, gefordert: von der deutschen Regierung! Ein sensationeller Erfolg für den Widerstand gegen die Großkonzerne.

Die Klage vor dem UN-Menschenrechtsausschuss in Genf gegen die deutsche Regierung war die insgesamt sechste. Voraus gingen Klagen gegen Österreich, Kanada, Indien, Brasilien und Kolumbien. Die kontinuierliche Berichterstattung über die weltweiten Folgen der Gentechnik in Landwirtschaft und Nahrung überzeugten den Ausschuss immer mehr.

Bei den ersten fünf Klagen hatte er schon die Regierungen aufgefordert, Saatgut und Bauern vor genmanipulierten Organismen und der daraus folgenden Abhängigkeit von Konzernen zu schützen. Nun bestätigte er erstmals auch die gesundheitlichen Folgen genmanipulierter Nahrungsmittel als Menschenrechtsverletzungen und fordert gesundheitsschützende Maßnahmen von der deutschen Staatsregierung. Um das in den nächsten 5 Jahren umzusetzen sind folgende Maßnahmen nötig:

- Verbot der Einführung von Gentechnik in Tierfütterung, Lebensmittelproduktion und Landwirtschaft

- Kennzeichnungspflicht für alle genmanipulierten Lebensmittel bis das Verbot gültig ist (auch für Tierfutter und Tierprodukte)

- Einstellung sämtlicher Gen-Freilandversuche

- Erhalt der Saatgutreinheit und ein Verbot von Gen-Anteilen.

Darüber hinaus rügte die UNO die deutsche Regierung, bei ihrer Agrar-, Handels- und Entwicklungshilfepolitik sowie in ihrer Unterstützung von Aktivitäten deutscher Konzerne in Entwicklungsländern die Menschenrechte nicht ausreichend zu achten. Künftig sollen mit deutschen Geldern keine Gen-Nahrungsmittel und kein Gen-Saatgut für Entwicklungsländer beschafft, transportiert oder verteilt werden.

Klagen auch auf EU-Ebene

Es ist deutlich, dass Deutschland seinen Verpflichtungen nicht nachkommt. Natürlich ist die Entwicklung der Gentechnik stark abhängig von dem, was die Europäische Union (EU) beschließt, doch hat eine staatliche Regierung durchaus Handlungsmöglichkeiten. Die griechische Regierung z.B. verbot nicht nur den Import und den Anbau gentechnischer Produkte, sondern sogar den Transport.

Dennoch: Parallel zu den Aktivitäten bei der UNO versucht das von mir gegründete internationale Netzwerk „Aktion GEN-Klage“, die Einführung der Gentechnik in Europa bereits auf EU-Ebene juristisch zu stoppen. Rechtsexperten aus Österreich und Deutschland zeigten, dass es machbar ist. So läuft inzwischen eine Klage gegen die Amflora-Zulassung, die momentan beim Europäischen Gerichtshof zur Verhandlung ansteht. Weitere Klagen sind geplant, die nächste gegen die Wiederzulassung von MON 810. Wer kämpft kann verlieren, wer nicht mehr kämpft hat schon verloren!

Christiane Lüst ist Dipl.-Sozialpädagogin (FH) und betreibt in Gauting bei München ein Umweltzentrum und Fair-Trade-Café. Seit 2001 arbeitet sie als Berichterstatterin dem UN-Menschenrechtausschuss in Genf zu. Seit mehr als 20 Jahren ist sie ÖDP-Mitglied und momentan Vorsitzende im Kreisverband Starnberg.

Kontakt: www.oeko-und-fair.de

Netzwerk „Aktion GEN-Klage“

Das Netzwerk wurde 2006 von Christiane Lüst gegründet und mittlerweile haben sich ihm über 60 Organisationen aus Europa, Asien, Amerika und Afrika angeschlossen. Da die Klagen viel Geld kosten –

die gegen Amflora wieder rund 25.000 Euro – braucht das Netzwerk dringend Spenden.

Kontakt: www.stopptgennahrungsmittel.de

Nachwort:

Warum dieses Buch?

Wir verursachen mit unserem Konsum drastische Menschenrechtsverletzungen in aller Welt – ob es Schokolade ist (Kindersklaven auf Kakaoplantagen), Blumen (Ausbeutung und Pestizidvergiftungen bei BlumenarbeiterInnen und Floristen), Fußbälle, Kleidung (Ausbeutung in Bangla-Desh Dumpinglöhne) oder eben Gennahrungsmittel, die bei uns auf dem Markt sind (Gensoja-Importe zur Fütterung von unseren Tieren) – das gilt es umgehend abzustellen. Und man kann es abstellen. Jeder von uns! Beim täglichen Einkauf – und von der Politik. Fangen wir gleich an! Jeder ist verantwortlich, wenn unser Lebensstil andere Menschen in ihren Rechten verletzt und in Hunger und Armut treibt. Denn: es reicht leicht für alle!

Darüber hinaus uns sind wir auch schon massiv selbst betroffen:

Juli 2012:

GLYPHOSAT JETZT IN URIN VON STADTBEWOHNERIN GEFUNDEN

Eine Studie einer deutschen Universität hat erhebliche Glyphosatkonzentrationen in Urinproben von Stadtbewohnern festgestellt. Bei allen Probanden war die Glyphosatkonzentratation um das fünf- bis zwanzigfache höher als das erlaubte Maximum für Trinkwasser. Diese Neuigkeiten folgen nur kurz nachdem eine andere Studie bestätigte, dass Glyphosat das Grundwasser verunreinigt. Letztes Jahr wurde ebenfalls eine Publikation mit zwei geologischen Studien aus den USA veröffentlicht, die konsistent Glyphosat in Flüssen, Regen und sogar in der Luft von landwirtschaftlichen Regionen in den USA nachwies. Weitere aktuelle Studien legen nahe, dass Menschen Glyphosat nicht nur durch viele verschiedene Quellen aufnehmen, sondern dass es auch im Blut zirkulieren und sogar die Plazenta passieren und den entwickelnden Fötus erreichen kann.

http://www.gmwatch.org/index.php?option=com_content&view=article&id=13631

Und die übliche Reaktion der Politik:

In dieser für uns alle Verbraucher zusehends kritischer werdenden Situation, hat die EU nicht anderes zu tun, als die Grenzwerte für Glyphosat-Rückstände in unseren Lebensmittel immer weiter zu erhöhen - auf Wunsch z. B. von Monsanto z. B. für Linsen:

EU-LEBENSMITTELWÄCHTER GIBT MONSANTOS FORDERUNG NACH, DIE GRENZEN DER GLYPHOSAT-RÜCKSTÄNDE BEI LINSEN ANZUHEBEN

Die Europäische Lebensmittelbehörde EFSA hat grünes Licht für Monsantos Gesuch gegeben, die von der EU erlaubten Maximalen Rückstandshöchstmengen (MRL) für Glyphosate (der Hauptbestandteil von Roundup-Herbiziden) bei Linsen zu erhöhen. Die aktuell erlaubte Rückstandshöchstmenge soll um das 100 bis 150fache angehoben werden. (Juli 2012)

Was kann jeder tun?

- Boykottieren Sie Gennahrungsmittel überall – im Supermarkt, im Restaurant – d. h. keine tierischen Produkte einkaufen, die nicht bio sind (dazu gehören auch Nudeln, Schokolade, Kekse, etc. – alles wo Eier, Milch etc. verarbeitet wurde und natürlich alle Wurst- und Fleischwaren – muss in Deutschland nicht gekennzeichnet werden, alles nicht-bio ist mit Gensoja gefüttert!).

- Wenn 80 % der Deutschen gegen Gennahrungsmittel sind und diese 80 % keine Gennahrungsmittel kaufen würden und eine Partei wählen, die Gennahrungsmittel in Deutschland verbietet statt forciert – hätten Supermärkte es nicht mehr im Regal und wir müssen auch nicht auf die Politik warten. Wir regeln das selbst, schneller und vor allem effektiv. Es gäbe auch keine Frau Aigner mehr, die für die Industrie arbeitet statt ihrer Aufgabe nachzukommen, den Verbraucher zu schützen.

- Gründen Sie eine Zivilcourage-Gruppe in Ihrem Ort und dann Landkreis – und machen Sie damit den Ort oder Landkreis gen-anbaufrei und im nächsten Schritt Gensoja-Importfrei und gennahrungsmittelfrei. Unterstützung dazu finden Sie unter www.zivilcourage.ro oder bei uns.

- Drucken Sie die Pressemitteilung zur UN-Aufforderung an die deutsche Bundesregierung nach Maßnahmen des Gesundheitsschutzes in Bezug auf Gennahrungsmittel sowie bei Importen (Gen-Soja) darauf achten zu müssen, dass in den Anbauländern keine Menschenrechte dadurch verletzt werden aus und drücken Sie diese allen Politikern in die Hand – angefangen beim örtlichen Bürgermeister, Landrat, den Parteien, Menschenrechtsorganisationen wie amnesty, etc. etc.

- Kaufen Sie nur noch Produkte aus fairem Handel und regional vom Bauern ein – keine Massentierhaltung mehr unterstützen mit Billigfleisch (und damit Gensojaimporten) , keine Kinderarbeit und Vertreibungen, unfaire Produktionsbedingungen in der dritten Welt mehr auf dem Gewissen haben (Kinderschokolade, Nutella, ...)

- Zeigen Sie Frau Aigner die rote Karte! Gehen Sie auch auf Frau Merkl, auf die Presse, auf den Menschenrechtsausschuss im Bundestag zu und fragen Sie, was sie tun, damit bis 2016 – dem nächsten Bericht der Bundesregierung bei den UN – die Aufforderung umgesetzt ist!

- Fordern Sie Freunde, Nachbarn etc. auf auch so zu tun.

- Wie ist es in Schulen – Schulessen bio, regional, fair? – in Ihrer Arbeit in der Kantine ???? Kindergarten? Öffentliche Einrichtungen?

- Fragen Sie in Cafés und Gaststätten nach genfreiem Biofleisch, das nicht aus Massentierhaltung kommt. Ansonsten Boykott.

- Zeigen Sie den Film „Raising Resistance“ (ausleihbar bei Öko & Fair, jetzt auch als DVD im Handel erhältlich) im örtlichen Kino, in den Schulen, im Konfirmationsunterricht und machen Sie auf unseren Lebensstil aufmerksam, den es zu ändern gilt, um Armut in den Erzeugerländern sofort abzustellen!

- Buchen Sie bei uns einen Vortrag oder ein Filmgespräch und wir kommen auch gern bei Ihnen vorbei.

Jeder ist verantwortlich und wir alle haben es in der Hand!

„Es ist nicht Deine Schuld, dass die Welt ist wie sie ist, aber es ist Deine Schuld, wenn sie so bleibt“ (Die Ärzte)

In diesem Sinne

Yes, we can!

Christiane Lüst
Regierungen, die gentechnisch veränderte Nahrungsmittel zulassen, verletzen die Menschenrechte

SeitenHieb-Verlag, Reiskirchen

ISBN: 978-3-86747-052-0

Druck: ulenspiegel druck gmbh, Andechs

EMAS
geprüftes
Umweltmanagement
D-155-00126

gedruckt in einem
EMAS validierten
Unternehmen